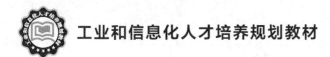工业和信息化人才培养规划教材

PHP网站开发实例教程

传智播客高教产品研发部 编著

人民邮电出版社
北京

图书在版编目（CIP）数据

PHP网站开发实例教程 / 传智播客高教产品研发部编
著. -- 北京：人民邮电出版社，2015.9（2021.7重印）
工业和信息化人才培养规划教材
ISBN 978-7-115-29576-7

Ⅰ. ①P… Ⅱ. ①传… Ⅲ. ①PHP语言－程序设计－高
等学校－教材 Ⅳ. ①TP312

中国版本图书馆CIP数据核字(2015)第137780号

内 容 提 要

PHP是一种运行于服务器端并完全跨平台的嵌入式脚本编程语言，是目前Web应用开发的主流语言之一。本书是面向初学者推出的一本案例驱动式教材，通过丰富实用的实例，全面讲解了PHP网站的开发技术。

全书共9章：第1章讲解PHP开发环境的搭建，通过部署网站的方式，让初学者了解基于PHP和MySQL的成熟开源项目的运行过程；第2章以趣味案例学习PHP语法基础；第3章通过开发企业员工管理系统来学习PHP的数据库操作；第4章通过用户注册、用户信息编辑、表单安全验证、保存浏览历史、用户登录、保存登录状态等案例学习Web表单与会话技术；第5章通过验证码生成与验证、用户头像上传、生成缩略图、图片添加水印、验证码生成与验证、文件管理器、在线网盘等案例来学习文件与图像技术；第6~8章通过常用类库封装、文章管理系统、学生管理系统等实用案例学习面向对象编程、PDO数据库抽象层和ThinkPHP框架；第9章通过开发实战项目——电子商务网站，综合运用本书所学的知识，让读者迅速积累项目开发经验。

本书附有配套视频、源代码、习题、教学课件等资源，为了帮助初学者更好地学习本书所讲解的内容，还提供了在线答疑，希望为更多的读者提供帮助。

本书适合作为高等院校计算机相关专业程序设计或者Web应用开发的教材，也可作为PHP技术基础的培训教材，同时也是一本适合广大计算机编程爱好者的优秀读物。

◆ 编　　著　传智播客高教产品研发部
　　责任编辑　范博涛
　　责任印制　杨林杰

◆ 人民邮电出版社出版发行　　北京市丰台区成寿寺路 11 号
　　邮编　100164　　电子邮件　315@ptpress.com.cn
　　网址　http://www.ptpress.com.cn
　　固安县铭成印刷有限公司印刷

◆ 开本：787×1092　1/16
　　印张：20　　　　　　　　2015 年 9 月第 1 版
　　字数：500 千字　　　　　2021 年 7 月河北第 18 次印刷

定价：45.00 元
读者服务热线：(010)81055256　印装质量热线：(010)81055316
反盗版热线：(010)81055315
广告经营许可证：京东市监广登字20170147号

序言　　　　　　　　　　　　　FOREWORD

本书的创作公司——江苏传智播客教育科技股份有限公司（简称"传智教育"）作为第一个实现 A 股 IPO 上市的教育企业，是一家培养高精尖数字化专业人才的公司，公司主要培养人工智能、大数据、智能制造、软件、互联网、区块链、数据分析、网络营销、新媒体等领域的人才。公司成立以来紧随国家科技发展战略，在讲授内容方面始终保持前沿先进技术，已向社会高科技企业输送数十万名技术人员，为企业数字化转型、升级提供了强有力的人才支撑。

公司的教师团队由一批拥有 10 年以上开发经验，且来自互联网企业或研究机构的 IT 精英组成，他们负责研究、开发教学模式和课程内容。公司具有完善的课程研发体系，一直走在整个行业的前列，在行业内竖立起了良好的口碑。公司在教育领域有 2 个子品牌：黑马程序员和院校邦。

一、黑马程序员——高端 IT 教育品牌

"黑马程序员"的学员多为大学毕业后想从事 IT 行业，但各方面条件还不成熟的年轻人。"黑马程序员"的学员筛选制度非常严格，包括了严格的技术测试、自学能力测试，还包括性格测试、压力测试、品德测试等。百里挑一的残酷筛选制度确保了学员质量，并降低了企业的用人风险。

自"黑马程序员"成立以来，教学研发团队一直致力于打造精品课程资源，不断在产、学、研 3 个层面创新自己的执教理念与教学方针，并集中"黑马程序员"的优势力量，有针对性地出版了计算机系列教材百余种，制作教学视频数百套，发表各类技术文章数千篇。

二、院校邦——院校服务品牌

院校邦以"协万千名校育人、助天下英才圆梦"为核心理念，立足于中国职业教育改革，为高校提供健全的校企合作解决方案，其中包括原创教材、高校教辅平台、师资培训、院校公开课、实习实训、协同育人、专业共建、传智杯大赛等，形成了系统的高校合作模式。院校邦旨在帮助高校深化教学改革，实现高校人才培养与企业发展的合作共赢。

（一）为大学生提供的配套服务

1. 请同学们登录"高校学习平台"，免费获取海量学习资源。平台可以帮助高校学生解决各类学习问题。

高校学习平台

2. 针对高校学生在学习过程中的压力等问题，院校邦面向大学生量身打造了 IT 学习小助手——"邦小苑"，可提供教材配套学习资源。同学们快来关注"邦小苑"微信公众号。

"邦小苑"微信公众号

（二）为教师提供的配套服务

1. 院校邦为所有教材精心设计了"教案+授课资源+考试系统+题库+教学辅助案例"的系列教学资源。高校老师可登录"高校教辅平台"免费使用。

高校教辅平台

2.针对高校教师在教学过程中存在的授课压力等问题，院校邦为教师打造了教学好帮手——"传智教育院校邦"，教师可添加"码大牛"老师微信/QQ：2011168841，或扫描下方二维码，获取最新的教学辅助资源。

"传智教育院校邦"微信公众号

三、意见与反馈

为了让教师和同学们有更好的教材使用体验，您如有任何关于教材的意见或建议请扫码下方二维码进行反馈，感谢对我们工作的支持。

　　PHP 是一种运行于服务器端并完全跨平台的嵌入式脚本编程语言，具有开源免费、易学易用、开发效率高等特点，是目前 Web 应用开发的主流语言之一。

　　PHP 广泛应用于动态网站开发，在互联网中常见的网站类型，如门户、微博、论坛、电子商务、SNS（社交）等都可以用 PHP 实现。目前，从各大招聘网站的信息来看，PHP 的人才需求量还远远没有被满足。PHP 程序员还可以通过混合式开发 App 的方式，将业务领域扩展到移动端的开发（兼容 Android 和 iOS），未来发展前景广阔。

为什么要学习本书

　　本书是一本以项目案例为主导的教材，采用理论结合实际的案例驱动式教学方法，以每节一个案例的形式，用案例带动知识点的学习，将抽象的知识形象地传授给读者，达到学以致用、理论与实践相结合的教学目的。

　　全书不仅知识点详细和全面，而且案例涉及面广泛，包括用户注册登录、验证码、头像上传、缩略图、图片加水印、文件管理器、在线网盘、类库封装、学生管理系统、员工管理系统、文章管理系统等多个方面，使整本书既有实用性又兼顾读者的学习兴趣。本书还配备了项目实战章节，用通俗易懂的语言，详细讲述了具有商业实用性的电子商务网站的开发全过程，让读者迅速积累项目开发经验，为以后的工作奠定理论与实践的基础。

如何使用本书

　　本书面向具有 HTML+CSS 网页制作、JavaScript 编程基础的读者，配合本书的同系列教材《HTML+CSS+JavaScript 网页制作案例教程》《MySQL 数据库入门》可以更好地学习。

　　作为一门技术的入门教程，最重要也最难的一件事情就是要将一些非常复杂、难以理解的思想和问题简单化，让初学者能够轻松理解和快速掌握。本教材对每个知识点都进行了深入地分析，并针对每个知识点精心设计了相关案例，然后模拟这些知识点在实际工作中的运用，真正做到知识的由浅入深、由易到难。

　　本教材共分为 9 章，具体内容简单介绍如下。

　　● 第 1 章讲解 PHP 开发环境的搭建，并介绍了 MySQL 的安装与使用。本章通过部署网站的方式，让初学者了解基于 PHP 和 MySQL 的成熟开源项目的运行过程。

　　● 第 2 章主要讲解了 PHP 的基本语法，以及函数、数组的使用。无论任何一门语言，其基本语法都是最重要的内容，只有掌握好这部分内容，才能为后面的学习奠定基础。

　　● 第 3 章主要讲解了 PHP 的数据库操作，通过企业员工管理系统的开发实例，让初学者对 Web 应用开发有一个基本的认识，帮助初学者开发一些简单的 Web 应用。

　　● 第 4~5 章讲解了表单验证、Cookie、Session、文件、图像等技术。通过用户登录注册、验证码、保存浏览历史、记住登录状态、用户头像上传、缩略图、图片水印、文件管理器、网盘等实用案例，让读者学会开发功能更强的 Web 应用。

　　● 第 6~7 章主要讲解 PHP 面向对象编程和 PDO 数据库抽象层。通过这两章的学习可以帮助读者的编程思想从面向过程过渡到面向对象，并学会封装一些常用的类库。

- 第 8 章主要讲解了 ThinkPHP 框架的使用。本章可以帮助读者熟悉 MVC 开发模式，学会通过 ThinkPHP 高效地开发 Web 应用。

- 第 9 章为项目实战，本章综合运用前面所学的知识来开发一个电子商务网站。通过这一章的学习，读者可以积累到大量的 PHP 网站开发经验。

在上面提到的 9 个章节中，第 1~2 章主要讲解了 PHP 的基础知识，在 Web 开发中这些知识是必不可少的，要求读者深入掌握，为后面知识的学习奠定好基础。第 3~5 章讲解的是 PHP 网站开发中的核心技术，读者不仅需要掌握原理，还需要动手实践，认真完成教材中每个知识点对应的案例。第 6~8 章讲解了基于面向对象方式的网站开发，通过学习这部分内容可以提高项目开发能力。第 9 章是项目实战，要求读者能够灵活运用 ThinkPHP 框架开发一个电子商务网站。

在学习过程中，读者一定要亲自实践本书中的案例代码。如果不能完全理解书中所讲知识，读者可以登录博学谷平台，通过平台中的教学视频进行深入学习。学习完一个知识点后，要及时在博学谷平台上进行测试，以巩固学习内容。

另外，如果读者在理解知识点的过程中遇到困难，建议不要纠结于某个地方，可以先往后面学习。通常来讲，通过逐渐的学习，前面不懂和疑惑的知识也就能够理解了。在学习编程语言的过程中，一定要多动手实践，如果在实践的过程中遇到问题，建议多思考，理清思路，认真分析问题发生的原因，并在问题解决后总结出经验。

致谢

本教材的编写和整理工作由传智播客教育科技有限公司高教产品研发部完成，主要参与人员有徐文海、韩冬、乔治铭、梅杰、高美云、李德晓、韩顺平、韩忠康、孙静、王超平等，全体人员在这近一年的编写过程中付出了很多辛勤的汗水，在此一并表示衷心的感谢。

意见反馈

尽管我们付出了最大的努力，但本教材中难免会有不妥之处，欢迎各界专家和读者朋友们来信来函给予宝贵意见，我们将不胜感激。您在阅读本书时，如发现任何问题或有不认同之处可以通过电子邮件与我们取得联系。

请发送电子邮件至 itcast_book@vip.sina.com

传智播客教育科技有限公司　高教产品研发部
2015 年 5 月 1 日于北京

目 录

PART 1

第 1 章
PHP 开篇

学习目标

- 熟悉 PHP 语言的特点，了解常用的编辑工具。
- 掌握 PHP 开发环境的搭建，学会安装 Apache、PHP 和 MySQL 软件。
- 掌握 MySQL 的基本使用，学会使用 SQL 语句操作数据库。
- 掌握 PHP 成熟项目的部署，学会搭建虚拟主机网站。

　　PHP 是一种运行于服务器端的脚本编程语言。自 PHP 5 正式发布以来，PHP 以其方便快捷的风格、丰富的函数功能和开放的源代码迅速在 Web 系统开发中占据了重要地位，成为世界上最流行的 Web 应用编程语言之一。本章将针对 PHP 的特点、开发环境以及如何用成熟的 PHP 项目部署网站进行详细讲解。

1.1　PHP 简介

1.1.1　PHP 概述

　　超文本预处理器（Hypertext Preprocessor，PHP）是一种在服务器端执行的脚本语言，用于开发动态网站。相比静态网站而言，动态网站不仅需要设计网页，还需要通过数据库和编程使网站的内容可以根据不同情况动态变更，从而增强网页浏览者与 Web 服务器之间的信息交互。

　　在学习 PHP 之前，读者应该对网页制作有所了解。网页的本质是超文本标记语言（HyperText Markup Language，HTML），而 PHP 作为预处理器，能够在服务器端动态生成 HTML。通常开发者只要写好 HTML 模板，在数据变化的位置嵌入 PHP 代码，就能实现动态网页。具体示例如图 1-1 所示。

　　从图 1-1 中可以看出，如果左侧代码中的变量$a 和$b 的值为 10 和 20，则经过服务器处理后，结果如图 1-1 右侧所示；如果变量$a 和$b 的值都变为 5，则图 1-1 右侧的结果就为 10。因此，在网站中需要动态改变的位置嵌入 PHP 代码极大地增强了网站的灵活性。

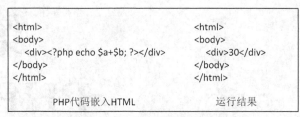

图 1-1　PHP 代码嵌入 HTML

PHP 是全球网站使用最多的脚本语言之一，在全球排名前 100 万的网站中，有超过 70% 的网站是使用 PHP 开发的，表 1-1 列举了一些国内外大型网站使用的开发语言。

表 1-1　大型网站使用的开发语言

网站	语言	网站	语言
新浪	PHP/Java	猫扑	PHP/Java
雅虎	PHP	赶集网	PHP
网易	PHP/Java	百度	PHP/Java/C/C++
谷歌	C/Python/Java/PHP	Facebook	PHP/C++/Java/Python
腾讯	PHP/Perl/C/Java	阿里巴巴	Java/PHP
搜狐	PHP/C/Java	淘宝网	Java/PHP

从表 1-1 中的数据可以看出，这些知名大型网站都使用 PHP 作为其开发的脚本语言之一，可见 PHP 的使用非常广泛。

PHP 最初为 Personal Home Page 的缩写，表示个人主页，于 1994 年由 Rasmus Lerdorf 创建。程序最初用来显示 Rasmus Lerdorf 的个人履历以及统计网页流量。后来又用 C 语言重新编写，加入表单解释器，并可以访问数据库，成为了 PHP 的第二版：PHP/FI（FI 即 Form Interpreter，表单解释器）。

从 PHP/FI 到现在的最新版本 PHP 7.0，PHP 经过多次重新编写和改进，发展十分迅猛，一跃成为当前最流行的服务器端 Web 程序开发语言，并且与 Linux、Apache 和 MySQL 一起共同组成了一个强大的 Web 应用程序平台，简称 LAMP。随着开源潮流的蓬勃发展，开放源代码的 LAMP 已经与 Java EE 和.NET 形成三足鼎立之势，并且该平台开发的项目在软件方面的投资成本较低，因此受到整个 IT 界的关注。从网站流量上来说，70%以上的访问流量是由 LAMP 来提供的，故 LAMP 是一个强大的网站解决方案。

PHP 之所以应用广泛，受到大众欢迎，是因为它具有很多突出的特点，具体如下。

1．开源免费

和其他技术相比，PHP 是开源的，并且免费使用，所有的 PHP 源代码都可以免费得到。

2．跨平台性

PHP 的跨平台性很好，方便移植，在 Linux 平台和 Windows 平台上都可以运行。

3．面向对象

PHP 提供了类和对象的特征，使用 PHP 进行 Web 开发时，可以选择面向对象方式编程。在 PHP4、PHP5 中，面向对象方面都有了很大的改进，现在 PHP 完全可以用来开发大型商业程序。

4．支持多种数据库

由于 PHP 支持开放数据库互连（Open Database Connectivity，ODBC），因此 PHP 可以连接任何支持该标准的数据库，如 MySQL、Oracle、SQL Server 和 DB2 等。其中，PHP 与 MySQL 是最佳搭档，使用得最多。

5．快捷性

PHP 中可以嵌入 HTML，编辑简单、实用性强、程序开发快。而且，目前有很多流行的基于 MVC 架构模式的 PHP 框架可以提高开发速度，国外的如 Zend Framework、Laravel、Symfony、Yii、CodeIgniter 等，国内也有比较流行的框架，如 ThinkPHP。

1.1.2　常用编辑工具

工欲善其事，必先利其器，一个好的编辑器或开发工具，能够极大提高程序开发效率。在 PHP 中，常用的编辑工具有 EditPlus、NetBeans 和 Zend Studio，接下来将分别介绍它们的特点。

1．EditPlus

EditPlus 是一款由韩国 Sangil Kim（ES-Computing）出品的小巧但功能强大的可处理文本、HTML 和程序语言的 Windows 编辑器，甚至可以通过设置用户工具将其作为 C、Java、PHP 等语言的一个简单的 IDE。

2．NetBeans

NetBeans 是由 Sun 公司（2009 年被甲骨文收购）建立的开放源代码的软件开发工具，可以在 Windows、Linux、Solaris 和 Mac OS X 平台上进行开发，是一个可扩展的开发平台。NetBeans 开发环境可供程序员编写、编译、调试和部署程序，还可以通过插件扩展更多功能。

3．Zend Studio

Zend Studio 是 Zend 公司开发的 PHP 语言集成开发环境（IDE），它包括了 PHP 所有必需的开发组件，适合专业开发人员使用。Zend Studio 通过一整套编辑、调试、分析、优化和数据库工具，加快了软件开发周期，简化了复杂的应用方案。

在上述 3 种编辑工具中，EditPlus 的特点是小巧，占用资源少，适合初学者使用。而 NetBeans 和 Zend Studio 虽然功能强大，但占用资源多，使用较为复杂，适合专业的开发人员使用。推荐读者在初学阶段使用 EditPlus，有一定基础后再使用较复杂的开发工具。

1.2　开发环境搭建

在使用 PHP 语言开发程序之前，首先要在系统中搭建开发环境。通常情况下，初学者使用的都是 Windows 平台，在 Windows 平台上搭建 PHP 环境需要安装 Apache 服务器和 PHP 软件。通常安装方式有集成安装和自定义安装两种，采用集成安装的方式非常简单，但不够灵活，同时也不利于学习，所以本节将以自定义安装为例，讲解如何搭建 PHP 开发环境。

1.2.1　Apache 的安装

Apache HTTP Server（简称 Apache）是 Apache 软件基金会发布的一款 Web 服务器软件，由于其开源、跨平台和安全性的特点被广泛使用。Apache 有许多版本，本书以 Apache 2.2.29 版本为例，讲解 Apache 软件的安装步骤。

1．准备工作

首先在系统 C 盘根目录下创建一个名为 web 的文件夹，作为 PHP 开发环境的安装位置，并创建 apache2.2 子文件夹，将 Apache 安装到此文件夹中进行管理。

2．获取 Apache

Apache 在官方网站（http://httpd.apache.org）上提供了软件源代码的下载，但不再提供编译后的软件下载。我们可以从 Apache 公布的其他网站中获取编译后的软件。在 Apache 网站中找到其公布的链接，如图 1-2 所示。

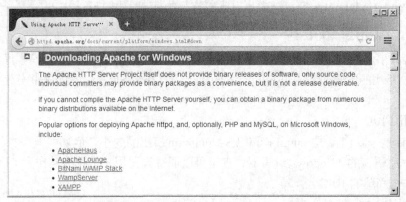

图 1-2　下载用于 Windows 的 Apache 软件

其中，BitNami WAMP Stack、WampServer、XAMPP 网站提供的是包含 Apache、MySQL、PHP 等软件的集成包，如果单独下载 Apache，可以使用 ApacheHaus 或 Apache Lounge 网站提供的下载。

以 Apache Lounge 网站为例，该网站提供了 VC11、VC10、VC9 等编译版本的软件下载，如图 1-3 所示。

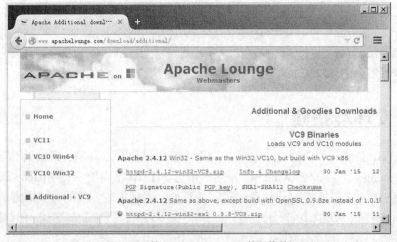

图 1-3　从 Apache Lounge 获取软件

在网站中找到"httpd-2.2.29-win32-VC9.zip"这个版本进行下载（也可以从本书配套源代码中获取该软件）。VC9 是指该软件通过 Microsoft Visual C++ 2008 进行编译，也就表示运行该软件需要 Microsoft Visual C++ 2008 运行库，在 Windows 7 及以后的系统中已经自带了这个运行库，而 Windows XP 用户可以另外安装该运行库。

3．解压与配置

将下载到的"httpd-2.2.29-win32-VC9.zip"压缩包中 Apache2 目录下的文件解压到"C:\web\apache2.2"路径下，如图 1-4 所示。

图 1-4 所示为 Apache 的目录结构，其中"bin"是 Apache 应用程序所在的目录，"conf"是配置文件目录，"htdocs"是默认的网站根目录网页文档目录，"modules"是 Apache 支持的动态加载模块所在的目录。

接下来需要修改 Apache 的配置文件才能进行安装。配置文件位于"conf\httpd.conf"，使用文本编辑器（如记事本、EditPlus）打开它，然后执行文本替换，将"c:/Apache2"全部替换为"c:/web/apache2.2"。然后搜索"ServerName"找到下面一行配置：

图 1-4　Apache 安装目录

```
#ServerName www.example.com:80
```

上述代码开头的"#"表示该行是注释文本，我们应删去"#"使其生效，如下所示：

```
ServerName www.example.com:80
```

为了使读者熟悉 Apache 配置文件 httpd.conf 的使用，下面通过表 1-2 对其常用的配置项进行解释。

表 1-2　Apache 的常用配置

配置项	说明
ServerRoot "c:/web/apache2.2"	Apache 服务器的根目录，即安装目录
Listen 80	服务器监听的端口号，如 80、8080
LoadModule	需要加载的模块
ServerAdmin admin@example.com	服务器管理员的邮箱地址
ServerName www.example.com:80	服务器的域名
DocumentRoot "c:/web/apache2.2/htdocs"	网站根目录
ErrorLog "logs/error.log"	用于记录错误日志

上述配置读者可根据实际需要进行修改，但要注意，一旦修改错误，会造成无法安装或无法启动 Apache。建议读者在修改前先备份"httpd.conf"配置文件。

4．开始安装

通过 Apache 提供的命令行方式开始安装，具体操作步骤如下。

（1）打开【开始菜单】→选择【所有程序】→选择【附件】→找到【命令提示符】并单击鼠标右键，选择【以管理员身份运行】方式，启动命令行窗口。

（2）在命令模式下，输入以下命令代码开始安装：

```
C:\web\apache2.2\bin\httpd.exe -k install
```

在上述代码中，"httpd.exe -k install"为安装命令，"C:\web\apache2.2\bin\"为可执行文件 httpd.exe 所在的目录。安装效果如图 1-5 所示。

图 1-5　通过命令行安装 Apache

（3）如果需要卸载 Apache，可以使用 "httpd.exe –k uninstall" 命令进行卸载。

5．启动 Apache 服务

将 Apache 安装后，Apache 就作为 Windows 的服务项可以被启动或关闭了。Apache 提供了服务监视工具 "Apache Service Monitor"，用于管理 Apache 服务，程序位于 "bin\ApacheMonitor.exe"。

打开 ApacheMonitor.exe，Windows 系统任务栏右下角状态栏应该出现 Apache 的小图标管理工具，在图标上单击鼠标左键会弹出控制菜单，如图 1-6 所示。

从图 1-6 中可以看出，通过 Apache Service Monitor 可以快捷地控制 Apache 服务的启动、停止和重新启动。单击 "Start" 可以启动服务，当图标由红色变为绿色时，表示启动成功。

在浏览器地址栏输入 "http://localhost" 后按回车键，如果看到图 1-7 所示的画面，说明 Apache 正常运行。

　　　　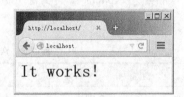

图 1-6　Apache 任务栏图标　　　　图 1-7　在浏览器中访问 localhost

图 1-7 所示的 "It works" 是 Apache 默认站点下的首页，即 "htdocs\index.html" 这个网页的显示结果，读者可以将其他网页放到 "htdocs" 目录下，然后通过 "http://localhost/网页文件名" 进行访问。

1.2.2　PHP 的安装

安装 Apache 之后，开始安装 PHP 模块，它是开发和运行程序的核心。在 Windows 中，PHP 有两种安装方式：一种方式是使用 CGI 应用程序安装；另一种方式是作为 Apache 模块使用。其中，第二种方式较为常见，接下来讲解 PHP 作为 Apache 模块的安装方式。

1．获取 PHP

PHP 的官方网站（http://php.net）提供了 PHP 最新版本的下载，如图 1-8 所示。

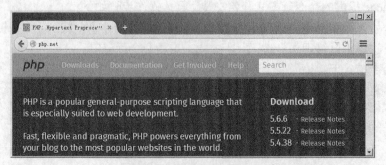

图 1-8　PHP 官方网站

从图 1-8 中可以看出，PHP 目前正在发布 5.4、5.5、5.6 三个版本，比 5.4 更早的版本已经停止维护。本书选择使用 PHP 5.4.38 版本进行讲解。需要注意的是，PHP 提供了 Thread Safe（线程安全）与 Non Thread Safe（非线程安全）两种选择，在与 Apache 搭配时，应选择"Thread Safe"版本。

2．解压与配置

将从 PHP 网站下载到的 "php-5.4.38-Win32-VC9-x86.zip" 压缩包解压，保存到 "c:\web\php5.4" 目录中，如图 1-9 所示。

图 1-9　PHP 安装目录

图 1-9 所示的是 PHP 的目录结构，其中 "ext" 是 PHP 扩展文件所在的目录，"php.exe" 是 PHP 的命令行应用程序，"php5apache2_2.dll" 是用于 Apache 的 DLL 模块，"php.ini-development" 是 PHP 预设的配置模板，适用于开发环境，"php.ini-production" 也是配置模板，适合网站上线时使用。

接下来将 "php.ini-development" 复制一份，并命名为 "php.ini"，该文件将用于配置 PHP。使用文本编辑器打开 "php.ini"，搜索文本 "extension_dir" 找到下面一行配置：

```
;extension_dir = "ext"
```

在 PHP 配置文件中，以分号开头的一行表示注释文本，不会生效。这行配置用于指定 PHP 扩展所在的目录，我们应将其修改为以下内容：

```
extension_dir = "c:\web\php5.4\ext"
```

然后还需要配置 PHP 的时区，搜索文本 "date.timezone"，找到下面一行配置：

```
;date.timezone =
```

时区可以配置为 UTC（协调世界时）或 PRC（中国时区）。配置后如下所示：

```
date.timezone = PRC
```

3．在 Apache 中引入 PHP 模块

打开 Apache 配置文件 "C:\web\apache2.2\conf\httpd.conf"，添加对 Apache 2.x 的 PHP 模块的引入，具体代码如下所示：

```
LoadModule php5_module "c:/web/php5.4/php5apache2_2.dll"
AddType application/x-httpd-php .php
PHPIniDir "c:/web/php5.4"
```

在上述代码中，第 1 行配置表示将 PHP 作为 Apache 的模块来加载；第 2 行配置是添加对 PHP 文件的解析，告诉 Apache 将以 ".php" 为扩展名的文件交给 PHP 处理；第 3 行配置是指 php.ini 的位置。配置代码添加后，如图 1-10 所示。

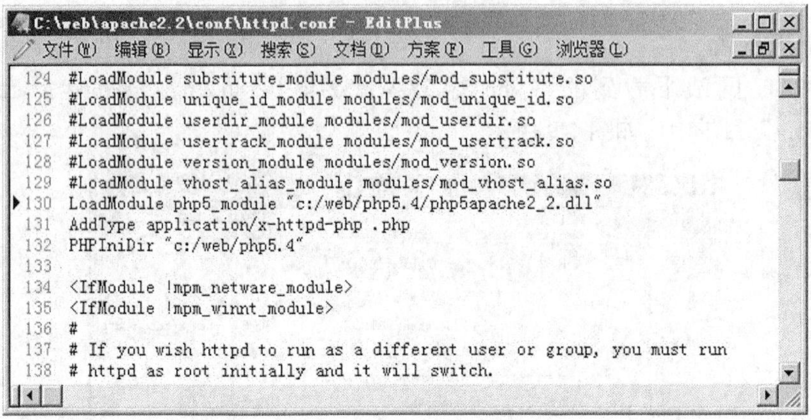

```
C:\web\apache2.2\conf\httpd.conf - EditPlus
文件(W)  编辑(B)  显示(X)  搜索(S)  文档(D)  方案(F)  工具(I)  浏览器(L)
124  #LoadModule substitute_module modules/mod_substitute.so
125  #LoadModule unique_id_module modules/mod_unique_id.so
126  #LoadModule userdir_module modules/mod_userdir.so
127  #LoadModule usertrack_module modules/mod_usertrack.so
128  #LoadModule version_module modules/mod_version.so
129  #LoadModule vhost_alias_module modules/mod_vhost_alias.so
130  LoadModule php5_module "c:/web/php5.4/php5apache2_2.dll"
131  AddType application/x-httpd-php .php
132  PHPIniDir "c:/web/php5.4"
133
134  <IfModule !mpm_netware_module>
135  <IfModule !mpm_winnt_module>
136  #
137  # If you wish httpd to run as a different user or group, you must run
138  # httpd as root initially and it will switch.
```

图 1-10　httpd.conf 配置文件

接下来配置 Apache 的索引页，是指访问一个目录时，自动打开哪个文件作为索引页。例如，访问 "http://localhost" 实际上访问到的是 "http://localhost/index.html"，这是因为 "index.html" 是默认索引页，所以可以省略索引页的文件名。

在配置文件中搜索 "DirectoryIndex"，找到以下代码：

```
<IfModule dir_module>
    DirectoryIndex index.html
</IfModule>
```

上述代码第 2 行的 "index.html" 即默认索引页，我们将 "index.php" 也添加为默认索引页：

```
<IfModule dir_module>
    DirectoryIndex index.html index.php
</IfModule>
```

上述配置表示在访问目录时，首先检测是否存在 index.html，如果有，则显示，否则就继续检查是否存在 index.php。如果一个目录下不存在索引页文件，Apache 会显示该目录下所有的文件和子文件夹（前提是允许 Apache 显示目录列表）。

4．重新启动 Apache 服务器

修改 Apache 配置文件后，需要重新启动 Apache 服务器，才能使配置生效。先单击右下角 Apache 服务器图标，选择 "Apache2.2"，单击 "Restart" 就可以重启成功，如图 1-11 所示。

5．测试 PHP 模块是否安装成功

以上步骤已经将 PHP 安装为 Apache 的一个扩展模块，并随 Apache 服务器一起启动。如果想检查 PHP 是否安装成功，可以在 Apache 服务器的 Web 站点目录 "C:\web\apache2.2\htdocs" 下，使用文本编辑器创建一个名为 test.php 的文件，并在文件中写入下面的内容：

```
<?php
    phpinfo();
?>
```

上述代码用于将 PHP 的状态信息输出到网页中。将代码编写完成后保存为 .php 扩展名，如图 1-12 所示。

图 1-11　重新启动 Apache 服务器　　　　　　图 1-12　保存 test.php

然后使用浏览器访问地址"http://localhost/test.php"，如果看到如图 1-13 所示的 PHP 配置信息，说明上述配置成功。否则，需要检查上述配置操作是否出错。

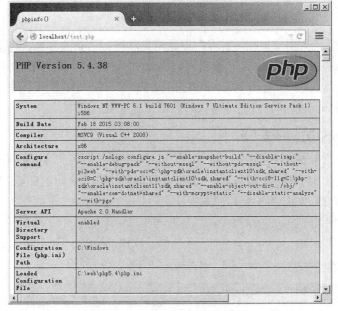

图 1-13　测试 PHP 是否安装成功

1.3　MySQL 的介绍与使用

1.2 节已经详细讲解了 PHP 开发环境的搭建，但是开发一个完整的项目还需要数据库。MySQL 是世界上最受欢迎的开源数据库管理软件之一，由于其跨平台性、可靠性、免费开源等特点，一直被认为是 PHP 的"最佳搭档"。本节将针对 MySQL 的安装和使用进行详细讲解。

1.3.1　什么是 MySQL

在服务器环境中，Apache 用于提供 Web 访问服务，PHP 用于处理服务器端脚本，而 MySQL 是用于管理数据的。对一个网站而言，数据是非常宝贵的，如电子商务网站，网站中的注册用户、商品信息、用户评价、成交记录等都是数据，因此，MySQL 在 Web 开发中也占据着重要的地位。

MySQL 是一个关系型数据库管理系统，由瑞典 MySQL AB 公司开发，目前属于甲骨文（Oracle）公司所有。由于 MySQL 具有体积小、速度快、开源免费等特点，许多中小型网站都选择 MySQL 作为数据库服务器。图 1-14 演示了 MySQL 在网站服务器中所承担的工作。

9

第 1 章　PHP 开篇

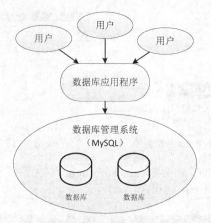

图 1-14　MySQL 数据库管理系统

如图 1-14 所示，数据库是指一种专门存储信息和维护信息的容器，也就是保存数据的仓库；数据库管理系统（MySQL）是负责管理数据库的一套软件，同时还能保证数据的完整性、安全性和可靠性；数据库应用程序是访问数据库的软件，如 PHP 软件，它可以从数据库中获取数据并展示到网页上，或者将用户输入的数据保存到数据库中。

1.3.2　MySQL 的安装

MySQL 软件目前使用双授权政策，它分为社区版和商业版，社区版是通过 GPL 协议授权的开源软件，包含 MySQL 的最新功能，而商业版只包含稳定之后的功能。本书以 MySQL 5.5 社区版为例，讲解 MySQL 的安装和基本使用。

1．获取 MySQL

MySQL 的官方网站（www.mysql.com）提供了软件的下载，在网站中找到 MySQL 5.5 社区版（MySQL Community Server）的下载地址，如图 1-15 所示。

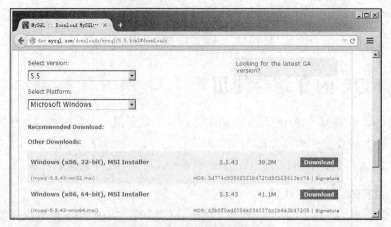

图 1-15　MySQL 官网网站

MySQL 提供了 MSI（安装版）和 ZIP（压缩包）两种打包的下载版本，本书以 MSI 版本为例进行讲解。

2．安装 MySQL

（1）双击从 MySQL 网站下载到的 mysql-5.5.43-win32.msi 安装文件，会弹出 MySQL 安装向导界面，如图 1-16 所示。

（2）单击图中的【Next】按钮进行下一步操作，然后会显示用户许可协议界面，如图 1-17 所示。

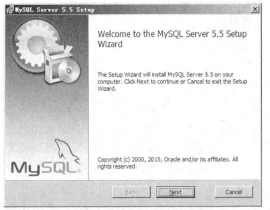

图 1-16　MySQL 安装界面

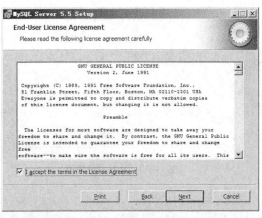

图 1-17　MySQL 许可协议

（3）勾选图 1-17 所示的 "I accept the terms in the License Agreement"（我同意许可协议）选项，然后单击【Next】按扭，进入选择安装类型界面，如图 1-18 所示。

（4）在图 1-18 所示的界面中，MySQL 有 3 种安装类型，Typical 表示典型安装，Custom 表示定制安装，Complete 表示完全安装，为了熟悉安装过程，这里选择定制安装，如图 1-19 所示。

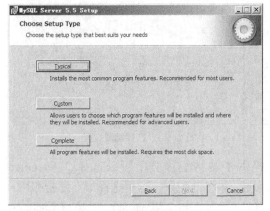

图 1-18　MySQL 安装类型

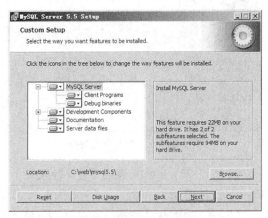

图 1-19　MySQL 定制安装

在图 1-19 所示的界面中，可以选择所需组件和安装目录。"MySQL Server"是 MySQL 软件的安装目录，将其修改为 "C:\web\mysql5.5"。"Server data files"是数据库文件的保存目录，也将其修改为 "C:\web\mysql5.5"（MySQL 会自动将数据库文件放入 "data"子目录中）。

（5）修改安装目录后，单击【Next】按钮进入下一步，然后单击【Install】按钮即可进行安装，如图 1-20 所示。

（6）等待安装进度条完成后，会弹出 MySQL 介绍窗口，继续单击【Next】按钮，就会显示 MySQL 的安装完成界面，如图 1-21 所示。

（7）从图 1-21 中可以看出，MySQL 的安装已经完成。此时，勾选 "Launch the MySQL Instance Configuration Wizard" 并单击【Finish】按纽，可以进入 MySQL 的配置向导界面。

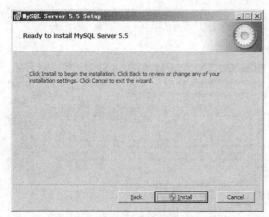

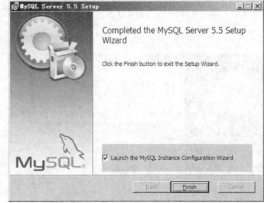

图 1-20　准备安装界面　　　　　　　　　　图 1-21　安装完成界面

3．配置 MySQL

（1）MySQL 安装完成后，还需要进行配置。我们可以通过配置向导（文件位于 C:\web\mysql5.5\bin\ MySQLInstanceConfig.exe）来完成对 MySQL 的配置，如图 1-22 所示。

（2）单击图 1-22 所示界面的【Next】按钮，进入选择配置类型界面，如图 1-23 所示。

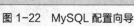

图 1-22　MySQL 配置向导　　　　　　　　　图 1-23　选择配置类型

在图 1-23 所示的界面中，MySQL 向导提供了两种配置类型可以选择，"Detailed Configuration"是详细配置，"Standard Configuration"是标准配置，这里选择标准配置即可。

（3）单击【Next】按钮进入设置 Windows 选项界面，这一步会将 MySQL 安装为 Windows 服务，并配置环境变量，如图 1-24 所示。

在图 1-24 所示的界面中，勾选"Install As Windows Server"（安装为 Windows 服务）、"Launch the MySQL Server automatically"（设置 MySQL 服务器自启动）和"Include Bin Directory in Windows PATH"（将 MySQL 的 bin 目录添加到系统环境变量中）。

（4）单击【Next】按钮进入安全设置页面，如图 1-25 所示。

在图 1-25 所示的界面中，"Modify Security Settings"用于设置 root 用户的密码，这里设置为"123456"；"Enable root access from remote machines"表示是否允许 root 用户在远程机器上登录，考虑到安全性，不建议勾选该项；"Create An Anonymous Account"用于创建匿名账户，不需要勾选该项。

（5）单击【Next】按钮后设置完成，进入准备执行配置的界面，如图 1-26 所示。

（6）单击图 1-26 所示界面中的【Execute】按钮，让配置向导执行一系列的配置任务，配置完成后会显示相关的摘要信息，如图 1-27 所示。

图 1-24　设置 MySQL 服务

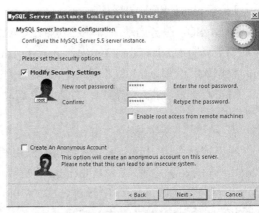

图 1-25　MySQL 安全设置

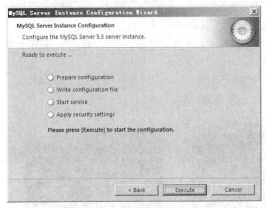

图 1-26　准备执行界面

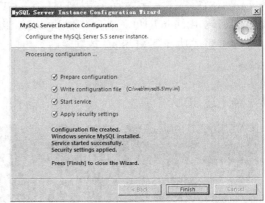

图 1-27　MySQL 配置完成

在图 1-27 所示的界面中，配置向导显示了 MySQL 配置文件已经创建，MySQL 服务已经安装，服务已经启动，安全设置已经应用。单击【Finish】按钮关闭向导即可。

1.3.3　MySQL 的基本使用

正确安装 MySQL 并进行配置之后，MySQL 服务就已经启动了，我们可以通过 Windows 服务管理器手动启动或停止 MySQL 服务，如图 1-28 所示。

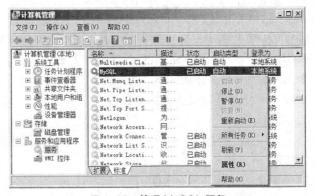

图 1-28　管理 MySQL 服务

当正确启动 MySQL 服务后，本机就是一台 MySQL 服务器，通过 IP 地址和端口号 3306即可访问 MySQL 服务，接下来将针对 MySQL 的基本使用进行详细讲解。

1．登录 MySQL 数据库

当 MySQL 服务启动后，就可以通过 MySQL 客户端工具访问数据库了。常用的 MySQL客户端工具有 Navicat for MySQL、phpMyAdmin 等，也可以使用 MySQL 自带的命令行工具访问数据库，这里以 MySQL 命令行工具为例进行讲解。

（1）打开命令提示符窗口，输入命令启动 MySQL 命令行工具并登录 root 用户，具体命令如下：

```
mysql -h localhost -u root -p
```

在上述命令中，"mysql"是启动 MySQL 命令行工具的命令，它表示运行 C:\web\mysql5.5\bin\mysql.exe 这个程序；"-h localhost"表示登录的服务器主机地址为 localhost（本地服务器），也可以换成服务器的 IP 地址，如 127.0.0.1；"-u root"表示以 root 用户的身份登录，"-p"表示该用户需要输入密码才能访问。

（2）当输入上述命令后，程序会提示"Enter password"（请输入密码），我们输入前面配置好的密码 123456 即可。成功登录 MySQL 服务器后，效果如图 1-29 所示。

（3）当成功登录 MySQL 数据库后，可以通过 SQL 语句查看数据库中现有的数据库，具体命令如下：

```
show databases;
```

当上述 SQL 语句执行后，命令行的提示结果如图 1-30 所示。

图 1-29　登录 MySQL 数据库　　　　　　　　图 1-30　显示所有数据库

从图 1-30 中可以看出，已经有了 4 个数据库存在 MySQL 数据库中，这些是 MySQL 自带的数据库，与 MySQL 的功能有关，建议读者不要随意修改这 4 个数据库。

（4）为 MySQL 指定字符集，避免中文乱码问题。具体 SQL 语句如下：

```
set names gbk;
```

上述语句表示将 MySQL 客户端字符集设置为 gbk。由于 MySQL 命令行工具是运行在 gbk编码环境中的，而 MySQL 服务器默认并非使用这种编码，为了避免不同的编码导致乱码问题，我们应告诉 MySQL 服务器使用 gbk 编码进行通信。需要注意的是，set names 命令只对本次的访问有效，如果退出访问，下次还需要再次输入此命令。

（5）退出 MySQL 服务器

如果在命令行中退出 MySQL 服务器，输入"exit"或"quit"命令即可。

2．数据库与表的创建

（1）创建一个属于自己的数据库，具体 SQL 语句如下：

```
create database `itcast`;
```

在上述语句中，"create database"是创建数据库的命令，"itcast"是数据库的名字。需要注意的是，为了避免用户自定义的命名与系统命令冲突，最好使用反引号将数据库名、字段名、表名包裹，读者需要注意反引号与单引号的区别。上述 SQL 语句执行效果如图 1-31 所示。

图 1-31　创建数据库

从图 1-31 中可以看出，itcast 数据库已经创建成功。另外，如果需要删除数据库，可以使用"drop database"命令。

（2）由于 MySQL 服务器中有多个数据库，如果要针对某一个数据库进行操作，就需要选择数据库，具体 SQL 语句如下：

```
use `itcast`;
```

在上述语句中，"use"是选择数据库的命令，执行上述命令后，接下来对表的操作都是在 itcast 数据库中进行的。

（3）查看"itcast"数据库中有哪些表，使用如下 SQL 语句：

```
show tables;
```

由于目前"itcast"数据库中没有任何表，所以执行上述命令后得到的是空的结果。

（4）创建一张"student"表，用于保存学生信息，使用如下 SQL 语句：

```
create table `student` (
    `id` int unsigned primary key auto_increment,
    `name` varchar(4) not null comment '姓名',
    `gender` enum('男', '女') default '男' not null comment '性别',
    `birthday` date not null comment '出生日期'
)charset=utf8;
```

在上述语句中，"create table"是创建数据表的命令，"student"是表名，引号中的 id、name、gender、birthday 是表中的字段名，字段名的后面是对该字段的详细设置。需要注意的是，表名、字段名使用反引号包裹，而"姓名"、"男"等字符串使用单引号包裹。

为了使读者更好地理解上述 SQL 语句，接下来通过表 1-3 对其进行解读。

表 1-3　SQL 语句解读

语句	作用
int	表示该字段的数据类型是整型
int unsigned	表示该字段的数据类型是无符号整型，即正整数
varchar(4)	表示该字段保存可变长度的字符串，最多保存 4 个字符
enum('男', '女')	表示该字段是枚举类型，只能保存"男"和"女"两种值
date	表示该字段保存日期，如"1994–01–20"
primary key	表示该字段是表的主键，用于唯一地标识表中的某一条记录
auto_increment	表示该字段是自动增长的，每增加一条记录，该字段会自动加 1
not null	表示该字段不允许出现 NULL 值
default '男'	表示该字段的默认值为"男"

语句	作用
comment '姓名'	表示该字段的注释为"姓名"
charset=utf8	指定该表的字符集为 utf8

表 1-1 简要解读了上述 SQL 语句的具体含义。关于 SQL 语句的详细使用，建议读者通过查阅其他资料进行学习，这里就不再赘述。

（5）对于已经创建的表，可以通过如下 SQL 语句查看表的结构：

```
desc `student`;
```

上述 SQL 语句的执行效果如图 1-32 所示。

（6）对于已经创建的表，可以通过如下 SQL 语句查看创建表 SQL：

```
show create table `student`\G
```

上述代码中，"\G"参数用于将查询结果纵向显示，在字段较多的时候非常有用。上述 SQL 语句的执行效果如图 1-33 所示。

图 1-32　创建数据库　　　　　　　　　　图 1-33　查看创建表的 SQL

（7）当需要删除表时，使用如下 SQL 语句：

```
drop table `student`;
```

当上述 SQL 语句执行后，student 表将会被删除，且表中所有的数据都会被删除。

3．数据的添加与查询

（1）为 student 表中添加数据，具体 SQL 语句如下：

```
insert into `student` (`name`, `gender`, `birthday`) values
('张三', '男', '1994-01-20'),
('李四', '男', '1993-10-15'),
('王五', '女', '1993-12-02');
```

上述 SQL 语句向 student 表中添加了 3 条记录，每条记录中有姓名、性别和生日信息。

（2）将 student 表中所有的记录查询出来，具体 SQL 语句如下：

```
select * from `student`;
```

上述 SQL 语句用于从 student 表中查询出所有的记录，"select *"表示查询出所有的字段，其执行效果如图 1-34 所示。

从图 1-34 中可以看出，新插入的 3 条学生数据已经查询出来，并且 ID 字段按照记录的插入顺序依次被赋值为 1、2、3。

（3）查询出所有性别为"男"的学生，使用如下 SQL 语句：

```
select * from `student` where `gender` = '男';
```

上述 SQL 语句的执行效果如图 1-35 所示。

（4）查询出学号为 2 的学生的姓名和性别，使用如下 SQL 语句：

```
select `name`, `gender` from `student` where `id` = 2;
```

上述 SQL 语句的执行效果如图 1-36 所示。

（5）查询出所有姓氏为"张"的男学生，使用如下 SQL 语句：

```
select * from `student` where `gender` = '男' and `name` like '张%';
```

上述 SQL 语句的执行效果如图 1-37 所示。

图 1-34　查询所有记录 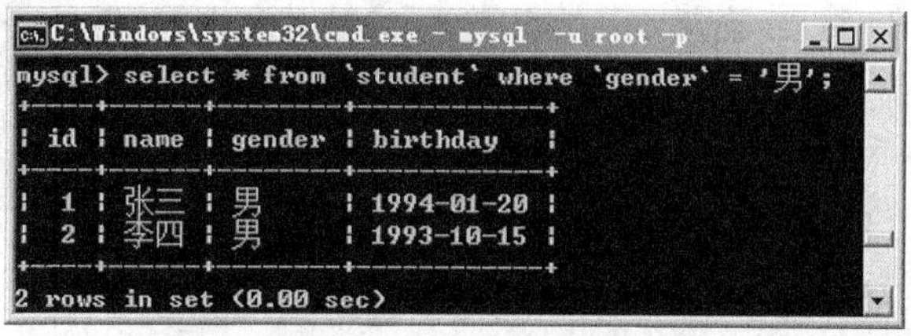　　　　　　　　　图 1-35　查询所有男学生

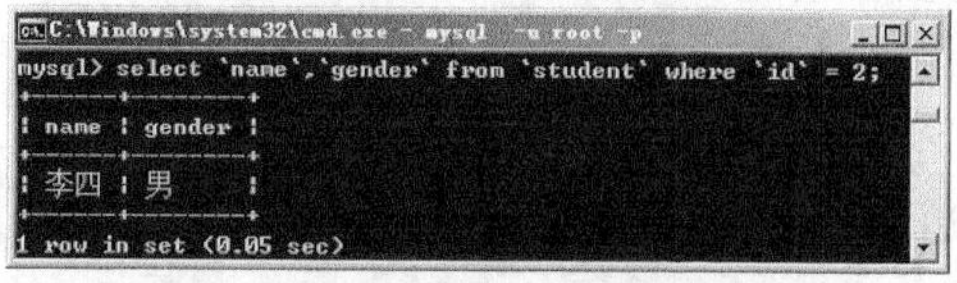

图 1-36　根据 ID 查询姓名和性别 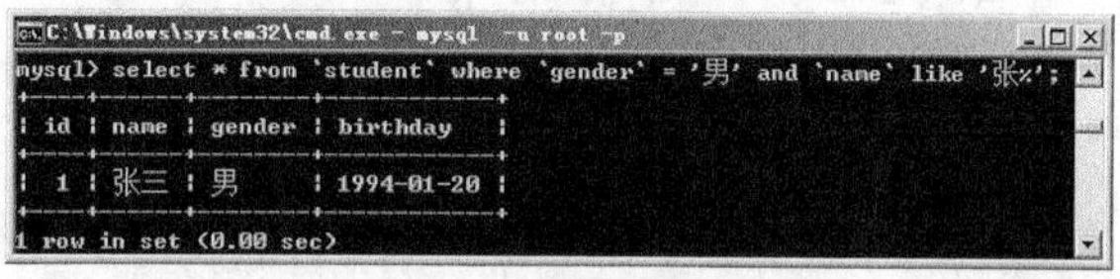　　　　　　图 1-37　多条件查询

（6）将所有男学生按照出生日期升序排列，使用如下 SQL 语句：

```
select * from `student` where `gender` = '男' order by `birthday` asc;
```

上述 SQL 语句的执行效果如图 1-38 所示。

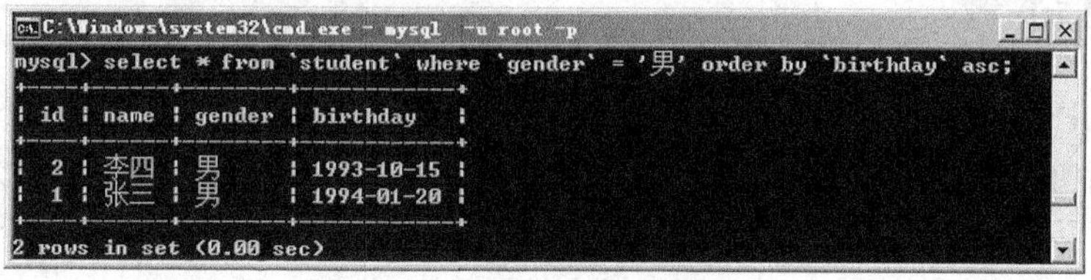

图 1-38　查询并排序

4．数据的更新与删除

（1）更新数据可以使用 UPDATE 命令，具体 SQL 语句如下：

```
update `student` set `name` = '赵六', `gender` = '女' where `id` = 2;
```

上述 SQL 语句将 ID 为 2 的学生（张三）的名字修改为"赵六"，将性别（男）修改为"女"。修改后进行查询，效果如图 1-39 所示。

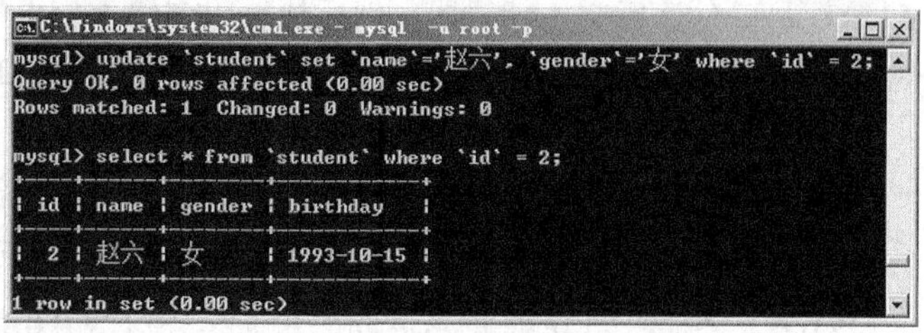

图 1-39　修改指定条件的记录

从图 1-39 中可以看出，ID 为 2 的学生数据已经更新。需要注意的是，在使用 UPDATE 命令时配合 WHERE 子句能够指定需要更新的记录；如果省略 WHERE 子句将会更新所有的记录。

（2）删除数据可以使用 DELETE 命令，具体 SQL 语句如下：

```
delete from `student` where `id` = 2;
```

执行上述 SQL 语句可以删除 ID 为 2 的学生记录，其效果如图 1-40 所示。

从图 1-40 中可以看出，ID 为 2 的学生记录已经被删除，并且原来 ID 为 3 的学生，ID 并没有发生改变。由于 ID 字段是自动增长的，此时如果插入新记录，ID 会从 4 开始自增，不会填补空缺的 ID。如果需要填补该空缺 ID，可以在插入数据时指定其 ID 字段为 2。

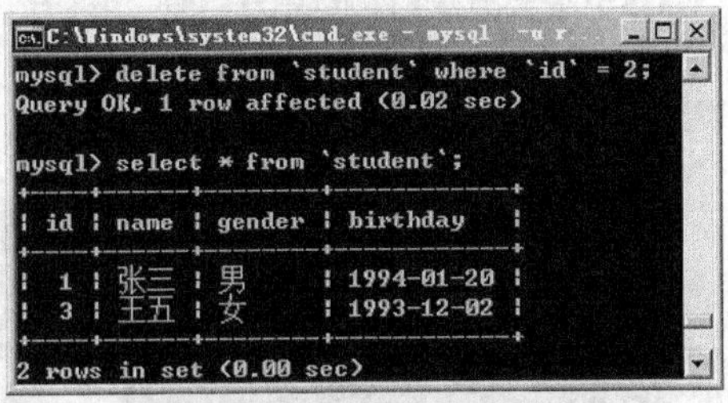

（3）当需要清空表中所有的记录时，可以使用如下 SQL 语句：

图 1-40　删除指定记录

```
truncate `student`;
```

当上述 SQL 语句执行后，student 表中的记录将会被清空，并且 ID 字段的自动增长值会从 1 开始。

5．总结

以上内容讲解了 MySQL 的基本使用，读者应该能够通过 MySQL 命令行工具对数据库进行基本操作，包括数据库的查看、创建、删除，表的查看、创建、删除，记录的查询、添加、修改和删除等，在基于 PHP+MySQL 的实际网站开发中，还需要掌握 MySQL 的分组、多表查询、事务处理等知识，建议读者搭配 MySQL 相关的书籍或教材学习这方面的内容。

1.4　项目部署

搭建好 PHP+Apache+MySQL 环境后，接下来就可以下载网络中的开源软件，在本机上部署一个网站。在真实环境中，我们需要有一个独立的 IP 和域名才能让网站上线；而在开发阶段，我们只需要网站能够在本机和局域网内被访问就足够了，所以本节将通过更改 hosts 文件的方式，让读者通过虚拟的域名来访问本机上的网站。

1.4.1　虚拟主机配置

虚拟主机是 Apache 提供的一个功能，通过虚拟主机可以在一台服务器上部署多个网站，虽然服务器的 IP 地址是相同的，但是当用户使用不同域名访问时，访问到的是不同的网站。接下来分步骤讲解 Apache 的虚拟主机配置。具体操作步骤如下。

（1）修改 hosts 文件，实现网站的域名访问。

在 Windows 中以管理员身份运行文本编辑器，然后执行【文件】→【打开】命令，打开 C:\Windows\System32\drivers\etc 文件夹下的 hosts 文件，在该文件中配置 IP 地址和域名的映射关系，具体如下：

```
127.0.0.1 www.php.test
127.0.0.1 bbs.php.test
127.0.0.1 www.admin.com
```

在上述配置中，127.0.0.1 是本机的 IP 地址，后面的是域名。"127.0.0.1 www.php.test"表示当访问 www.php.test 这个域名时，自动解析到 127.0.0.1 这个 IP 地址上。经过上述配置之后，我们就可以在浏览器上直接输入域名来访问本机的 Web 服务器，需要注意的是，这种域名解析方式只对本机有效。

（2）修改 httpd.conf 文件，启用虚拟主机辅配置文件。

在 Apache 的配置文件 httpd.conf 中找到如下所示的一行配置，取消注释即可：

```
#Include conf/extra/httpd-vhosts.conf
```

在上述配置中，"Include" 表示从另一个文件中加载配置，后面是配置文件的路径。接下来，我们将在辅配置文件 "httpd-vhosts.conf" 中进行虚拟主机的配置。

（3）打开 "conf/extra/httpd-vhosts.conf" 虚拟主机配置文件，将该文件中原有的配置全部注释起来，然后重新编写如下的配置：

```
NameVirtualHost *:80
<VirtualHost *:80>
    DocumentRoot "C:/web/apache2.2/htdocs"
    ServerName www.php.test
</VirtualHost>
<VirtualHost *:80>
    DocumentRoot "C:/web/apache2.2/htdocs/bbs"
    ServerName bbs.php.test
</VirtualHost>
```

上述配置实现了两个虚拟主机，分别是 www.php.test 和 bbs.php.test，并且这两个虚拟主机的文档目录被指定在不同的目录下。接下来创建 "C:\web\apache2.2\htdocs\bbs" 文件夹，并在文件夹中放一个简单的网页，然后重启 Apache 使配置文件生效。

（4）在浏览器中访问这两个域名，会看到不同的两个网站，如图 1-41 所示。

 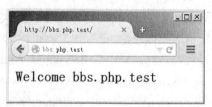

图 1-41 访问虚拟主机

（5）继续编辑 "httpd-vhosts.conf"，配置一个带有访问权限的虚拟主机，如下所示：

```
<VirtualHost *:80>
    DocumentRoot "C:/web/www.admin.com"
    ServerName www.admin.com
    <Directory "C:/web/www.admin.com">
        Order deny,allow
        Deny from all
        Allow from 127.0.0.1
    </Directory>
</VirtualHost>
```

上述配置将虚拟主机 "www.admin.com" 的文档目录指定到 "C:/web/www.admin.com" 目录下，并通过 <Directory> 指令为其配置了目录访问权限。其中，"Order deny,allow" 的作用是先判断 deny 语句再判断 allow 语句，"Deny from all" 表示拒绝所有的访问，"Allow from 127.0.0.1" 表示允许来自 127.0.0.1 的访问，上述配置的作用是使该目录只允许来自 IP 地址为 127.0.0.1 的用户访问。另外，如果要允许所有的访问，可以修改为 "Allow from all"。

（6）在浏览器中访问 "www.admin.com" 进行测试，当用户没有访问权限时，效果如图 1-42 的左图所示，当用户有权限访问并且该目录下存在 index.html 时，效果如图 1-42 的右图所示。

（7）启用 Apache 的目录浏览功能。修改 "httpd-vhosts.conf"，具体配置如下：

```
<Directory "C:/web/www.admin.com">
    Options indexes
</Directory>
```

在上述配置中，"Options indexes"用于启用 Apache 的目录浏览功能，当该功能启用时，如果用户访问的目录中没有默认索引页（DirectoryIndex）指定的文件时，就会显示文件列表，如图 1-43 所示。

图 1-42　测试目录访问权限　　　　　　　　　　　图 1-43　Apache 目录浏览功能

在网站开发阶段，Apache 的目录浏览功能可以方便我们访问服务器中的文件，如果在网站上线时，应关闭该功能以免暴露服务器中的文件目录，将其修改为"Options -indexes"即可关闭该功能。

1.4.2　安装 phpMyAdmin

phpMyAdmin 是一个以 PHP 为基础的 MySQL 数据库管理工具，是为 Web 开发人员提供了图形化的数据库操作界面。通过该工具可以对 MySQL 数据库进行管理操作，如创建、修改、删除数据库及数据表等，本小节讲解 phpMyAdmin 的安装与使用。

（1）在 phpMyAdmin 的官方网站"http://www.phpmyadmin.net"提供了该软件的下载，下载后解压到"C:\web\www.admin.com\phpmyadmin"目录中即可，如图 1-44 所示。

图 1-44　安装 phpMyAdmin

（2）编辑 php.ini，开启运行成熟项目所必需的扩展，具体开启的扩展如下：

```
extension=php_curl.dll
extension=php_gd2.dll
extension=php_mbstring.dll
extension=php_mysql.dll
extension=php_mysqli.dll
extension=php_pdo_mysql.dll
```

上述扩展是 PHP 成熟项目中常用到的扩展，在 php.ini 中找到上述扩展的配置后取消分号注释即可，修改 php.ini 后需要重启 Apache 服务器使本次更改生效。

（3）在浏览器中访问"http://www.admin.com/phpmyadmin"，即可看到 phpMyAdmin 的登录页面，如图 1-45 所示。

图 1-45　登录 phpMyAdmin

（4）在图 1-45 所示的界面中，输入 MySQL 服务器的用户名"root"和密码"123456"进行登录，登录后即可对 MySQL 数据库进行操作，如图 1-46 所示。

图 1-46　使用 phpMyAdmin

phpMyAdmin 有中文语言的界面，在 phpMyAdmin 中管理数据库非常简单和方便，也可以进行 SQL 语句调试、数据导入导出等操作，读者只需简单了解即可。

1.4.3　安装 Discuz!论坛

"Discuz!"是国内非常流行的基于 PHP+MySQL 的通用社区论坛系统，自 2001 年 6 月面世以来，Discuz!已经拥有 14 年以上的应用历史和 200 多万网站的使用案例，是全球成熟度最高、覆盖率最大的论坛软件系统之一。对于网站站长而言，只需要下载 Discuz!的代码并放到服务器上运行，即可将网站部署成一个在线论坛。接下来，本小节将介绍 Discuz!论坛系统的下载和安装。

1．获取 Discuz!

目前 Discuz!的最新版本为 X3.2，在官方论坛（http://www.discuz.net）提供了软件的下载，如图 1-47 所示。

图 1-47 Discuz!官方论坛

在下载前，Discuz!提供了 GBK 和 UTF-8 两种编码的版本可供选择。其中，GBK 是国标码，是为了在计算机中处理汉字而设计的编码，适合中文网站使用，而 UTF-8 是万国码，该编码支持全世界大多数国家的文字（相比 GBK 需要占用更多的存储空间），适合支持国际化的网站使用。这里推荐读者选择 UTF-8 简体中文版本进行下载。

2．部署到站点中

打开从 Discuz!官方网站下载的"Discuz_X3.2_SC_UTF8.zip"压缩包文件，将其中的"upload"目录中的所有文件解压到虚拟主机 "http://bbs.php.test" 站点目录下，如图 1-48 所示。

图 1-48 解压文件

3．安装 Discuz!论坛

将 Discuz!程序代码部署到站点目录中后，通过浏览器访问站点，会显示 Discuz!安装界面，根据网页中的提示依次单击【我同意】、【下一步】、【下一步】按钮即可。当进行到"安装数据库"步骤时，需要输入数据库信息和管理员信息，如图 1-49 所示。

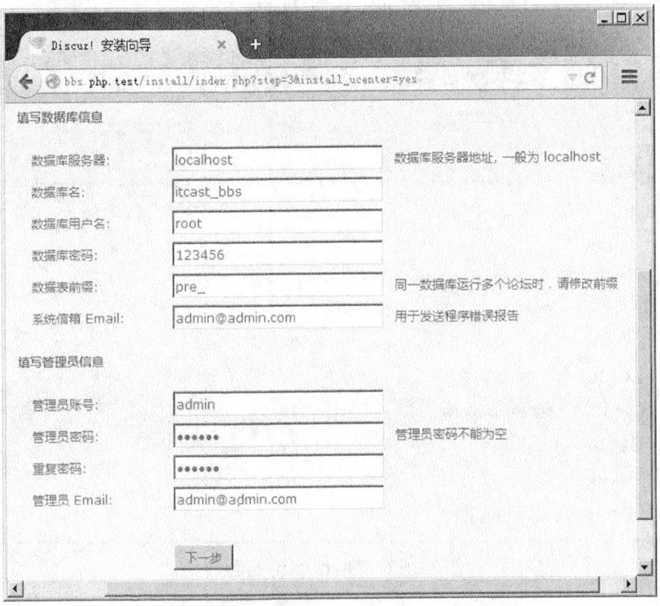

图 1-49　填写数据库及管理员信息

在图 1-49 中可以看出，在安装 Discuz!时，需要配置数据库服务器、数据库名、数据库用户名、数据库密码、数据表前缀等信息。根据环境部署时的配置，数据库服务器填写"localhost"，数据库用户名填写"root"，数据库密码填写"123456"即可。然后我们需要为 Discuz!专门创建一个"itcast_bbs"数据库，并填写数据库名为"itcast_bbs"。正确填写安装配置后，单击【下一步】按即可进行安装。

4．访问论坛前台

成功安装 Discuz!后，访问网站"http://bbs.php.test"查看论坛的前台，在前台可以进行用户注册、发帖等操作，如图 1-50 所示。

图 1-50　Discuz!论坛前台

5．访问论坛后台

论坛后台是为论坛管理员提供的一套管理系统，通过后台可以深度定制 Discuz!的论坛功能，进行版块设置、会员管理等操作，如图 1-51 所示。

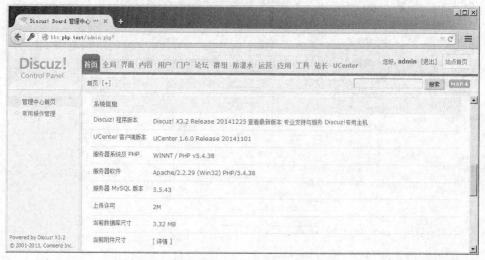

图 1-51　Discuz!论坛后台

至此，Discuz!论坛已经部署完成。当需要该网站可在局域网内的其他计算机中访问时，只需更改其他计算机的 hosts 文件，添加一条域名解析记录即可，如"192.168.1.100 bbs.php.test"。另外，Windows 防火墙可能会阻止 Apache 服务器访问网络，如果局域网内的其他计算机不能访问时，应检查 Windows 防火墙的配置，允许 Apache 访问网络。

思考题

在安装 PHP 时，我们需要在 Apache 配置文件中指定".php"后缀的文件由 PHP 来处理，那么能否将".jsp"或".asp"后缀的文件也交给 PHP 来处理呢？请尝试实现将 php 伪装成".jsp"程序。

扫描右方二维码，查看思考题答案！

PART 2

第 2 章
PHP 语法基础

学习目标
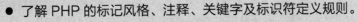

- 了解 PHP 的标记风格、注释、关键字及标识符定义规则。
- 熟悉常量和变量在程序中的定义、使用与区别。
- 熟悉 PHP 中的数据类型分类、运算符与其优先级的运用。
- 掌握选择结构语句、循环结构语句以及标签语法的使用。
- 掌握函数、数组以及包含语句在开发中的使用。

学习一门语言就像盖大楼一样，要想盖一个安全、漂亮的大楼，必须要有一个夯实的地基。同样地，要掌握并熟练使用 PHP 语言开发网站，必须充分了解 PHP 语言的基础知识。本章将通过案例来对 PHP 基础语法进行详细讲解。

2.1 【案例1】显示服务器信息

案例分析

1．需求分析

PHP 是一门嵌入式脚本语言，它经常被嵌入到 HTML 代码中使用。下面通过在 HTML 表格里嵌入 PHP 代码来显示 PHP 版本号、解析 PHP 的操作系统类型以及显示当前服务器时间，从而了解 PHP 标记、输出语句、预定义常量以及时间日期函数的使用。

2．设计思路

（1）使用 HTML 编写表格，用于显示服务器信息。

（2）由于服务器信息要通过 PHP 来获取，因此需在表格中的指定位置嵌入 PHP 代码。

（3）使用浏览器查看此 PHP 文件的运行结果。

实现步骤

（1）编写代码

为了信息展示格式美观、便于阅读，需先在 HTML 页面中编写一个表格，然后嵌入 PHP 代码以获取服务器信息。编写 PHP 文件 server.php，用于显示服务器信息，其实现代码如下：

```
1  <!doctype html>
2  <html>
3   <head>
4    <meta charset="utf-8">
5    <title>服务器信息</title>
6   </head>
7   <body>
8    <table>
9      <tr><th colspan="2">服务器信息展示</th></tr>
10       <tr><td>当前 PHP 版本号：</td><td><?php echo PHP_VERSION;?></td></tr>
11       <tr><td>操作系统的类型：</td><td><?php echo PHP_OS;?></td></tr>
12       <tr><td>当前服务器时间：</td><td><?php echo date('Y-m-d H:i:s');?>
         </td></tr>
13    </table>
14   </body>
15  </html>
```

在上述代码中，首先在 HTML 页面中编写一个表格；然后在该表格的第 2 列中，使用 "<?php" 和 "?>" 标记包含 PHP 代码，以区分 HTML 与 PHP 代码；最后，在 PHP 中使用 "echo" 输出要在 HTML 页面中显示的内容，并以分号 ";" 结束。其中，第 10~11 行代码使用预定义常量 PHP_VERSION 和 PHP_OS 来获取 PHP 版本号与操作系统类型，第 12 行代码使用 PHP 内置的 date()函数，以指定的格式显示当前服务器时间。

（2）查看运行结果

在浏览器中访问该 PHP 文件，运行效果如图 2-1 所示。

从图 2-1 显示的效果可以看出，通过 PHP 获取的"当前 PHP 版本号""操作系统的类型"以及"当前服务器时间"正确地展示在了 HTML 页面的表格中。其中，第 12 行代码中的 "Y-m-d H:i:s" 指定了服务器时间以"年-月-日 时:分:秒"的格式显示。

图 2-1 服务器信息展示

知识点讲解

1. PHP 标记

通常，在 PHP 文件中可以编写 HTML、JavaScript 等代码，这就意味着，需要一个标记来识别 PHP 代码。而 "<?php" 和 "?>" 是 PHP 中最常用的标记——标准标记。具体示例如下：

```
<?php echo "生命在于运动！"; ?>
```

在上述代码中，"<?php" 是开始标记，"?>" 是结束标记。当一个文件是纯 PHP 代码时，可省略结束标记，且开始标记最好顶格书写。

另外，在 PHP 中提供的以 "<?" 开始，以 "?>" 结束的标记，称为短标记。具体示例如下：

```
<? echo "生命在于运动！"; ?>
```

从上述示例可知，短标记很简单，但是在使用时，需在 php.ini 文件中设置 short_open_tag 的值为 on，并重新启动 Apache 服务器。需要注意的是，为了保证程序的兼容性，不推荐使用这种标记。

2．输出语句

echo 是 PHP 中用于输出的语句，可将紧跟其后的字符串、变量、常量的值显示在页面中，示例如下：

```
<?php echo '来吧小伙伴们...'.'现在开启 PHP 学习之旅！';?>
```

在上述示例中，使用 echo 在页面中成功地输出了"来吧小伙伴们...现在开启 PHP 学习之旅！"。其中，"."是字符串连接符，用于连接字符串、变量或常量。

值得一提的是，在使用 echo 输出字符串时，还可以使用","连接两个字符串，将上述示例修改如下：

```
<?php echo '来吧小伙伴们...','现在开启 PHP 学习之旅！';?>
```

输出结果与使用"."连接字符串的示例相同。

3．预定义常量

为了方便开发人员的使用，PHP 提供了预先定义好的常量来获取 PHP 中的信息，在需要时直接使用或通过 echo 输出就可以获取相关的信息。常用的预定义常量如表 2-1 所示。

表 2-1　PHP 中常用预定义常量及功能

常量名	功能描述
PHP_VERSION	获取 PHP 的版本信息，如 5.4.38
PHP_OS	获取解析 PHP 的操作系统类型，如 WINNT
PHP_INT_MAX	获取 PHP 中 Integer 类型的最大值 2 147 483 647
PHP_INT_SIZE	获取 PHP 中 Integer 值的字长，如 4
E_ERROR	表示运行时致命性错误，使用 1 表示
E_WARNING	表示运行时警告错误（非致命），使用 2 表示
E_PARSE	表示编译时解析错误，使用 4 表示
E_NOTICE	表示运行时提醒信息，使用 8 表示

表 2-1 中列举了常用的预定义常量。其中，PHP_VERSION 和 PHP_OS 在【案例 1】中已经使用过，其余的预定义常量读者只需要了解即可。

4．UNIX 时间戳

UNIX 时间戳是一种时间表示方式，定义为从格林威治时间 1970 年 01 月 01 日 00 时 00 分 00 秒起至现在的总秒数。其中，1970 年 01 月 01 日零点也叫 UNIX 纪元。

通常，在 PHP 中使用 time()函数获取当前时间的时间戳，具体示例如下：

```
<?php echo time();?>
```

上述示例中，输出了从 UNIX 纪元到当前时间的时间戳为 1 426 141 440。

5．格式化输出

由于 UNIX 时间戳的可读性差，不能看出其表示的具体时间，所以需要使用 date()函数对其进行格式处理后再输出。

（1）格式化日期，具体示例如下：

```
<?php echo date('Y-m-d',time());?>
```

上述示例中，格式化后的日期格式为"年-月-日"。其中，"-"可随意定义，Y代表4位数字完整表示的年份，m代表使用数字表示且有前导零的月份，d表示月份中的第几天，是有前导零的2位数字。

（2）格式化时间，具体示例如下：

```php
<?php echo date('H:i:s',time());?>
```

上述示例中，格式化后的时间格式为"时:分:秒"。其中，":"可随意定义，H表示小时（有前导零的24小时格式），i表示有前导零的分钟数，s代表有前导零的秒数。

关于格式化的字符还有很多种，读者可根据实际需求，参照手册，自定义时间戳的格式化样式。

2.2 【案例2】商品价格计算

案例分析

1．需求分析

若用户在一个全场8折的网站中购买了2斤香蕉、1斤苹果和3斤橘子，它们的价格分别为7.99元/斤、6.89元/斤、3.99元/斤，那么如何使用PHP程序来计算此用户实际需支付的费用呢？下面通过PHP中提供的变量与常量、算术运算符以及赋值运算符等相关知识来实现商品价格计算。

2．设计思路

（1）使用PHP提供的变量保存用户所购买商品的名称、价格及数量。

（2）由于网站中所有商品的折扣相同，所以使用PHP提供的常量来保存。

（3）分别计算用户购买香蕉、苹果和橘子的价格。

（4）计算打折后所有商品的总价格。

（5）以表格的形式显示用户所购买的商品信息及该用户实际需要支付的费用。

实现步骤

（1）描述商品信息

在编写PHP程序时，通过定义变量和常量可以描述现实中的事物。例如，定义变量来描述商品的名称、数量、价格等可变的数据，定义常量描述在程序运行过程中值保持不变的量。编写PHP文件math.php，用于保存用户所购买的商品信息。实现代码如下：

```php
1  <?php
2      //设定字符集
3      header('Content-type:text/html;charset=utf-8');
4      //定义一个常量，保存所有商品的折扣
5      const DISCOUNT = 0.8;
6      //定义变量，保存所有商品的名称
7      $fruit1 = '香蕉';
8      $fruit2 = '苹果';
9      $fruit3 = '橘子';
10     //对应商品的购买数量（斤）
11     $fruit1_num = 2;
```

```
12      $fruit2_num = 1;
13      $fruit3_num = 3;
14      //对应商品的价格（元/斤）
15      $fruit1_price = 7.99;
16      $fruit2_price = 6.89;
17      $fruit3_price = 3.99;
```

　　在上述代码中，第 7~9 行中的代码使用字符串类型（使用单引号或双引号括起来的内容）保存商品的名称，第 11~13 中的行代码使用整型（整数）保存购买商品的数量，最后，在第 15~17 中的行代码使用浮点型（小数）保存商品的价格。

　　（2）计算商品价格

　　继续编辑 math.php 文件，通过 PHP 代码计算出每件商品和所有商品的价格。实现代码如下：

```
1      //依次计算每件商品的总价格
2      $fruit1_total = $fruit1_num * $fruit1_price;
3      $fruit2_total = $fruit2_num * $fruit2_price;
4      $fruit3_total = $fruit3_num * $fruit3_price;
5      //计算所有商品总价格
6      //计算公式：所有商品价格 =（香蕉总价格+苹果总价格+橘子总价格）*商品折扣
7      $total = ($fruit1_total + $fruit2_total + $fruit3_total) *DISCOUNT;
```

　　在上述代码中，首先利用乘法运算分别计算出每件商品的总价格，然后根据第 6 行的公式，将所有商品的价格相加，最后再乘以商品的折扣，从而算出所有商品的总价格。

　　（3）展示用户购买商品信息

　　继续编辑 math.php 文件，使用 PHP 代码，以表格形式有条理地展示所有商品信息。实现代码如下：

```
1      //拼接商品信息的 HTML 页面
2      $str = "<table>";
3      $str .="<tr><td>商品名称</td><td>购买数量(斤)</td><td>商品价格(元/
       斤)</td></tr>";
4      $str .="<tr> <td>$fruit1</td> <td>$fruit1_num</td> <td> $fruit1_price</td></tr>";
5      $str .="<tr> <td>$fruit2</td> <td>$fruit2_num</td> <td>$fruit2_price</td></tr>";
6      $str .="<tr> <td>$fruit3</td> <td>$fruit3_num</td> <td> $fruit3_
       price</td></tr>";
7      $str .="<tr><td colspan='3'>商品折扣: <span>". DISCOUNT."</span> </td></tr>";
8      $str .="<tr><td colspan='3'>打折后购买商品总价格: {$total}元</td> </tr>";
9      $str .="</table>";
10     //输出商品信息
11     echo $str;
```

　　在上述代码中，首先拼接一个 6 行 3 列的表格，然后在表格中嵌入 PHP 代码，最后输出拼接好的商品信息字符串。其中，第 7 行代码中，要想获得常量 DISCOUNT 的值，直接输出即可；若将其放在双引号或单引号中，PHP 会将其当做字符串处理，不会对该常量进行解析。

　　（4）查看运行结果

　　在浏览器中访问该 PHP 文件，运行效果如图 2-2 所示。

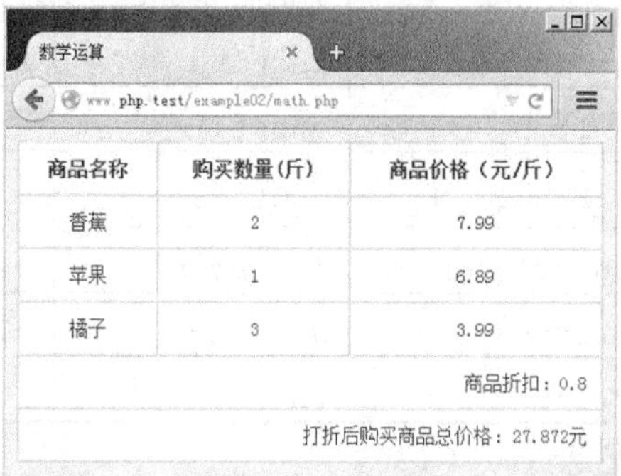

　　经过计算得出，该用户购买商品的总价格为

图 2-2　数学运算

34.84 元，从图 2-2 可以看出，由于网站对所有商品的折扣价为 8 折，所以最后该用户购买的商品总价格为 27.872 元。

知识点讲解

1. 注释

注释是对程序代码的解释和说明，使代码更易于阅读与维护，在解析时会被解析器忽略。在 PHP 中，最常用的两种注释分别为单行注释"//"和多行注释"/*······*/"。需要注意的是，多行注释可以嵌套单行注释，但是不能再嵌套多行注释。

2. 标识符

在网站开发过程中，经常需要在程序中定义一些符号来标记一些名称，如类名、方法名、函数名、变量名等，这些符号被称为标识符。在 PHP 中，定义标识符要遵循一定的规则，具体如下。

（1）标识符只能由字母、数字和下划线组成。

（2）标识符可以由一个或多个字符组成，必须以字母或下划线开头。

（3）当标识符用作变量名时，区分大小写。

（4）若标识符由多个单词组成，那么应使用下划线进行分割，如 user_name。

按照以上规则，标识符 itcast、itcast88、_itcast 是合法的，而 66itcast 以及 it cast 是非法标识符。

3. 关键字

关键字是编程语言里事先定义好并赋予了特殊含义的单词，也称作保留字。如 class 关键字用于定义类，echo 用于输出数据，function 用于定义函数，下面列举了 PHP5 中所有的关键字。

and	or	xor	__FILE__	exception
__LINE__	array()	as	break	case
class	const	continue	declare	default
die()	do	echo	else	elseif
empty()	enddeclare	endfor	endforeach	endif
endswitch	endwhile	eval()	exit()	extends
for	foreach	function	global	if
include	include_once	isset()	list()	new
print	require	require_once	return	static
switch	unset()	use	var	while
__FUNCTION__	__CLASS__	__METHOD__	final	php_user_filter
interface	implements	extends	public	private
protected	abstract	clone	try	catch
throw	this			

在使用上面列举的关键字时，需要注意以下两点。

● 关键字不能作为常量、函数名或类名使用；

● 关键字虽然可作为变量名使用，但是容易导致混淆，不建议使用。

4．变量与常量

变量就是保存可变数据的容器。在 PHP 中，变量是由$符号和变量名组成的，其中变量名的命名规则与标识符相同。如$test、$_test 为合法变量名，而$123、$*math 为非法变量名。

由于 PHP 是弱类型语言，所以变量不需要事先声明，就可以直接进行赋值使用。PHP 中的变量赋值分为两种：一种是默认的传值赋值，另一种是引用赋值。具体示例如下。

（1）传值赋值

```
$age = 12;
$num = $age;
$age = 100;
echo $num;
```

在上述示例中，"$num = $age"是对变量$num 的传值赋值，当变量$age 的值修改为 100 时，$num 的值依然是 12。另外，PHP 还支持可变变量，即用变量的值来表示变量名。例如，当$str 的值为 "name" 时，可以用$$str 表示$name。

（2）引用赋值

所谓引用赋值就是在要赋值的变量前添加 "&" 符号。如以下代码所示：

```
$num = &$age;
```

上述代码中，当变量$age 的值修改为 100 时，$num 的值也随之变为 100。这是由于引用赋值的方式相当于给变量起一个别名，当一个变量的值发生改变时，另一个变量也随之变化。

PHP 中除了变量可以保存数据外，还提供了常量来保存在脚本运行过程中值始终保存不变的量。它的特点就是一旦被定义就不能被修改或重新定义。例如，在数学中常用的圆周率 π 就是一个常量，其值就是固定且不能被改变的。PHP 中通常使用 define()函数或 const 关键字来定义常量，具体示例如下。

（1）define()函数

```
define('CON','itcast',true);
echo CON;
echo con;
```

上述示例中，define()函数的第 1 个参数表示常量的名称，第 2 个参数表示常量值，第 3 个参数在默认的情况下可省略（也可设为 false），表示该常量对大小写敏感。当该值设为 true 时，表示对大小写不敏感，如在上述示例中，使用 echo 输出 CON 和 con 的值都是 itcast。值得一提的是，输出常量还可以使用 constant()函数，其用法如下所示：

```
define('CON','itcast');
echo constant('CON');
```

从上述代码可知，要想使用 constant()函数获取常量的值，只需将其唯一的参数设为常量的名称即可。

（2）const 关键字

```
const pai=3.14;
echo pai;
```

在上述示例中，使用 const 关键字定义了一个名为 pai，值为 3.14 的常量。

5．算术运算符

在数学运算中最常见的就是加减乘除运算，也被称为四则运算。PHP 中的算术运算符就是用来处理四则运算的符号，这是最简单、最常用的运算符号。具体如表 2-2 所示。

表 2-2 算术运算符

运算符	意义	范例	结果
+	加	5+5	10
−	减	6−4	2
*	乘	3*4	12
/	除	5/5	1
%	取模（即算术中的求余数）	7%5	2

表 2-2 中，列举了 PHP 中的算术运算符，看似简单，也容易理解，但是在实际应用过程中还需要注意以下两点。

（1）进行四则混合运算时，运算顺序要遵循数学中"先乘除后加减"的原则。

（2）在进行取模运算时，运算结果的正负取决于被模数（%左边的数）的符号，与模数（%右边的数）的符号无关。例如，（−8）%7=−1，而 8%（−7）=1。

6．赋值运算符

赋值运算符是一个二元运算符，即它有两个操作数。总是把基本赋值运算符（=）右边的值赋给左边的变量或常量。PHP 中的赋值运算符如表 2-3 所示。

表 2-3 赋值运算符

运算符	意义	范例	结果
=	赋值	$a=3; $b=2;	$a=3; $b=2;
+=	加等于	$a=3; $b=2; $a+=$b;	$a=5; $b=2;
−=	减等于	$a=3; $b=2; $a−=$b;	$a=1; $b=2;
*=	乘等于	$a=3; $b=2; $a*=$b;	$a=6; $b=2;
/=	除等于	$a=3; $b=2; $a/=$b;	$a=1.5; $b=2;
%=	模等于	$a=3; $b=2; $a%=$b;	$a=1; $b=2;
.=	连接等于	$a='abc'; $a .= 'def';	$a='abcdef';

在表 2-3 中，"="表示赋值运算符，而非数学意义上的相等的关系。其中，在 PHP 中一条赋值语句可对多个变量进行赋值，具体示例如下：

```
$first;
$second;
$third;
$first = $second = $third = 3; //为 3 个变量同时赋值
```

在上述示例中，赋值语句的执行顺序是从右到左，即先将 3 赋值给变量$third，然后再把$third 的值赋值给变量$second，最后把变量$second 的值赋值给变量$first，完成对 3 个变量的同时赋值。

值得一提的是，除"="外的其他运算符均为特殊赋值运算符，在使用过程中需要注意以下两点。

（1）表 2-3 中，"+="、"−="、"*="、"/="、"%="的用法类似，这里以+=为例，具体示例如下：

```
$a = 5;
$a += 4;
```
在上述示例中，第 2 行代码相当于以下代码：
```
$a = $a + 4;
```
表示变量$a 先与 4 进行相加运算，然后再将运算结果赋值给变量$a，最后变量$a 的值为 9。

（2）表 2-3 中，".=" 表示对两个字符串进行连接操作，具体示例如下：
```
$str = 'welcome to ';
$str .= 'itcast';
```
在上述示例中，第 2 行代码相当于以下代码：
```
$str = $str. 'itcast';
```
表示变量$str 先与 "itcast" 字符串进行连接，然后将连接后得到的新字符串再赋值给变量$str，最后变量$str 的值为 "welcome to itcast"。

2.3 【案例 3】判断学生成绩等级

案例分析

1．需求分析

假设学生成绩范围在 0~100 分，规定 90~100 的分数为 A 级，80~89 的分数为 B 级，70~79 的分数为 C 级，60~69 的分数为 D 级，0~59 的分数为 E 级。那么如何通过一个给定的学生分数来判断其成绩等级呢？下面通过 PHP 中提供的数据类型、比较运算符、逻辑运算符以及选择结构语句等相关知识来实现学生成绩等级的判断。

2．设计思路

（1）定义两个变量，用于保存给定的学生姓名与分数。

（2）判断给定的学生分数是否为一个合格的分数值。

（3）按照成绩等级划分规定，使用 if...else 条件判断语句判断该学生的成绩等级。

（4）以友好的格式显示学生的信息以及成绩等级判断结果。

实现步骤

（1）保存学生信息

分别定义两个变量$name 和$score，用于保存给定学生的姓名和分数，例如，判断分数为 78 分的小明同学的成绩等级。编写 PHP 文件 score.php，用于保存给定学生的信息。实现代码如下：
```
1  <?php
2      header('Content-type:text/html;charset=utf-8');
3      //定义变量$name 保存学生的名字
4      $name = '小明';
5      //定义变量$score 保存学生的分数
6      $score = 78;
```
在上述代码中，给定的学生姓名和分数，读者可自行定义，例如，将第 4 行代码$name 的值修改为 "张三"，将第 6 行代码$score 的值修改为 "96"。

（2）判断学生等级

继续编辑 score.php，根据规定的成绩等级，利用 if...else 判断学生的成绩等级。实现代码如下：

```
1      //判断$score 是否为一个有效数值
2      if(is_int($score) || is_float($score)){
3          //根据分数所在区间，显示相应的得分等级。
4          if($score >=90 && $score <=100){
5              $str = 'A级';  //用于保存成绩判断信息
6          }elseif($score >=80 && $score <90){
7              $str = 'B级';
8          }elseif($score >=70 && $score <80){
9              $str = 'C级';
10         }elseif($score >=60 && $score <70){
11             $str = 'D级';
12         }elseif($score >=0 && $score <60){
13             $str = 'E级';
14         }else{
15             $str = '学生成绩范围必须在0~100！';
16         }
17     }else{
18         $str = '输入的学生成绩不是数值！';
19     }
```

上述代码中，首先使用 if 条件判断语句判断该学生分数是否是数值，若是数值，则继续判断该分数在哪一个成绩等级范围内，并输出显示。否则，若学生分数不是数值或不符合要求（0~100），则输出相关错误提示信息。其中，is_int()和 is_float()函数用于判断该分数是否为整数或小数，"||"表示左右两边的条件若有一个为真，则该条件成立，"&&"表示左右两边的条件都为真时，该条件才能为真。

（3）输出判断结果

继续编辑 score.php 文件，有条理地显示学生的姓名、分数以及成绩等级判断结果。实现代码如下：

```
1 //输出成绩判断结果
2 echo "<h2>学生成绩等级</h2><p>学生姓名："  .$name."<p>学生分数："  .$score."分
<p>成绩等级："  .$str;
```

上述代码中，首先以二级标题输出标题"学生成绩等级"，然后重起一段落输出学生姓名，接着在下一段落中输出该学生的分数，最后，在另起的段落中输出该学生成绩等级判断结果。

（4）查看运行结果

在浏览器中访问该 PHP 文件，运行效果如图 2-3 所示。

从图 2-3 中可以看出，当学生成绩为 78 分时，输出的成绩等级为 C 级；若将分数代码修改为 null，则会输出"输入的学生成绩不是数值！"；若将分数修改为 109，则程序会输出的提示是"学生成绩范围必须在 0~100！"。

图 2-3　学生成绩评价

知识点讲解

1．数据类型

在网站开发的过程中，经常需要操作数据，而每个数据都有其对应的类型。PHP 中支持3 种数据类型，分别为标量数据类型、复合数据类型及特殊数据类型，PHP 中所有的数据类型如图 2-4 所示。

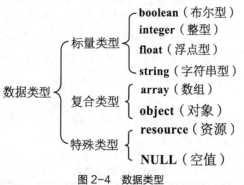

图 2-4   数据类型

值得一提的是，PHP 中变量的数据类型通常不是开发人员设定的，而是根据该变量使用的上下文在运行时决定的，接下来分别介绍几种常用的数据类型。

（1）布尔型

布尔型是 PHP 中较常用的数据类型之一，通常用于逻辑判断，它只有 true 和 false 两个值，表示事物的"真"和"假"，并且不区分大小写，具体示例如下：

```
$flag1 = true;  //将 true 赋值给变量$flag1
$flag2 = false; //将 false 赋值为变量$flag2
```

需要注意的是，在特殊情况下其他数据类型也可以表示布尔值，例如，0 表示 false，1 表示 true。

（2）整型

整型用来表示整数，它可以由十进制、八进制和十六进制指定，且前面加上"+"或"–"符号，可以表示正数或负数。其中，八进制数使用 0~7 表示，且数字前必须加上 0，十六进制数使用 0~9 与 A~F 表示，数字前必须加上 0x，具体示例如下：

```
$oct = 073;        //八进制数
$dec = 59;         //十进制数
$hex = 0x3b;       //十六进制数
```

在上述代码段中，八进制和十六进制表示的都是十进制数值 59。其中，若给定的数值大于系统环境的整型所能表示的最大范围时，会发生数据溢出，导致程序出现问题。例如，32 位系统的取值范围是 $-2^{31} \sim 2^{31}-1$。

（3）浮点型

浮点型可以保存浮点数或整数，浮点数是程序中表示小数的一种方法，也可以是整数。在 PHP 中，通常有两种方式表示浮点数：标准格式和科学计数法格式，具体示例如下：

```
$fnum1 = 1.759;  //标准格式
$fnum2 = -4.382; //标准格式
$fnum3 = 3.14E5; //科学计数法格式
$fnum4 = 7.469E-3; //科学计数法格式
```

在上述两种格式中，不管采用哪种格式表示，浮点数的有效位数都是 14 位。其中，有效位数就是从最左边第一个不为 0 的数开始，直到末尾数的个数，且不包括小数点。

（4）字符串型

字符串是由连续的字母、数字或字符组成的字符序列。在 PHP 中，通常使用单引号或双引号表示字符串。具体示例如下所示：

```
$name = 'Tom';
$area = 'China';
```

```
echo $name." come from $area";     //输出结果为 Tom come from China
echo $name.' come from $area';     //输出结果为 Tom come from $area
```

上述示例中，变量$area 在双引号字符串中被解析为 China，而在单引号字符串中则以原样输出。值得一提的是，PHP 的字符串中可以使用转义字符，例如，在双引号字符串中使用双引号时，可以使用"\""来表示。双引号字符串还支持换行符"\n"、制表符"\t"等转义字符的使用，而单引号字符串只支持"'"和"\"的转义。

2．比较运算符

比较运算符用来对两个变量或表达式进行比较，其结果是一个布尔类型的 true 或 false。PHP 中常见的比较运算符如表 2-4 所示。

表 2-4　比较运算符

运算符	运算	范例（$x=5）	结果
==	等于	$x == 4	false
!=	不等于	$x != 4	true
<>	不等于	$x <> 4	true
===	恒等	$x === 5	true
!==	不恒等	$x !== '5'	true
>	大于	$x > 5	false
>=	大于或等于	$x >= 5	true
<	小于	$x < 5	false
<=	小于或等于	$x <= 5	true

在表 2-4 中，列举了 PHP 中的比较运算符及其使用，但在实际开发中还需要注意以下两点。

（1）对于两个数据类型不相同的数据进行比较时，PHP 会自动地将其转换成相同类型的数据后再进行比较，例如，3 与 3.14 进行比较时，首先会将 3 转换成浮点型 3.0，然后再与 3.14 进行比较。

（2）运算符"==="与"!=="在进行比较时，不仅要比较数值是否相等，还要比较其数据类型是否相等。而"=="和"!="运算符在比较时，只比较其值是否相等。

3．逻辑运算符

逻辑运算符就是在程序开发中用于逻辑判断的符号，其返回值类型是布尔类型。PHP 中的逻辑运算符如表 2-5 所示。

表 2-5　逻辑运算符

运算符	运算	范例	结果
&&	与	$a && $b	$a 和$b 都为 true，结果为 true，否则为 false
||	或	$a || $b	$a 和$b 中至少有一个为 true，则结果为 true，否则为 false
!	非	! $a	若$a 为 false，结果为 true，否则相反
xor	异或	$a xor $b	$a 和$b 一个为 true，一个为 false，结果为 true，否则为 false
and	与	$a and $b	与&&相同，但优先级较低
or	或	$a or $b	与||相同，但优先级较低

在表 2-5 中，虽然"&&"、"\|\|"与"and"、"or"的功能相同，但是前者比后者优先级别

高。对于"与"操作和"或"操作，在实际开发中需要注意以下两点。

（1）当使用"**&&**"连接两个表达式时，如果左边表达式的值为 false，则右边的表达式不会执行。

（2）当使用"**||**"连接两个表达式时，如果左边表达式的值为 true，则右边的表达式不会执行。

4．选择结构语句

所谓选择结构语句，就是对语句中的条件进行判断，进而通过不同的判断结果执行不同的语句。PHP 中常用的选择结构语句有 if、if…else、if…elseif…else 和 switch 语句。

（1）if 语句

if 语句也称单分支语句，表示当满足某种条件时，就进行某种处理，具体语法如下：

```
if(判断条件){
    代码块;
}
```

在上述语法中，判断条件是一个布尔值，当该值为 true 时，执行"{}"中的代码块，否则不进行任何处理。其中，当代码块中只有一条语句时，"{}"可以省略。if 语句的执行流程如图 2-5 所示。

（2）if…else 语句

if…else 语句也称双分支语句，表示当满足某种条件时，就进行某种处理。否则进行另一种处理。具体语法如下：

```
if(判断条件){
    代码块 1;
}else{
    代码块 2;
}
```

在上述语法中，当判断条件为 true 时，执行代码块 1；当判断条件为 false 时，执行代码块 2。if…else 语句的执行流程如图 2-6 所示。

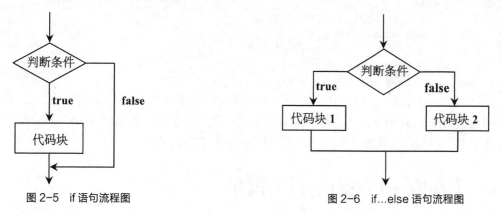

图 2-5 if 语句流程图　　　　　　　　　图 2-6 if…else 语句流程图

（3）if…elseif…else 语句

if…elseif…else 语句也称为多分支语句，用于对多种条件进行判断，并进行不同处理。具体语法如下：

```
if(条件 1){
    代码块 1;
}elseif(条件 2){
    代码块 2;
}
```

```
    ...
elseif(条件 n){
    代码块 n;
}else{
    代码块 n+1;
}
```

在上述语法中，当判断条件 1 为 true 时，则执行代码块 1；否则继续判断条件 2，若为 true，则执行代码段 2，依此类推；若所有条件都为 false，则执行代码块 $n+1$。if…elseif…else 语句的执行流程如图 2-7 所示。

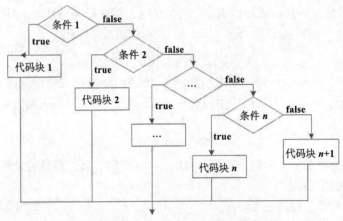

图 2-7   if..elseif…else 语句流程图

（4）switch 语句

switch 语句也是多分支语句，它的好处就是使代码更加清晰简洁、便于读者阅读。具体语法如下：

```
switch(表达式){
    case 值1：代码块 1;break;
    case 值2：代码块 2;break;
    ...
    default：代码块 n;
}
```

在上述语法中，首先计算表达式的值（该值不能为数组或对象），然后将获得的值与 case 中的值依次比较。若相等，则执行 case 后的对应代码块；最后，当遇到 break 语句时，跳出 switch 语句。其中，若没有匹配的值，则执行 default 中的代码块。

2.4 【案例 4】判断是否为闰年

案例分析

1．需求分析

闰年是为了弥补人为历法规定造成的年度天数与地球实际公转周期的时间差，那么如何计算哪一年是闰年呢？下面通过 PHP 程序来判断用户给定的年份是否为闰年，从而掌握 PHP 中数据类型转换、三元运算符以及运算符优先级的使用。

2．设计思路

（1）使用变量保存给定的年份（要判断是否为闰年的年份），如$year = 2008。

（2）使用学过的 **if...else** 条件判断语句完成对闰年的判断。

（3）利用 PHP 提供的三元运算符简化对闰年判断的实现。

（4）使用浏览器输出给定的年份以及判断的结果。

实现步骤

（1）判断是否为闰年

在计算闰年时，普通年需要能被 4 整除且不能被 100 整除，而纪元年则需要能被 400 整除。接下来使用 if 条件判断语句实现闰年的判断。编写 PHP 文件 leap.php，用于判断是否为闰年。实现代码如下：

```php
1 <?php
2    header('Content-type:text/html;charset=utf-8');
3    $year = 2008;
4    if(($year%4==0) && ($year%100!=0) || ($year%400==0)){
5        echo $year.'年是闰年';
6    }else{
7        echo $year.'年不是闰年';
8    }
```

上述第 4 行代码用于闰年的判断，表达式"($year%4==0)"用于判断变量$year 是否能被 4 整除，表达式"($year%100!=0)"用于判断变量$year 是否不能被 100 整除，而表达式"($year%400==0)"用于判断变量$year 是否能被 400 整除。

值得一提的是，运算符"&&"、"||"的运算方式都是左结合方式，即执行顺序为从左到右。由于"&&"的优先级高于"||"的优先级，因此先执行"&&"运算，再执行"||"运算。另外，在执行"&&"运算时，有一个操作数为假，则"&&"运算的结果就为假；在执行"||"运算时，有一个操作数为真，则"||"运算的结果就为真。

（2）使用三元运算符简化以上代码

三元运算符是一种特殊的运算符，它由 3 个操作符组成，其格式为<条件表达式>?<表达式1>:<表达式2>，即当条件表达式的值为真时，则返回表达式 1 的执行结果，否则，返回表达式 2 的执行结果。接下来，修改 leap.php 文件，使用三元运算符来判断是否为闰年。实现代码如下：

```php
1 <?php
2    header('Content-type:text/html;charset=utf-8');
3    $year = 2015;
4    $result=(($year%4==0) && ($year%100!=0) || ($year%400==0))?'是闰年':'不是闰年';
5    echo '<h2>闰年的判断</h2>';
6    echo '<p>输入的年份: '.$year;
7    echo '<p>判断的结果: '.$year.'年'.$result;
```

在上述代码中，首先给定一个年份，然后使用三元运算符判断该年份是否为闰年，其中问号"?"前面的表达式是一个布尔类型的值，若为 true，则将字符串"是闰年"赋值给变量$result；否则，将"不是闰年"赋值给变量$result。最后，输出该年份是否为闰年的判断结果。

（3）查看运行结果

在浏览器中访问该 PHP 文件，运行效果如图 2-8 左图所示。

从图 2-8 左侧可以看出，用户设定的年份为 2008 年时，该年是闰年；如果将第 3 行代码中的年份修改为 2015 时，判断结果如图 2-8 右图所示。

图 2-8　判断是否为闰年

知识点讲解

1. 数据类型转换

在 PHP 中，对两个变量进行操作时，若其数据类型不相同，则需要对其进行数据类型转换。通常情况下，数据类型转换分为自动类型转换和强制类型转换，下面对这两种数据类型转换进行详细介绍。

（1）自动类型转换

所谓自动类型转换，指的是当运算需要或与期望的结果类型不匹配时，PHP 将自动进行类型转换，无需开发人员做任何操作。在程序开发过程中，最常见的自动类型转换有 4 种，分别为转换成布尔型、转换成整型、转换成浮点型和转成成字符串型。具体示例如下：

```
$base = '1800';
$salary = $base+3600;
//通过 var_dump()函数打印变量的值和数据类型
var_dump($salary);    //输出结果为：int(5400)
```

上述示例中，$base 是字符串，在与整型 3 600 进行加法运算时，PHP 自动将$base 转换成整型，然后再进行加法运算，所以最后输出的结果为 int(5400)。另外，当字符串型转换为整型时，若字符串以数字开始，则使用该数值，否则转换为 0。具体示例如下：

```
if("123abc"==123){
    echo '123';    //输出结果为 123
}
if("abc"==0){
    echo '456';    //输出结果为 456
}
```

在上述示例中，当字符串"123abc"与整型 123 进行比较时，首先将字符串"123abc"转换为整型 123 然后再进行比较，结果为真，输出 123。同理，字符串"abc"与 0 进行比较时，首先将字符串"abc"转换为 0，然后再比较，结果为真，输出 456，最后用户在网页中看到的输出结果就为 123456。

（2）强制类型转换

所谓强制类型转换，就是在编写程序时手动转换数据类型，在要转换的数据或变量之前加上"(目标类型)"即可。表 2-6 列举了 PHP 中强制转换的类型。

表 2-6 强制类型转换

强制类型	功能描述
（boolean）	强转为布尔型
（string）	强转为字符串型
（integer）	强转为整型
（float）	强转为浮点型
（array）	强转为数组
（object）	强转为对象

为了让大家更好地理解，请看以下示例代码：

```
var_dump((boolean)-5.9);    //运行结果: bool(true)
var_dump((integer)'hello'); //运行结果: int(0)
var_dump((float)false);     //运行结果: float(0)
var_dump((string)12);       //运行结果: string(2) "12"
```

在上述代码中，使用强制类型转换可以很方便地将变量转换成指定的数据类型。

2．三元运算符

三元运算符又称三目运算符，它是一种特殊的运算符，其语法格式如下：

```
<条件表达式>?<表达式 1>:<表达式 2>
```

在上述语法格式中，先求条件表达式的值，如果为真，则返回表达式 1 的执行结果；如果条件表达式的值为假，则返回表达式 2 的执行结果。

3．运算符优先级

前面介绍了 PHP 的各种运算符，那么若一个表达式中含有多个运算符时，则首先要明确表达式中各个运算符参与运算的先后顺序，我们把这种顺序称为运算符的优先级。PHP 中运算符的优先级如表 2-7 所示，表中运算符的优先级由上至下递减，左表最后一个接右边第一个。

表 2-7 运算符优先级（由上至下优先级递减）

结合方向	运算符	结合方向	运算符
无	new	左	^
左	[	左	|
右	++ -- ~ (int) (float) (string) (array) (object) @	左	&&
无	instanceof	左	||
右	!	左	?:
左	* / %	右	= += -= *= /= .= %= &= |= ^= <<= >>=
左	+ - .	左	and
左	<< >>	左	xor
无	== != === !== <>	左	or
左	&	左	,

在表 2-7 中，同一行的运算符具有相同的优先级，左结合方向表示同级运算符的执行顺序为从左到右，而右结合方向则表示执行顺序为从右到左。

在表达式中，还有一个优先级最高的运算符：圆括号()，它可以提升其内运算符的优先级，具体示例如下：

```
$num1 = 4+3*2;        //输出结果为 10
$num2 = (4+3) *2;     //输出结果为 14
```

上述示例中，未加圆括号的表达式"4+3*2"的执行顺序为，先进行乘法运算，再进行加法运算，最后进行赋值运算；而加了圆括号的表达式"(4+3)*2"的执行顺序为，先进行圆括号内的加法运算，然后进行乘法运算，最后执行赋值运算。

2.5 【案例 5】打印金字塔

案例分析

1．需求分析

金字塔可以说是世界建筑的奇迹之一，其形状呈三角形，那么如何使用程序代码来打印如图 2-9 所示的金字塔图形呢？下面通过 PHP 中提供的 while 循环语句和递增递减运算符来实现这个功能，从而根据条件判断使程序代码按照一定规律输出。

图 2-9　金字塔

从图 2-9 可以看出，该金字塔使用星星"*"来表示，且一共 5 行，第 1 行 1 个星星，它的前面有 4 个空格，第 2 行 3 个星星，它的前面有 3 个空格，依次类推，第 5 行 9 个星星，前面没有空格。通过以上规律，可以总结出该金字塔中星星与空格的计算公式，具体如下。

- 每行星星前面空格数=金字塔的总行数－当前所在行数，如当前为第 3 行，空格数=5－3=2。
- 每行星星数=当前行数*2－1，如：当前为第 2 行，星星数=2*2－1=3。

2．设计思路

（1）初始化当前行为第 1 行。

（2）使用 while 循环判断当前行是否小于等于该金字塔的总行数。

（3）计算每行星星前面空格数和每行星星数。

（4）使用 while 循环每行星星前面的空格数和每行的星星数。

实现步骤

（1）初识 while 循环

while 循环可以理解为反复进行条件判断的 if 语句，只要条件成立，就会执行"{"与"}"

之间的代码段，直到条件不成立时，while 循环结束。编辑 PHP 文件，实现使用 while 循环打印 1~4 所有整数，实现代码如下：

```php
1 <?php
2     $a = 1;        //定义变量$a,初始值为1
3     while($a <= 4){ //循环条件
4         echo $a.' ';
5         ++$a;          //$a 执行加 1 运算
6     }
```

在上述代码中，第 2 行代码用于初始化变量$a，将其设为 1；第 3 行代码用于判断$a 是否小于等于 4，若判断结果为 true，则执行第 4~5 行的代码，其中，"++"是自增运算符，表示将$a 的值加 1 后，再赋值给它自己。然后，再执行第 3 行代码，重复以上动作，直到$a 等于 5，判断结果为 false，结束循环，最后得到的结果为"1 2 3 4"。

（2）打印金字塔

在熟悉了 while 循环之后，接下来通过 while 循环实现打印金字塔图案。

假设当前所在行数使用变量$line 表示，该行星星前空格总数和星星总数分别使用变量$empty 和$star 表示，从图 2-9 可知，该金字塔一共有 5 行，首先，使用 while 循环语句判断$line 是否小于等于 5，若条件满足，则利用以上两个公式分别计算出$empty 和$star 的值，接着，使用 while 循环输出所有空格，再输出所有星星，然后，在$line 前使用递增运算符（++），使$line 自动加 1，最后，再判断$line 是否小于等于 5，重复以上步骤，直到$line 大于 5 时，停止循环。

编写 PHP 文件 phramid.php，用于打印金字塔，实现代码如下：

```php
1  <?php
2      //初始化金字塔的当前行数为第 1 行
3      $line = 1;
4      //使用 while 循环判断当前行是否小于等于该金字塔的总行数 5
5      while($line <= 5){
6          //初始化金字塔中每行的空格和星星的数量
7          $empty_pos = $star_pos = 1;
8          //计算：每行星星前面空格数 = 金字塔的总行数 - 当前所在行数
9          $empty = 5 - $line;
10         //计算：每行星星数 = 当前行数 * 2 - 1
11         $star = 2*$line-1;
12         //循环输出金字塔中当前行星星前的空格
13         while($empty_pos <= $empty){
14             echo ' ';
15             //自增运算符（++）使$empty_pos 加 1，即$empty_pos=$empty_pos+1
16             ++$empty_pos;
17         }
18         //循环输出金字塔中当前行的星星
19         while($star_pos <= $star){
20             echo '*';
21             ++$star_pos;
22         }
23         echo '<br>';
24         ++$line;
25     }
```

在上述代码中，"++"是递增运算符，当其在操作数前面时，表示先进行自增运算，然后再进行其他运算；当其在操作数后面时，表示先进行其他运算，然后再进行自增运算。如以下代码所示：

```
$a=2;
$b = ++$a;
echo $b;//输出结果：3
```

在上述代码中，$a 进行加 1 运算后，在进行赋值运算，所以最终输出的$b 的值为 3。当将 "++$a" 修改为 "$a++" 时，则$a 会先将其值赋值为$b，然后再进行加 1 运算，最终输出的$b 的值就为 2。因此，在程序开发中，读者需要根据实际情况来确定 "++" 在操作数前，还是在操作数后。另外，在 PHP 中还提供了与之对应的递减运算符 "--"，表示对其操作数进行减 1 运算，使用方式与 "++" 相同，这里不再赘述。

（3）查看运行结果

在浏览器中访问该 PHP 文件，运行效果如图 2-9 所示。

知识点讲解

1．while 循环语句

所谓循环语句，就是可以实现重复执行一段代码。而 while 循环语句，就是根据循环条件来判断是否重复执行这一段代码，具体语法如下：

```
while(循环条件){
    执行语句
    ......
}
```

在上述语法中，"{}" 中的执行语句称为循环体。当循环条件为 true 时，则执行循环体，当循环条件为 false 时，结束整个循环。需要注意的是，当循环条件永远为 true 时，会出现死循环。while 循环语句的执行流程如图 2-10 所示。

while 循环语句除了上述形式外，还有 do…while 形式，虽然两者的功能类似，但是当循环条件为 false 的情况下，while 语句会结束循环，而 do…while 语句依然会再执行一次，其语法格式如下：

```
do{
    执行语句
    ......
}while(循环条件);
```

在上述语法格式中，首先执行 do 后面 "{}" 中的循环体，然后，再判断循环条件，当循环条件为 true 时，继续执行循环体，否则，结束本次循环。do…while 循环语句的执行流程如图 2-11 所示。

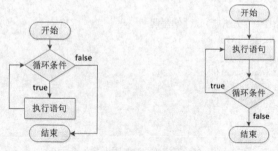

图 2-10　while 循环流程图　　　　图 2-11　do…while 循环流程图

2．递增递减运算符

递增递减运算符也称自增自减运算符，它可以被看作是一种特定形式的复合赋值运算符，PHP 中递增递减运算符的使用如表 2-8 所示。

表 2-8　递增递减运算符

运算符	运算	范例	结果
++	自增（前）	$a=2; $b=++$a;	$a=3; $b=3;
++	自增（后）	$a=2; $b=$a++;	$a=3; $b=2;
--	自减（前）	$a=2; $b=--$a;	$a=1; $b=1;
--	自减（后）	$a=2; $b=$a--;	$a=1; $b=2;

从表 2-8 可知，在进行自增或自减运算时，如果运算符（++或－－）放在操作数的前面，则先进行自增或自减运算，再进行其他运算；反之，如果运算符放在操作数的后面，则先进行其他运算，再进行自增或自减运算。

2.6　【案例 6】九九乘法表

案例分析

1．需求分析

九九乘法表体现了数字之间乘法的规律，成为了学生在学习数学时必不可少的一项内容。那么如何使用程序代码打印如图 2-12 所示的九九乘法表呢？下面通过 PHP 提供的 for 循环语句来实现这个功能，从而了解并掌握 while 循环与 for 循环语句的特点以及跳转语句在循环中的作用。

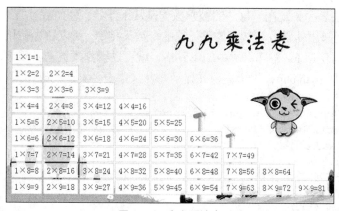

图 2-12　九九乘法表

从图 2-12 中可以看出，该九九乘法表呈楼梯台阶式，共 9 层，假设最顶层就是第 1 层，它由 1 个单元格组成，第 2 层由 2 个单元格组成，依次往下递增，直到第 9 层由 9 个单元格组成。从而不难得到以下规律：

● 每层中乘法的乘数与该层中单元格的个数相等。
● 被乘数都是从 1 开始，依次递增，直到等于该层中单元格的个数为止。

2．设计思路

（1）初始化九九乘法的顶层为 1，使用 for 循环的乘法表的层数。

（2）使用 for 循环输出每层中的单元格。

（3）利用每层中单元格的个数找出乘数与被乘数，进行求积运算。

（4）将乘法运算显示在表格中。

实现步骤

（1）了解 for 循环的应用

for 循环语句是最常用的循环语句，它首先初始化第 1 个参数，然后判断第 2 个参数是否成立，若成立，则执行循环体，最后执行第 3 个参数，接着再判断第 2 个参数，重复以上动作，直至第 2 个参数不成立，结束本次循环。编辑 PHP 文件，实现使用 for 循环打印 0~4 所有的数。实现代码如下：

```
1  <?php
2      //使用 for 循环依次输出 0~4 的数
3      for($i=0; $i<4; ++$i){
4          echo $i.' ';
5      }
```

上述代码中，首先初始化变量$i，将其设为 0；然后，判断$i 是否小于 4，若判断结果为 true，则执行第 4 行代码；接着，$i 加 1，再次判断$i 是否小于 4，重复以上动作，直到$i 等于 4，判断结果为 false，结束循环，最后得到的结果为 "0 1 2 3"。

另外，从上述代码中可以清晰地看出循环地次数为 4 次，所以 for 循环与 while 循环相比，前者更适合于循环次数固定的循环，使代码更加简练、清晰、便于阅读；而后者更适合循环次数不定的循环。读者在使用时，请根据实际情况选择。

（2）实现并显示九九乘法表

实现九九乘法表的关键在于每层的被乘数都是从 1 开始，每次递增加 1，直到与该层的乘数相等时为止，而该层的乘数与该层的单元格的个数又相等。所以首先使用 for 循环九九乘法表的层数，然后再使用 for 循环每层中的单元格，就可以得到乘数与被乘数。

编写 PHP 文件 pyth.php，用于实现并显示九九乘法表。实现代码如下：

```
1   <?php
2   header('Content-type:text/html;charset=utf-8');
3   echo '<table border="1">';
4   //循环九九乘法表的层数
5   for($i=1; $i<10; ++$i){
6       //以表格形式输出乘法口诀
7       echo '<tr>';
8       //循环每层中单元格的个数
9       for($j=1;$j<=$i; ++$j){
10          //计算并输出每层中的乘法
11          echo "<td> {$j}×{$i}=".$j*$i."</td>";
12      }
13      echo '</tr>';
14  }
15  echo '</table>';
```

从上述代码可以看出，在流程控制语句中可嵌套其自身，从而构成多层循环，内部嵌套的流程控制语句作为外部流程控制语句循环体的一部分执行。如在上述代码中，在 for 循环体中嵌套其自身，可以很容易地获得一个九九乘法表。

（3）查看运行结果

在浏览器中访问该 PHP 文件，运行效果如图 2-12 所示。

知识点讲解

1．for 循环语句

PHP 中的循环语句除了 2.5 小节中提到的 while 循环语句外，还有 for 循环，其语法格式如下：

```
for(表达式1; 表达式2; 表达式3){
    执行语句
    ...
}
```

上述语法中，表达式 1 用于初始化，表达式 2 用于判断循环条件，表达式 3 用于改变表达式 1 的值。for 循环语句的执行流程如图 2-13 所示。

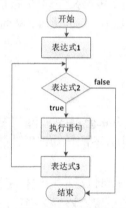

图 2-13　for 循环流程控制图

2．跳转语句

跳转语句用于实现循环执行过程中程序流程的跳转，PHP 中常用的跳转语句有 break 语句和 continue 语句，它们的区别在于 break 语句是终止当前循环，跳出循环体；而 continue 语句是结束本次循环的执行，开始下一轮循环的执行操作。具体示例如下：

```
$sum = 0;    //用于保存 1~100 的奇数和
for($i = 1; $i<= 100; ++$i){
    if($i % 2 == 0){    //若为偶数，则不累加
        continue;    //结束本次循环
    }
    $sum += $i;    //累加奇数
}
echo '$sum = '.$sum;
```

上述示例中，使用 for 循环 1~100 的数，当为偶数时，使用 continue 结束本次循环，$i 不进行累加；当为奇数时，对 $i 的值进行累加，最终输出的结果为 2 500。若将示例中的 continue 修改为 break，则当 $i 递增到 2 时，该循环终止执行，最终输出的结果为 1。

break 语句除了上述作用外，还可以指定跳出几重循环。语法格式如下：

```
break n;
```

在上述语法中，参数 *n* 表示要跳出的循环数量，在多层循环嵌套中，可使用其跳出多重循环。

2.7 【案例7】PHP 获取文件后缀

案例分析

1．需求分析

开发电子商务网站时，系统经常需要判断用户上传文件的类型，看其是否符合要求，如网站只允许用户上传 JPG 格式的商品图片，那么只要 PHP 获取上传图片的后缀就可对其类型进行判断。接下来本节将使用自定义函数和字符串函数来实现获取文件后缀的功能。

2．设计思路

（1）自定义一个用于获取文件后缀的函数。

（2）为该函数设置一个参数，用于传递文件的名称。

（3）使用字符串函数获取文件名称中"."的位置，从而根据此位置向后截取该文件的后缀。

实现步骤

（1）获取文件后缀

下面以一个文件路径字符串"C:\images\apple.jpg"为例进行讲解，不难看出，该文件的后缀名为"jpg"，但是在 PHP 程序中并不能自动识别该文件后缀，因此需要编写代码，让程序按照一定规则来获取文件名。

在 PHP 中，通过内置函数 substr()可以截取指定长度的字符串，而 strrpos()函数可以返回某个字符在字符串中最后一次出现的位置。接下来通过这两个函数获取文件的后缀名，如以下代码所示：

```
1  //变量$path 保存文件路径
2  $path = 'C:\images\apple.jpg';
3  //获取文件后缀名中的第一个字符在字符串中的位置
4  $ext_pos = strrpos($path,'.')+1;
5  //获取文件的后缀名
6  $ext = substr($path, $ext_pos);
```

在上述代码中，strrpos()函数用于获取文件名称中"."最后一次出现的位置，然后加 1 就可得到文件后缀名中的第 1 个字符在字符串中的位置$ext_pos，接着使用 substr()函数截取从$ext_pos 到字符串末尾之间的子字符串，即文件的后缀名"jpg"。

（2）使用函数封装代码

由于在程序开发过程中，同一个功能经常会被重复使用，因此需要重复书写相同代码。为了解决这个问题，PHP 中提供了自定义函数的功能，所谓函数是用于实现某种特定功能的代码。

在 PHP 中，函数是由 function 关键字、函数名称、参数和函数体 4 部分组成。下面将"获取文件后缀"功能封装成函数，编写 file.php 文件，实现代码如下：

```
1  <?php
2      header('Content-type:text/html;charset=utf-8');
3      //获取文件后缀的函数，参数$path 表示文件名称
```

```
4       function getFileExt($path){
5           //获取文件后缀
6           $ext = substr($path, strrpos($path,'.') +1);
7           //返回文件后缀
8           return $ext;
9       }
```

在上述代码中，getFileExt 表示函数名称，$path 是此函数的参数，表示待获取文件后缀的路径，在"{"与"}"之间的代码是函数体，用于实现获取文件后缀的功能。在第 8 行代码中，return 关键字用于返回该函数的处理结果，即文件后缀的值$ext。

（3）调用函数

函数定义完成后，要想让其在程序中发挥作用，必须得调用这个函数。函数的调用非常简单，只需引用函数名称，并传入相应的参数即可。继续编辑 file.php 文件，输出调用 getFileExe() 函数的结果。实现代码如下：

```
1       //保存文件路径
2       $path = 'C:\images\apple.jpg';
3       //调用函数 getFileExt()获取文件后缀
4       $ext = getFileExt($path);
5       //输出获取的文件后缀
6       echo "<p> 文件路径: $path </p>";
7       echo "<p> 文件后缀: $ext </p>";
```

从上述代码可知，当需要多次获取文件后缀时，只要多次调用 getFileExt()函数并传入不同的参数即可，从而可看出在程序中使用函数，可以避免重复书写相同的代码，减轻开发人员的工作量，便于后期的维护。

（4）查看运行结果

在浏览器中访问该 PHP 文件，运行效果如图 2-14 所示。

从图 2-14 可以看出，此处成功地获取了文件名为 apple.jpg 的后缀 jpg。当将文件路径修改为"C:\web\apache2. 2\htdocs\example07\file.php"时，获取的文件后缀名为 php。

图 2-14　获取文件后缀

知识点讲解

1. 自定义函数

在程序开发中，通常将某段实现特定功能的代码定义成一个函数，而开发人员根据实际功能需求定义的函数称为自定义函数。在 PHP 中，自定义函数的语法格式如下所示：

```
function 函数名([参数1,参数2,……]){
    函数体
}
```

从上述语法可知，自定义函数由关键字 function、函数名、参数、函数体 4 部分组成。在使用时需要注意以下几点：

- function 是声明函数时必须使用的关键字；
- 函数名的命名规则与标识符相同，且函数名是唯一的。
- 参数是外界传递给函数的值，它是可选的，当有多个参数时，各参数间使用英文下的逗号"，"分割；
- 函数体是专门用于实现特定功能的代码。

函数在定义完成后，必须通过调用才能使函数在程序中发挥作用。函数的调用非常简单，只需引用函数名，并传入相应的参数即可。具体语法如下：

```
函数名([参数1,参数2,……])
```

在上述语法中，"[参数1,参数2,……]"是可选的，用于表示参数列表，其值可以是一个或多个。

我们在调用函数后，若想要得到一个处理结果，即函数的返回值，则需要使用 return 关键字将函数的返回值传递给调用者。具体示例如下：

```
//定义 sum()函数，用于求两个数的和
function sum($a,$b){
    $result = $a + $b;
    return $result;      //返回处理结果
}
echo sum(23,45);         //输出调用函数后的结果
```

在上述示例中，定义了一个含有两个参数的函数 sum()，用于求两个数的和，并使用 return 关键字将处理的结果返回。当调用函数 sum(23,45)时，程序会直接输出 68。

2．字符串函数

字符串函数是 PHP 的内置函数，用于操作字符串，在实际开发中有着非常重要的作用。下面将针对 PHP 中常用的字符串函数进行详细的讲解。

（1）strlen()函数

strlen()函数用于获取字符串的长度，如下列代码所示：

```
echo strlen('abc');                //输出结果：3
echo strlen('传智播客');           //输出结果：12
echo strlen('P H P');              //输出结果：5
```

从上述代码可以看出，strlen()函数的返回值类型是 int 整型。一个英文字符及一个空格的长度均为 1，一个中文字符的长度为 3。

（2）strrpos()函数

strrpos()函数用于获取指定字符串在目标字符串中最后一次出现的位置，其中，目标字符串中第 1 个字符的位置从 0 开始，如下列代码所示：

```
echo strrpos('itcast','a');      //输出结果：3
echo strrpos('itcast','c',1);    //输出结果：2
echo strrpos('itcast','t',-4);   //输出结果：1
```

从上述代码可以看出，strrpos()函数的返回值类型是 int 整型，但当找不到指定字符串时，返回值为布尔型 false。其中，第 1 个参数是目标字符串，第 2 个参数是指定字符串，第 3 个参数是字符串开始查找的位置，它有 3 种情况，具体如下：

- 省略第 3 个参数时，表示从目标字符串的第 0 个位置开始向后查找指定字符串；
- 第 3 个参数为正数 n 时，表示从目标字符串的第 n 个位置开始向后查找指定字符串；
- 第 3 个参数为负数 m 时，表示从目标字符串的尾部第 m 个位置开始向前查找指定字符串。

（3）substr()函数

substr()函数用于获取字符串中的子串，如下列代码所示：

```
echo substr('itcast',2);          //输出结果：cast
echo substr('itcast',0,2);        //输出结果：it
echo substr('itcast',3,-1);       //输出结果：as
echo substr('itcast',-4,-1);      //输出结果：cas
```

在上述代码中，substr()函数的返回值类型是字符串型，它的第 1 个参数表示待处理的字符串；第 2 个参数表示字符串开始截取的位置，当它为负数 m 时，表示从待处理字符的结尾处向前数第 m 个字符开始；第 3 个参数表示截取字符串的长度，当其省略时，表示截取到字符串的结尾，当其为负数 m 时，表示从截取后的字符串的末尾处去掉 m 个字符。

（4）str_replace()函数

str_replace()函数用于字符串中的某些字符进行替换操作，如下列代码所示：

```
echo str_replace('e','E','welcome',$count);     //输出结果：wElcomE
echo $count;                                     //输出结果：2
```

在上述代码中，str_replace()函数的第 1 个参数表示目标字符串，第 2 参数表示替换字符串，第 3 个参数表示执行替换的字符串，第 4 个参数是一个可选的参数，用于保存字符串被替换的次数。

（5）explode()函数

explode()函数可以使用一个字符串分割另一个字符串，如下列代码所示：

```
//① 输出结果：array(3) { [0]=> string(2) "ba" [1]=> string(1) "a" [2]=>
string(1) "a" }
var_dump(explode('n','banana'));
//② 输出结果：array(2) { [0]=> string(2) "ba" [1]=> string(3) "ana" }
var_dump(explode('n','banana',2));
//③ 输出结果：array(1) { [0]=> string(2) "ba" }
var_dump(explode('n','banana',-2));
//④ 输出结果：array(1) { [0]=> string(6) "banana" }
var_dump(explode('n','banana',0));
//⑤ 输出结果：array(1) { [0]=> string(6) "itcast" }
var_dump(explode('p','itcast'));
//⑥ 输出结果：bool(false)
var_dump(explode('','itcast'));
```

在上述代码中，explode()函数的返回值类型是数组类型，所谓数组类型就是可以存储一系列数据的变量类型。其中，该函数的第 1 个参数表示分隔符，第 2 个参数表示要分割的字符串，第 3 个参数是可选的，表示返回的数组中最多包含的元素个数，当其为负数 m 时，表示返回除了最后的 m 个元素外的所有元素，当其为 0 时，则把它当作 1 处理。

（6）implode()函数

implode()函数用于指定的连接符将数组拼接成一个字符串，如下列代码所示：

```
$arr = array(1,2,3);        //定义一个数组
echo implode(',',$arr);     //输出结果：1,2,3
```

在上述代码中，implode()函数的第 1 个参数表示连接符，第 2 个参数表示待处理的数组。

3．数学函数

数学函数也是 PHP 提供的内置函数，它大大方便了开发人员处理程序中的数学运算，PHP 中常用的数学函数如表 2-9 所示。

表 2-9　PHP 中常用的数学函数

函数名	功能描述	函数名	功能描述
abs()	绝对值	min()	返回最小值
ceil()	向上取最接近的整数	pi()	返回圆周率的值
floor()	向下取最接近的整数	pow()	返回 x^y
fmod()	返回除法的浮点数余数	sqrt()	平方根
is_nan()	判断是否为合法数值	round()	对浮点数进行四舍五入
max()	返回最大值	rand()	返回随机整数

为了让读者更好地理解数学函数的使用，具体示例如下：

```
echo ceil(5.2);          //输出结果：6
echo floor(7.8);         //输出结果：7
echo rand(1,20);         //随机输出 1 到 20 之间的整数
```

在上述示例中，ceil()函数是对浮点数 5.2 进行向上取整，floor()函数是对浮点数进行向下取整，rand()函数的参数表示随机数的范围，第 1 个参数表示最小值，第 2 参数表示最大值。

2.8　【案例 8】订货单显示

案例分析

1．需求分析

在程序中，若要统计用户的订货单，例如，卖家卖了产自广东的 3 个主板、产自上海的 2 个显卡、产自北京的 5 个硬盘，它们的单价分别为 379 元、799 元、589 元。利用前面所学的知识，就需要定义 12 个变量去存储这些数据，显然这样做很麻烦，而且容易出错。这时，可以使用 PHP 提供的数组进行处理，从而体验在编程中使用数组的好处。

2．设计思路

（1）定义数组，存储商品信息。

（2）使用 foreach 遍历数组，并将其显示在表格中。

（3）分别计算主板、显卡、硬盘的总价。

（4）小计订货单中所有商品的总价。

实现步骤

（1）定义数组

在 PHP 中，可以使用 array()函数定义数组，数组中的每个数据称为元素，而每个元素又是由"键"和"值"两部分组成。例如，array('age'=>12)，age 就是"键"，表示该数组元素的名称，当其是一个字符串时，该数组称为关联数组，当它是一个整数时，该数组称为索引数组；12 就是"值"，表示存储在数组中的数据。编写 PHP 文件 order.php，用于保存订货单中

的商品信息。实现代码如下：

```php
1  <?php
2      header('Content-type:text/html;charset=utf-8');
3      //定义数组，存储订货单中商品信息
4      $goods = array(
5       array('name'=>'主板','price'=>'379','producing'=>'广东','num' = >3),
6       array('name'=>'显卡','price'=>'799','producing'=>'上海','num' = >2),
7       array('name'=>'硬盘','price'=>'589','producing'=>'北京','num'= >5)
8      );
```

在上述代码中，定义了一个二维数组$goods，所谓二维数组就是$goods 数组中的每个元素又是一个数组。在$goods 数组中每个元素都存储了一个商品的详细信息。例如，在第 5 行代码中，存储了商品名为主板的价格、产地和数量。

（2）遍历数组

遍历数组就是依次访问数组中的每个元素。在 PHP 中，通常使用 foreach 语句遍历数组，它的语法格式为 foreach($arr as $v){循环体}，$arr 表示数组的名字，$v 表示数组元素的值，用户可自定义。循环体是处理数组元素的程序代码。

继续编辑 order.php 文件，遍历并显示订货单中的商品信息。实现代码如下：

```php
1      //商品价格总计
2      $total = 0;
3      //拼接订货单中信息
4      $str = "<table>";
5      $str .= "<tr><td>商品名称</td><td>价格(元)</td><td>产地</td>";
6      $str .= "<td>数量(件)</td><td>总价(元)</td></tr>";
7      //循环数组中商品信息
8      foreach($goods as $values){
9          $str .= '<tr>';
10         foreach($values as $v){
11             $str .='<td>'.$v.'</td>';
12         }
13         //计算并拼接每件商品的总价格
14         $sum = $values['price']*$values['num'];
15         $str .= '<td>'.$sum.'</td>';
16         $str .= '</tr>';
17         //计算订货单中所有商品总价格
18         $total += $sum;
19     }
20     $str .= "<tr><td>小计: ".$total."元</td></tr></table>";
21     //显示订货单信息
22     echo $str;
```

在上述代码中，第 8~19 行代码用于遍历数组$goods 中的订货单信息。同时在第 14 行代码中计算每件商品的总价，在第 18 行代码中累加订货单中所有的价格，在第 22 行代码中显示拼接好的订货单信息。其中，通过使用"$数组名[键名]"的形式，可以单独访问数组$values 中的元素，获取商品的单价和数量。

（3）查看运行结果

在浏览器中访问该 PHP 文件，运行效果如图 2-15 所示。

从图 2-15 中可以看出，使用 foreach 语句成功地遍历了订货单数组中的商品元素，并且使用单独获取数组元素的方式正确地计算出了每件商品的总价。

图2-15 订货单显示

知识点讲解

1. 初识数组

在 PHP 中,数组是存储一组数据的集合。数组中的数据称为数组元素,而数组元素是由"键=>值"表示,其中,"键"为数组元素的识别名称,也被称为数组下标,"值"为数组元素的内容。"键"和"值"之间使用"=>"连接,数组各个元素之间使用逗号","分割,最后一个元素后面的逗号可以省略。

PHP 中的数组根据下标的数据类型,可分为索引数组和关联数组。索引数组是指下标为整型的数组,默认下标从 0 开始,也可以自己指定。关联数组是指下标为字符串的数组。

2. 数组的使用

在使用数组前,首先需要定义数组,PHP 中通常使用如下两种方式定义数组。

（1）使用赋值方式定义数组

赋值方式定义数组就是创建一个数组变量,然后使用赋值运算符直接给变量赋值,如下列代码所示:

```
$arr[] = 'PHP';          //存储结果: $arr[0] = 'PHP'
$arr[] = 'Java';         //存储结果: $arr[1] = 'Java'
$arr[3] = 'C语言';       //存储结果: $arr[3] = 'C语言'
$arr[5] = 'C++';         //存储结果: $arr[5] = 'C++'
$arr['sub'] = 'IOS';     //存储结果: $arr['sub'] = 'IOS'
$arr[] = '网页平面';     //存储结果: $arr[6] = '网页平面'
```

从上述代码可以看出,当不指定数组的"键"时,默认"键"从"0"开始,依次递增,但当其前面有用户自己指定索引时,PHP 会自动将前面最大的整数下标加 1,作为该元素的下标。

（2）使用 array()函数定义数组

array()函数定义数组就是将数组的元素作为参数,各元素间使用逗号","分割,如下列代码所示:

```
$info = array('id'=>1,'name'=>'Tom');
$fruit = array(1=>'apple',3=>'pear');
$num = array(1,4,7,9);
$mix = array('tel'=>110,'help',3=>'msg');
```

至此,已经讲解了 PHP 中常用的两种定义数组的方式。值得一提的是,在定义数组时,需要注意以下几点:

- 数组元素的下标只有整型和字符串两种类型,如果有其他类型,则会进行类型转换;

● 在 PHP 中合法的整数值下标会被自动转换为整型下标；

● 若数组存在相同的下标时，后面的元素值会覆盖前面的元素值；

数组定义完成后，如何获取或删除数组中的元素呢？接下来将对 PHP 中数组的使用进行详细讲解。

（1）访问数组

由于数组中的元素是由键和值组成的，而键又是数组元素的唯一标识，因此可以使用数组元素的键来获取该元素的值，如下列代码所示：

```
$info = array('id'=>1,'name'=>'Tom');
echo $info['name'];              //输出结果：Tom
```

如果想要查看数组中的所有元素，使用以上方式会很烦琐，为此，PHP 提供了 print_r() 和 var_dump() 函数，专门用于输出数组中的所有元素。其中，print_r() 函数可以按照一定的格式显示数组的键和值，而 var_dump() 函数不仅具有 print_r() 函数的功能，还可以获取数组中元素的个数和数据类型。如下列代码所示：

```
$info = array('id'=>1,'name'=>'Tom');
print_r($info); //输出结果：Array ( [id] => 1 [name] => Tom )
var_dump($info);//输出结果：array(2) { ["id"]=> int(1) ["name"]=> string(3)
"Tom" }
```

（2）删除数组

PHP 中提供的 unset() 函数既可以删除数组中的某个元素，又可以删除整个数组，如下列代码所示：

```
$fruit = array('apple','pear');
unset($fruit[1]);
print_r($fruit);     //输出结果：Array ( [0] => apple )
unset($fruit);
print_r($fruit);       //输出结果：Notice: Undefined variable: fruit...
```

在上述代码中，当将 $fruit 数组删除后，在使用 print_r() 函数对其输出时，从输出结果可以看出，该数组已经不存在了。其中，需要注意的是，删除元素后，数组不会再重建该元素的索引。

3. 数组遍历

在操作数组时，依次访问数组中每个元素的操作称为数组遍历。在 PHP 中，通常使用 foreach() 语句遍历数组，如下列代码所示：

```
$fruit = array('apple','pear');
foreach($fruit as $key => $value){
    echo $key.'---'.$value.' ';          //输出结果：0---apple 1---pear
}
```

从上述代码可以看出，foreach 语句后面的()中的第 1 个参数是待遍历的数组名字，$key 表示数组元素的键，$value 表示数组元素的值。其中，当不需要获取数组的键时，也可以写成如下形式：

```
foreach($fruit as $value){
    echo $value.' ';          //输出结果：apple pear
}
```

从上述代码可知，在遍历数组时，具体使用 foreach 语句的哪种形式，需要程序员根据实际情况判断。

2.9 【案例9】双色球

案例分析

1. 需求分析

双色球是中国福利彩票的一种玩法。它分为红色球号码区和蓝色球号码区，每注投注号码是由6个红色球号码和1个蓝色球号码组成,红色球号码从1~33中选取,蓝色球号码从1~16中选取。那么如何使用PHP程序实现一个机选号码投注的功能呢？下面通过PHP中提供的数组函数来实现机选双色球号码的投注，从而掌握PHP中数组函数的使用。

2. 设计思路

（1）创建一个1~33的红色球号码区数组，并随机取出6个号码。

（2）从1~16的蓝色球号码区中随机取出1个号码。

（3）显示输出机选的红色球号码和蓝色球号码。

实现步骤

（1）随机生成红球和蓝球号码

要想随机生成红球号码,首先可以通过PHP提供的range($min,$max)函数,创建一个1~33间的红色球号码区数组,然后使用array_rand()函数从该数组中随机取出6个键,并使用shuffle函数打乱其顺序，最后通过获取的键从红球号码区数组中获取对应的红球号码值。而蓝球号码可以使用rand($min,$max)函数，从1~16间的蓝色球号码区随机选取1个号码。编写PHP文件ball.php，用于随机获取6个红球号码和1个蓝球号码。实现代码如下：

```php
1  <?php
2      //创建一个1~33的红色球号码区数组
3      $red_num = range(1,33);
4      //随机从红色球号码区数组中获取6个键
5      $keys = array_rand($red_num,6);
6      //打乱键顺序
7      shuffle($keys);
8      //根据键获取红色球号码区数组中相应的值
9      foreach($keys as $v){
10         //判断：当红球号码是一位数时，在左侧补零
11         $red[] = $red_num[$v]<10 ? ('0'.$red_num[$v]) : $red_num[$v];
12     }
13     //随机从1~16的蓝色球号码区中取一个号码
14     $blue_num = rand(1,16);
15     //判断：当蓝球号码是一位数时，在左侧补零
16     $blue = $blue_num<10 ? ('0'.$blue_num) : $blue_num;
```

在上述代码中，由于双色球的号码都是双位数，因此，第11和第16行代码，就是用于判断随机获取的红色球号码和蓝色球号码是否是一位数字，若是，则需要在其左侧补零。

（2）输出红球和蓝球号码

继续编辑ball.php文件，遍历输出红球号码后，再输出蓝球号码。实现代码如下：

```php
1  foreach($red as $v){
2      //输出红球号码
```

```
3        echo $v.' ';
4    }
5    //输出蓝球号码
6    echo $blue;
```

（3）查看运行结果

在浏览器中访问该 PHP 文件，运行效果如图 2-16 所示。

从图 2-16 可以看出，当双色球号码数值小于一位时，在其左侧自动补零，并且机选的号码数值大小顺序不固定，机选双色球号码投注成功。

图 2-16　双色球

知识点讲解

1. 基本数组函数

在 PHP 中，常见的基本操作数组的函数有 count()、range()、array_merge()、array_chunk() 函数等，接下来将对这些基本数组函数进行详细的讲解。

（1）count()函数

count()函数用于计算数组中元素的个数，如下列代码所示：

```
$stu = array(
    array('Tom','male',18),
    array('Alice','female',15),
    array('Julia','female',14)
);
echo count($stu);         //输出结果：3
echo count($stu,1);       //输出结果：12
```

从上述代码可以看出，count()函数的第 2 个参数默认为 0，只计算一维数组的个数，当设为 1 时，表示递归地对数组计数。

（2）range()函数

range()函数用于建立一个包含指定范围单元的数组，如下列代码所示：

```
$arr = range('a','c');
print_r($arr);  //输出结果：Array ( [0] => a [1] => b [2] => c )
```

（3）array_merge()函数

array_merge()函数用于合并一个或多个数组，如下列代码所示：

```
$array1 = array("food" => "tea", 2, 4);
$array2 = array("a", "food" => "Cod", "type" => "jpg", 4);
$result = array_merge($array1, $array2);
//输出结果：Array ( [food] => Cod [0] => 2 [1] => 4 [2] => a [type] => jpg [3] => 4 )
print_r($result);
```

从上述代码可以看出，数组 array2 与 array1 中的字符串下标重复，则后面的下标值覆盖前面的下标值，输出 Cod，没有重复的下标元素则正常输出。其他以数字为下标的数组，键名会以连续方式重新索引。例如，array1 中的 4 合并后下标为 1，array2 中的 4 合并后的下标为 3。

（4）array_chunk()函数

array_chunk()函数可以将一个数组分割成多个，如下列代码所示：

```
$arr = array('one'=>1,'two'=>2,'three'=>3);
//输出结果: Array ( [0] => Array ( [0] => 1 [1] => 2 ) [1] => Array ( [0] => 3 ) )
print_r(array_chunk($arr,2));
//输出结果: Array ( [0] => Array ( [one] => 1 [two] => 2 ) [1] => Array ( [three] => 3 ) )
print_r(array_chunk($arr,2,true));
```

从上述代码可以看出，array_chunk()函数的第 1 个参数表示待分割数组；第 2 个参数用于指定分割后数组中元素的个数，最后一个数组的元素个数可能会小于指定个数；第 3 个参数在默认或设为 false 的情况下，表示分割后数组的下标从 0 开始，当设为 true 时，表示保留待分割数组中原来的键名。

2．数组排序函数

通常情况下，若要对数组进行排序，则需要遍历数组，并对数组中的元素进行比较。实际上，在 PHP 中提供了许多用于排序的数组函数，以方便程序开发。其中，常用数组排序函数如表 2-10 所示。

表 2-10　常用数组排序函数

函数名	功能描述	函数名	功能描述
sort()	对数组排序	asort()	对数组进行排序并保持索引关系
rsort()	对数组逆向排序	arsort()	对数组进行逆向排序并保持索引关系
ksort()	对数组按照键名排序	shuffle()	打乱数组顺序
krsort()	对数组按照键名逆向排序	array_reverse()	返回一个单元顺序相反的数组

下面以 sort()函数为例讲解数组函数的排序功能，如下列代码所示：

```
$arr = array('dog','lion','cat');
sort($arr,SORT_NATURAL);
print_r($arr);  //输出结果: Array ( [0] => cat [1] => dog [2] => lion )
```

在上述代码中，sort()函数的第 1 个参数表示待排序数组，第 2 个参数用于设置数组的排序方式，例如，以数字排序、以字符串排序。代码中的"SORT_NATURAL"表示以"自然的顺序"对字符串进行排序。

3．数组检索函数

在程序开发过程中，经常需要对数组中的键、值进行查找、获取等操作。为此，PHP 提供了数组检索函数，其中，常用的数组检索函数如表 2-11 所示。

表 2-11　常用数组检索函数

函数名	功能描述	函数名	功能描述
array_search()	在数组中搜索给定的值	array_rand()	从数组中随机取出一个或多个单元
array_unique()	移除数组中重复的值	key()	从关联数组中取得键名
array_column()	返回数组中指定的一列	in_array()	检查数组中是否存在某个值
array_keys()	返回数组中键名	array_values()	返回数组中所有的值

在表 2-11 中，列举了 PHP 中常用的数组检索函数，接下来以 in_array()函数为例讲解数组检索函数的使用，如下列代码所示：

```
$tel = array('110','120','119');
//输出结果: Got it!
echo in_array('120',$tel) ? "Got it!" : "not found!";
//输出结果: not found!
echo in_array(120,$tel,true) ? "Got it!" : "not found!";
```

从上述代码可以看出，当不设置 in_array()函数的第 3 个参数时，只在$tel 数组中搜索值为 120 的元素，当将第 3 个参数设为 true 时，表示不仅要搜索值为 120 的元素，还会检查数据类型是否相同。

PHP 中提供了许多的数组函数，这里只讲解了其中常用的部分函数，读者可以自己查看PHP 手册，根据自己所要实现的功能进行选择、学习或者研究。

2.10 【案例 10】网页布局

案例分析

1．需求分析

在一些大型的商务网站中，由于内容分类特别多，经常需要使用网页布局，那么如何在PHP 中实现网页布局呢？下面通过 PHP 中提供的文件包含语句以及前面学过的知识来实现网页布局，从而掌握 PHP 中文件包含语句和流程替代语法的具体使用。

2．设计思路

（1）设置两列网页布局模板文件，并使用文件包含语句分别引入内容和侧栏文件。

（2）编写内容文件，使用标签语法实现主显示区内容的展示。

（3）编写侧栏文件，实现网页侧栏列表的输出。

实现步骤

（1）模板文件

出于安全性考虑，在模板文件的顶端定义一个常量，并在其引入文件的顶部验证该常量是否存在，从而限定用户只能访问模板文件，而不能单独访问被引入的文件。编写 PHP 文件index.php，用于设置网页布局的模板。实现代码如下：

```
1 <?php define('APP','itcast');?>
2 <!doctype html>
3 <html>
4  <head>
5   <meta charset="utf-8">
6   <title>网页布局</title>
7    <link href="style.css" rel="stylesheet" type="text/css"/>
8  </head>
9 <body>
10    <div class="title">header</div>
11    <div class="main">
```

```
12          <div class="content"><?php include "./content.php";?></div>
13          <div class="side"><?php include "./side.php";?></div>
14     </div>
15     <div class="footer">footer</div>
16</body>
17</html>
```

在上述代码中，第 12~13 行代码用于引入 PHP 文件。其中，include 是文件包含语句，实现被包含的文件在当前文件中显示。include 语句后紧跟被包含文件的路径，该路径可以是绝对路径也可以是相对路径，所谓绝对路径就是文件的真实路径，而相对路径则是被包含文件相对于当前文件的位置，使用 "./" 表示当前文件所在目录，"../" 表示当前文件所在目录的上级目录。

（2）内容文件

使用 PHP 提供的替代语法，遍历并显示数组中存放的内容。编写 PHP 文件 content.php，用于展示内容文件中的信息。实现代码如下：

```
1 <?php
2 //防止被直接访问
3 if(!defined('APP')) exit('error!');
4 $books = array('php.jpg', 'java.jpg', 'ps.jpg', 'oc.jpg', 'android. jpg', 'sql.jpg');
5 ?>
6 <div class="lst">
7     <?php foreach($books as $book):?>
8         <div class="pic">
9             <img src="./img/<?php  echo $book;?>">
10        </div>
11    <?php endforeach;?>
12    <div style="clear:both"></div>
13</div>
```

从上述代码中可以看出，第 1 行代码用于判断该文件是否是从 index.php 模板文件中引入，若是，则继续执行以下代码，否则输出提示信息 "error!"。其中，exit()函数用于输出一条消息并且退出当前脚本。而第 7~11 行开始代码中，foreach 语句使用 PHP 的替代语法，将其左花括号（{）换成冒号（:），把右花括号（}）换成 "endforeach;"，从而实现了内容信息的遍历。

（3）侧栏文件

编写 PHP 文件 side.php，用于显示侧栏列表中的信息。实现代码如下：

```
1 <?php if(!defined('APP')) exit('error!');?>
2 <h2>PHP 培训开班信息</h2>
3 <ul>
4     <?php
5         $arr = array(
6             array('PHP 基础班','北京--第 35 期（2015 年 03 月 06 号）', ......),
7             ......
8         );
9         foreach($arr as $values):
10            foreach($values as $k => $v):
11                echo $k > 0 ? "<li>$v</li>" : "<p>$v</p>";
12            endforeach;
13        endforeach;
14    ?>
15 </ul>
```

在上述代码中，第 5~8 行代码，首先使用二维数组的第 1 个元素存放分类名称，然后再存放该分类下的信息。最后，利用第 11 行代码判断当前数组元素是否是第 1 个元素，若是，则使用段落标签输出，否则使用列表标签输出。

（4）查看运行结果

在浏览器中访问该 PHP 文件，运行效果如图 2-17 所示。

图 2-17　网页布局

在图 2-17 中，该网页呈两列布局，左侧是内容模块，显示书籍图片信息，右侧是列表模块，显示 PHP 培训开班信息。

知识点讲解

1．文件包含语句

PHP 中的文件包含语句不仅可以减少代码的重用性，还可以提高代码的维护和更新的效率，通常使用 include、require、include_once 和 require_once 语句实现文件的包含，下面以 include 语句为例讲解其语法格式，其他包含语句语法与此类似，具体语法格式如下：

```
//第一种写法：
include "完整路径文件名"
//第二种写法：
include("完整路径文件名")
```

在上述语法格式中，"完整路径文件名" 指的是被包含文件所在的绝对路径或相对路径。所谓绝对路径就是从盘符开始的路径，如 "C:/web/test.php"。所谓相对路径就是从当前路径开始的路径，假设被包含文件 test.php 所在的当前路径是 "C:/web"，则其相对路径就是 "./test.php"。其中，"./" 表示当前目录，"../" 表示当前目录的上级目录。

另外，require 语句虽然与 include 语句功能类似，但在使用时还需注意以下几点。

● 在包含文件时，如果没有找到文件，include 语句会发生警告信息，程序继续运行；而 require 语句会发生致命错误，程序停止运行。

● 使用 include 语句包含文件时，只有程序执行到该语句时，才会调用被包含文件，而 require 语句会在程序一执行时，立刻调用被包含文件。

值得一提的是，对于 include_once、require_once 语句来说，与 include、require 的作用几乎相同，不同的是，带 once 的语句会先检查要导入的文件是否已经在该程序中的其他地方被调用过，如果有的话，就不会重复导入该文件，这样就避免了同一文件被重复包含。

2．流程替代语法

流程替代语法是 PHP 程序设计中不常见到，但有时却又很重要的一个概念。其基本形式就是把 if、while、for、foreach 和 switch 的左花括号（{）换成冒号（:），把右花括号（}）分别换成 "endif;" "endwhile;" "endfor;" "endforeach;" 和 "endswitch;"，如下列代码所示：

```php
//定义一个学生信息数组
$info = array(
    array('name'=>'Tom','age'=>12),
    array('name'=>'King','age'=>11),
    array('name'=>'Davis','age'=>15)
);
```

假设想要将上述$info 数组中年龄大于 11 岁的学生信息取出来，并将其显示在表格中，使用流程替代语法实现的关键代码如下所示：

```php
<table> <tr><td>姓名</td><td>年龄</td></tr>
<?php
    foreach($info as $k):
        if($k['age'] >11):
?>
 <tr><td><?php echo $k['name'];?></td><td><?php echo $k['age'];?></td></tr>
<?php
        endif;
    endforeach;
?>
</table>
```

从上述代码可以清晰地看出 foreach 和 if 语句开始和结束的位置，避免了大量的 HTML 代码和 PHP 代码混合编译时，分不清流程语句开始和结束的位置，增强了程序的可读性，提高了代码后期维护的效率。

思考题

有一只猴子摘了一堆桃子，当即吃了一半，可是桃子太好吃了，它又多吃了一个，第 2 天它把第 1 天剩下的桃子吃了一半，又多吃了一个，就这样到第 n 天早上它只剩下一个桃子了，请使用递归函数的方式计算猴子摘的桃子数量。

扫描右方二维码，查看思考题答案！

PART 3

第3章
PHP 操作数据库

学习目标

- 掌握 PHP 访问数据库的基本步骤，能够对访问过程进行描述。
- 掌握 MySQL 扩展，会使用 PHP 对 MySQL 数据库进行增、删、改、查、操作。
- 掌握基础业务逻辑，熟练使用 PHP 操作 MySQL 获取指定数据。

任何一种编程语言都需要对数据进行处理，PHP 语言也不例外。PHP 所支持的数据库类型较多，在这些数据库中，由于 MySQL 的跨平台性、可靠性、访问效率较高以及免费开源等特点，备受 PHP 开发者的青睐，一直以来被认为是 PHP 的"最佳搭档"。本章将通过开发企业员工管理系统的案例，对 PHP 如何操作 MySQL 数据库进行详细讲解。

3.1 【案例 11】展示员工信息

案例分析

1．需求分析

在员工管理系统中，展示员工基本信息是十分重要的功能。该功能可以帮助公司更好地管理员工，例如，可以通过查看员工基本信息来确定员工的工龄，也可以快速查找某个员工，得知其联系方式、家庭住址等，接下来我们就来开发展示员工信息功能。

2．设计思路

（1）创建员工信息表，该表用于保存员工的详细信息。

（2）向员工表中添加数据，用于测试员工信息展示功能。

（3）为了让 PHP 能够操作 MySQL 数据库，在 **php.ini** 配置文件中开启 MySQL 扩展。

（4）通过 MySQL 扩展提供的 mysql_connect()函数来连接数据库。

（5）设置字符集和选择数据库，用于指定字符集和要操作的数据库。

（6）编写 SQL 查询语句，并使用 MySQL 扩展提供的 mysql_query()函数执行，取得结果集。

（7）使用 mysql_fetch_assoc()函数处理结果集，然后保存到数组中。

（8）创建视图文件，将处理后的员工信息显示到页面中。

实现步骤

（1）创建员工信息表

在员工管理系统中，员工的详细信息是通过查询数据库获取的。因此，要显示员工信息，就需要先将员工数据保存到员工信息表中，建表的 SQL 语句如下：

```
create table `emp_info` (
  `e_id` int unsigned primary key auto_increment,
  `e_name` varchar(20) not null,
  `e_dept` varchar(20) not null,
  `date_of_birth` timestamp not null,
  `date_of_entry` timestamp not null
)charset=utf8;
```

上述 SQL 语句创建了 emp_info 表，该表中有 5 个字段。其中，"e_id" 字段是表的主键，"e_name" 字段用于保存员工姓名，"e_dept" 字段用于保存员工所在部门，"date_of_birth" 字段用于保存员工出生日期，"date_of_entry" 字段用于保存员工入职时间，最后指定该数据表的编码格式为 UTF8。

（2）插入测试数据

在创建了员工信息表 emp_info 之后，需要向该表中插入几条测试数据，用来测试本项功能是否能够正确运行，插入数据的 SQL 语句如下：

```
insert into `emp_info` values
(1, '张三', '市场部', '2008-4-3 13:33:00', '2014-9-22 17:53:00'),
(2, '李四', '开发部', '2008-4-3 13:33:00', '2013-10-24 17:53:00'),
(3, '王五', '媒体部', '2008-4-3 13:33:00', '2015-4-21 13:33:00'),
(4, '赵六', '销售部', '2008-4-3 13:33:00', '2015-3-20 17:54:00');
```

（3）开启 MySQL 扩展

PHP 本身并不具有操作 MySQL 数据库的能力，需要开启 MySQL 扩展，MySQL 扩展的作用就是提供操作 MySQL 数据库的各种函数。开启 MySQL 扩展的步骤很简单，在 php.ini 配置文件中找到 ";extension=php_mysql. dll"，去掉分号注释并重启 Apache 服务器即可，如图 3-1 所示。

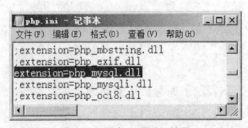

图 3-1　开启 MySQL 扩展

（4）获取数据库连接

在获取数据前，需要先连接到数据库。创建 showList.php 文件，用于获取员工数据。具体代码如下：

```php
1  <?php
2   //声明 HTTP 消息头的文档编码格式
3   header('content-type:text/html;charset=utf-8');
4  //连接数据库
5  $link = mysql_connect('localhost','root','123456');
6  //判断数据库连接是否成功,如果不成功则显示错误信息并终止脚本继续执行
7  if(!$link){
8      die('连接数据库失败! '.mysql_error());
9  }
```

上述代码的第 5 行就是通过 MySQL 扩展提供的 mysql_connect()函数获取数据库连接。mysql_connect()函数主要参数有 3 个,第 1 个参数表示要连接的数据库地址,这里连接本机的数据库就使用 "localhost" 即可;第 2 个参数表示操作数据库的用户名,该用户是 mysql 数据库中保存的合法用户;第 3 个参数表示操作数据库用户的登录密码。该函数执行成功后会返回一个 MySQL 连接标识,失败则返回 false。

(5)设置字符集,选择数据库

在取得数据库连接后,需要确定字符集和数据库。确定字符集是为了保证得到的数据能够正确显示,不出现乱码。选择数据库是由于一个 MySQL 数据库服务器上存在多个数据库,因此需要选择要操作的数据库名,具体代码如下:

```php
1  //设置字符集,选择数据库
2  mysql_query('set names utf8');
3  mysql_query('use `itcast`');
```

上述代码第 2 行代码用于确定字符集为 UTF-8,第 3 行代码用于选择要操作的数据库。大家可以看到这两项操作都使用的是 mysql_query()函数,该函数的作用就是执行一条 SQL 语句。

注意:

为保证数据能够正确显示,建议读者保持以下几个编码格式的统一:PHP 脚本文件的编码格式、PHP 声明的 header()编码格式、数据表编码格式。与 PHP 中不同的是,MySQL 中指定 UTF8 编码格式使用"utf8",而不是"utf-8"。

(6)编写 SQL 语句,执行并获取结果

在完成字符集设置和数据库选择后,接下来就是从数据库中获取所需的数据,具体代码如下:

```php
1  //准备 SQL 语句
2  $sql = 'select * from `emp_info`';
3  //执行 SQL 语句,获取结果集
4  $result = mysql_query($sql,$link);
```

上述代码第 2 行将查询数据的 SQL 语句以字符串的形式赋值给变量$sql,再通过第 4 行代码的 mysql_query()函数加以执行,并将获取到的数据赋值给变量$res。从第 4 行代码中可以看到,mysql_query()函数除了传入 SQL 语句参数,还传入了一个$link 参数。该参数是 mysql_query()函数的可选参数,表示使用 MySQL 连接,如果没有指定该参数,则会使用上一个数据库连接。

(7)处理结果集

获取到结果集之后,需要读取结果集数据。由于 mysql_query()函数返回的结果集是资源类型而非数组,因此需要借助 mysql_fetch_assoc()函数进行读取。mysql_fetch_assoc()函数的作用是从结果集中取得一行数据并以关联数组的形式返回,该关联数组的 "键" 就是数据表的字段名,"值" 就是该字段下对应的数据。当 mysql_fetch_assoc()执行成功后,会自动移动到结果集的下一行继续读取,直到全部数据读取完毕。

继续编辑 showList.php，将从数据库查询到的结果保存到数组中，具体代码如下：

```
1  //定义员工数组，用以保存员工信息
2  $emp_info = array();
3  //遍历结果集，获取每位员工的详细数据
4  while($row = mysql_fetch_assoc($res)){
5      $emp_info[] = $row;
6  }
```

上述代码中第 2 行代码定义了一个数组变量$emp_info 来保存员工信息。由于我们并不知道结果集中存在多少条数据，因此第 4~6 代码行使用 while 循环语句来实现结果集的遍历。

（8）加载 HTML 模板文件

在开发中为了方便进行代码维护，通常会将数据处理部分与视图显示部分分为两个文件保存。因此在数据处理完成后将 HTML 模板文件通过 require 加载进来，具体代码如下：

```
1  //设置常量，用以判断视图文件是否由此文件加载
2  define('APP', 'itcast');
3  //加载 HTML 模板文件，显示数据
4  require './list_html.php';
```

在上述代码中，第 2 行与加载模板文件并无关联。这行代码用来设置一个常量 APP，作用是在 html 模板文件中判断该常量是否存在，如果存在，则说明用户是通过 showList.php 文件访问到该模板文件的；如果不存在，则说明用户是直接通过 URL 地址访问到该模板文件的，这种操作我们视为非法操作，应终止脚本的执行并提示错误信息。

（9）显示员工信息

创建 list_html.php 文件，该文件就是 html 模板文件。在该文件中通过 foreach 循环遍历员工信息数组，将每条员工数据插入 table 表格中，具体代码如下：

```
1  <?php if(!defined('APP')) die('error!');?>
2  <!doctype html>
3  <html>
4  <head>
5    <meta charset="utf-8">
6    <title>员工信息列表</title>
7  </head>
8  <body>
9      <div>员工信息列表</div>
10     <table>
11        <tr>
12           <th>ID</th><th>姓名</th><th>所属部门</th><th>出生日期</th>
               <th>入职时间</th><th>相关操作</th>
13        </tr>
14        <?php  if(!empty($emp_info)) { ?>
15        <?php foreach($emp_info as $row){ ?>
16        <tr>
17           <td><?php echo $row['e_id']; ?></td>
18           <td><?php echo $row['e_name']; ?></td>
19           <td><?php echo $row['e_dept']; ?></td>
20           <td><?php echo $row['date_of_birth']; ?></td>
21           <td><?php echo $row['date_of_entry']; ?></td>
22           <td><div><span>编辑    删除</span></div></td>
23        </tr>
24        <?php } ?>
```

```
25          <?php }else{   ?>
26              <tr><td colspan="6">暂无员工数据！</td></tr>
27          <?php } ?>
28      </table>
29 </body>
30 </html>
```

上述代码中，第 1 行代码通过判断常量 APP 是否存在来判断该文件是否是通过 showList.php 文件加载而来的。第 14 行代码判断$emp_info 是否为空，如果为空，说明员工表中并没有数据，此时执行第 26 行代码；如果有员工数据，则执行第 15~24 行代码。第 15~24 行代码使用 foreach 语句遍历$emp_info，输出每个员工的所有信息。

使用浏览器访问 showList.php，运行结果如图 3-2 所示。

图 3-2　员工信息列表

知识点讲解

1. 数据库扩展

在【案例 11】中，我们使用了 MySQL 扩展来操作数据库。实际上除了 MySQL 扩展，与 MySQL 数据库相关的常用扩展还有以下两种：MySQLi 扩展以及 PDO 扩展。

（1）MySQLi 扩展

MySQLi 扩展是 MySQL 的增强版扩展，它是 MySQL4.1 及以上版本提供的功能。MySQLi 扩展在默认情况下已经安装好了，需要开启时，在 php.ini 配置文件中找到 ";extension= php_mysqli.dll"，去掉分号注释即可。修改后重新启动 Apache，然后通过 phpinfo()函数查看 MySQLi 扩展是否开启成功，具体如图 3-3 所示。

（2）PDO 扩展

在早期的 PHP 版本中，由于不同数据库扩展的应用程序接口互不兼容，导致 PHP 所开发的程序的维护困难、可移植性差。为了解决这个问题，PHP 开发人员编写了一种轻型、便利的 API 来统一操作各种数据库，即数据库抽象层——PDO 扩展。

需要开启时，在 php.ini 配置文件中找到 ";extension=php_pdo_mysql.dll"，去掉分号注释即可。修改完成后重新启动 Apache，可通过 phpinfo()函数查看 PDO 扩展是否开启成功，具体如图 3-4 所示。

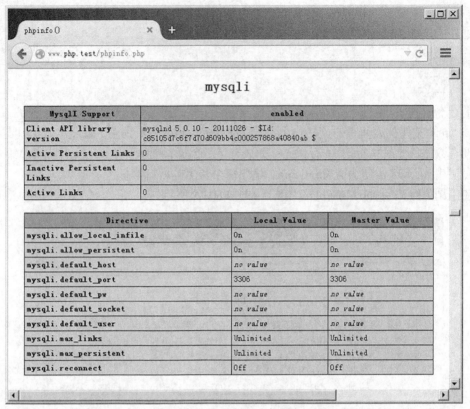

图 3-3　MySQLi 扩展信息

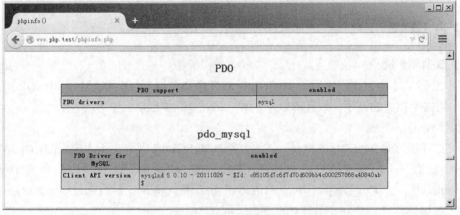

图 3-4　PDO 扩展信息

2．连接和选择数据库

在【案例 11】中我们知道了 mysql 扩展连接数据库使用的函数：mysql_connect()。需要注意的是，在填写数据库服务器地址的时候，还需要指定数据库的端口号。如果不指定该参数，则会使用 MySQL 数据库的默认端口 3306。

在选择数据库时，是通过 mysql_query()函数执行 "use 数据库名" 这条 SQL 语句来实现的。实际上，MySQL 扩展还提供了一个函数来实现数据库的选择，那就是 mysql_select_db()，其声明方式如下：

```
bool mysql_select_db ( string $database_name [, resource $link_identifier ] )
```

在上述声明中，参数$database\_name$表示要选择的数据库名称，可选参数$link\_identifier$表示 MySQL 连接，默认使用最近打开的连接；如果没有找到该连接，则尝试不带参数调用 mysql_connect()来创建；如果没有找到并无法建立该连接，则会生成 E_WARNING 级别的错误。

注意：

mysql_connect()函数执行失败会返回 false，这样并不利于代码调试。因此建议在开发阶段通过判断 mysql_connect()函数的返回值来确定数据库连接是否成功。如果连接失败，可以使用 die()函数来停止脚本继续执行，并在 die()函数中调用 mysql_error()函数显示错误信息。

3．执行 SQL 语句

在 MySQL 数据库中，通过执行 SQL 语句可以实现数据库的增、删、改、查等操作。而 PHP 操作 MySQL 同样使用 SQL 语句，不过需要借助 mysql_query()函数来执行 SQL 语句。mysql_query()函声明方式如下：

```
resource mysql_query ( string $query [, resource $link_identifier = NULL] )
```

在上述声明中$query 表示 SQL 语句，$link_idenifier 是可选项，表示 MySQL 连接标识，若省略，则使用最近打开的连接，该函数的返回值是资源类型数据。

4．处理结果集

当 mysql_query()函数返回的是资源类型的结果集时，需要进一步的处理，才能得到相关数据。在【案例 11 】中已经使用了一个处理结果集的函数 mysql_fetch_assoc()。实际上，MySQL 扩展还提供了另外几个类似的函数用于处理结果集，分别是 mysql_fetch_row()函数、mysql_fetch_array()函数、mysql_fetch_object()函数。

（1）mysql_fetch_row()函数

该函数的作用是，从结果集中读取出一条数据，以索引数组的形式返回。其声明方式如下：

```
array  mysql_fetch_row ( resource $result )
```

当该函数执行成功后，会自动读取下一条数据，直到结果集中没有下一条数据时为止。

（2）mysql_fetch_array()函数

该函数可以看做 mysql_fetch_row()函数与 mysql_fetch_assoc()函数的集合体，它会将结果集中的数据分别以索引数组和关联数组的形式返回。其声明方式如下：

```
array mysql_fetch_array ( resource $result [, int $result_type ] )
```

由于该函数可以同时返回索引数组和关联数组，因此该函数提供了一个可选参数$result_type，其值可以是 MYSQL_BOTH（默认参数）、MYSQL_ASSOC 或 MYSQL_NUM 中的一种，其中，MYSQL_ASSOC 只得到关联索引形如 mysql_fetch_assoc()，MYSQL_NUM 只得到数字索引形如 mysql_fetch_row()。

（3）mysql_fetch_object()函数

函数 mysql_fetch_object 与 mysql_fetch_array()类似，只有一点区别，即前者返回的是一个对象而不是数组，其声明方式如下所示：

```
object mysql_fetch_object ( resource $result )
```

在上述声明中，参数$result 是调用 mysql_query()函数返回的结果集，由于该函数的返回值类型是 object 类型，所以只能通过字段名来访问数据，并且此函数返回的字段名大小写敏感。

5．释放资源

所谓释放资源，指的就是清除结果集和关闭数据库连接。

（1）mysql_free_result()

由于从数据库查询到的结果集都是加载到内存中的，因此当查询的数据十分庞大时，如果不及时释放就会占据大量的内存空间，导致服务器性能下降。而清除结果集就需要使用mysql_free_result()函数，其声明方式如下：

```
bool mysql_free_result ( resource $result )
```

该函数的返回值类型是布尔类型，执行成功返回 true，执行失败返回 false。

（2）mysql_close()

数据库连接也是十分宝贵的系统资源，一个数据库能够支持的连接数是有限的，而且大量数据库连接的产生，也会对数据库的性能造成一定影响。因此可以使用 mysql_close()函数及时关闭数据库连接，其声明方式如下：

```
bool mysql_close ([ resource $link_identifier = NULL ] )
```

在上述声明中，函数的返回值类型是布尔型，成功时返回 true，失败时返回 false。$link_identifer 代表要关闭的 MySQL 连接资源。如果没有指定$link_identifer，则关闭上一个打开的连接。

注意：

通常不需要使用mysql_close()，因为已打开的非持久连接会在脚本执行完毕后自动关闭。

3.2 【案例 12】员工信息排序

案例分析

1．需求分析

在录入员工信息数据时，员工的入职时间等都是不可预料的。因此，员工信息表中的员工数据，展示到页面中是没有任何顺序可言的。而大量的员工信息无序地排列显示，对用户查看员工信息很不方便。为解决这类问题，就可以通过为特定字段添加排序功能来对员工信息进行排序显示。接下来就在【案例 11】的基础上，为员工信息表中的"所属部门"和"入职时间"添加排序功能，来实现员工信息的排序显示。

2．设计思路

（1）向员工表添加更多测试数据，用来更直观地展现排序功能。

（2）修改视图文件，为员工表的"所属部门"及"入职时间"创建排序链接。

（3）定义合法排序字段，用于验证请求的排序字段是否为规定的排序字段。

（4）把参数信息与定义的合法排序字段进行匹配，完成排序的关键 SQL 语句。

（5）更新排序链接的排序状态值，完成正序排序和倒序排序的切换。

（6）判断是否需要排序，如果需要，则组合 order by 子句。

（7）创建视图文件，将处理后的员工信息显示到页面中。

实现步骤

（1）向 emp_info 表中追加测试数据

为了展现员工信息排序产生的效果，需要向员工信息表 emp_info 中插入更多数据，SQL

语句如下：

```
insert into `emp_info` values
    (5, '小兰', '人事部', '1989-5-4 17:33:00', '2015-4-1 17:35:00'),
    (6, '小新', '媒体部', '1993-9-18 17:36:00', '2015-2-28 17:36:00'),
    (7, '小白', '市场部', '1991-10-17 17:37:00', '2014-8-16 17:37:00'),
    (8, '小智', '运维部', '1987-6-20 17:37:00', '2015-1-10 17:38:00');
```

（2）实现 URL 参数传递

在实现员工信息排序功能时，程序需要先获知用户按照哪种规则进行排序，如按照"入职时间"降序排列时，员工列表中的新员工会排在前面，老员工会排在后面。我们可以通过 URL 地址传参实现用户与 PHP 程序之间的交互，如以下 URL 地址所示：

```
//按照 e_dept 字段降序排列
http://www.php.test/example12/showList.php?order=e_dept&sort=desc
//按照 e_dept 字段升序排列
http://www.php.test/example12/showList.php?order=e_dept&sort=asc
```

在上述两个 URL 地址中，在文件名 showList.php 的后面以"?"开始的内容是 GET 参数，它可以实现 URL 地址中的参数传递。在使用 GET 传参时应遵循一定的格式，即在请求地址的后面以"?"+"变量名=变量值"的形式来传递参数，多个参数之间使用"&"符号连接。

本案例的排序功能，是通过单击员工信息列表中的"入职时间"及"所属部门"两个超链接来实现的。这两个超链接将携带排序的字段名，以及排序状态值"asc(正序)"或"desc(倒序)"，以下面的链接为例：

```
<a href="./showList.php?order=e_dept&sort=desc">按所属部门降序排列</a>
```

上述链接向 showList.php 中传递了"order"和"sort"两个参数，其值分别为"e_dept"和"desc"。在 PHP 中接收参数时，使用$_GET 超全局数组变量来获取，示例代码如下：

```
$order = $_GET['order'];   //获取 URL 中 order 的参数值：e_dept
$sort = $_GET['sort'];     //获取 URL 中 sort 的参数值：desc
```

上述代码就实现了 PHP 接收 URL 地址参数的功能。接下来修改 list_html.php 文件，实现单击超链接传递排序参数的功能，具体代码如下：

```
1  <table>
2      <tr>
3          <th>ID</th>
4          <th>姓名</th>
5          <th><a href="./showList.php?order=e_dept&sort=<?php echo
           ($order=='e_dept') ? $sort : 'desc';?>">所属部门</a></th>
6          <th>出生日期</th>
7          <th><a href="./showList.php?order=date_of_entry&sort=<?php echo
           ($order=='date_of_entry') ? $sort : 'desc';?>">入职时间</a></th>
8          <th width="25%">相关操作</th>
9      </tr>
10     ....
11 </table>
```

上述代码中，第 5 行代码为"所属部门"添加了一个超链接，该超链接的目标地址为 showList.php 文件，并传递了 order 和 sort 两个参数。其中，"order=e_dept"指定排序字段为 e_dept，"sort=<?php echo ($order=='e_dept') ? $sort : 'desc';?>"指定排序状态，该排序状态通过判断$order 变量的值是否为 e_dept，如果是，则将变量$sort 赋值给 sort；如果不是，则将 desc 赋值给 sort。

第 7 行代码为"入职时间"添加了一个超链接，其实现原理同上所述，需要注意该链接的排序字段为"date_of_entry"。

（3）定义合法排序字段

由于通过 URL 地址传递的参数信息，可以被手动更改，因此并不可信。所以需要在链接请求的目标文件中定义合法的排序字段，然后与传递的参数信息进行匹配，具体代码如下：

```
1 //定义合法的排序字段
2 $fields = array('e_dept', 'date_of_entry');
```

上述代码中第 2 行就用来定义合法的字段信息，将所有允许进行排序的字段存放到一个数组中，可以方便后面进行参数信息合法性的验证。

（4）生成 order 子句

在定义了合法排序字段的数组后，就可以进行验证了。当验证通过之后，就说明 URL 地址传递的参数符合排序要求，此时就可以根据排序字段的值完成 SQL 语句中的排序语句 order by，具体代码如下：

```
1  <?php
2  //声明文件解析的编码格式
3   header('content-type:text/html;charset=utf-8');
4  //连接数据库，设置字符集，选择数据库
5   ……
6  $fields = array('e_dept', 'date_of_entry');
7  // 初始化排序语句，用来组合排序的 order 子句
8  $sql_order = '';
9  /*判断$_GET['order']是否存在，如果存在则将其赋值给$order；如果不存在，则把空字符串
    赋值给$order **/
10  $order = isset($_GET['order']) ? $_GET['order'] : '';
11  $sort = isset($_GET['sort']) ? $_GET['sort'] : '';
12  //判断$order 是否存在于合法字段列表$fields 中
13  if(in_array($order,$fields)){
14      //判断$_GET['sort']是否存在并且值是否为'desc'
15    if( $sort == 'desc'){
16        //条件成立，组合 order 子句    order by 字段 desc
17        $sql_order = "order by $order desc";
18        //更新$sort 为'asc'
19        $sort = 'asc';
20    }else{
21        //条件不成立，组合 order 子句    order by 字段 asc
22        $sql_order = "order by $order asc";
23        //更新$sort 为'desc'
24        $sort = 'desc';
25    }
26  }
```

上述代码中，第 8 行代码定义变量$sql_order，用来保存排序的 order 子句。第 10 行判断$_GET['order']是否存在，如果存在，则将$_GET['order']的值赋值给$order；如果不存在，则把空字符串赋值给$order。第 11 行判断$_GET['sort']是否存在，如果存在，则将$_GET['sort']的值赋值给$sort，如果不存在，则把空字符串赋值给$sort。

第 13 行代码判断$order 是否存在于$fields 数组中，$order 为当前 URL 传递的字段值，如果存在，则说明这个排序字段是合法的。此时再判断$sort 的值是否等于 desc，如果等于，则组合 order 子句为"order by $order desc"，并更新$sort 的值为 asc；如果不等于，则组合 order

子句为"order by $order asc",并更新$sort 的值为 desc。

（5）拼接 SQL 语句并执行

上述几个步骤就完成了排序的全部业务逻辑，最后需要改动的就是获取员工信息的 SQL 语句，把生成的 order by 子句拼接到原 SQL 语句中，以获取排序后的员工数据，具体代码如下：

```
1  //准备 SQL 语句
2  $sql = "select * from `emp_info` $sql_order";
3  //执行 SQL 语句，获取结果集
4  $res = mysql_query($sql,$link);
5  //定义员工数组，用以保存员工信息
6  $emp_info = array();
7  //遍历结果集，获取每位员工的详细数据
8  while($row = mysql_fetch_assoc($res)){
9      $emp_info[] = $row;
10 }
11 //设置常量，用以判断视图页面是否由此页面加载
12 define('APP', 'itcast');
13 //加载视图页面，显示数据
14 require './list_html.php';
```

最后打开浏览器，访问 showList.php 并将鼠标停留在"入职时间"超链接上，运行结果如图 3-5 所示。

从图 3-5 页面底部的状态栏可以看出，"入职时间"超链接中已经携带了排序字段名"date_of_entry"，以及默认的排序状态"desc"。

此时单击"入职时间"链接，让列表以"入职时间"字段进行倒序排序，结果如图 3-6 所示。

从图 3-6 可以看出，员工信息表已经按照"入职时间"进行了倒序排序，并且更新了排序状态值，让其变为"asc"。

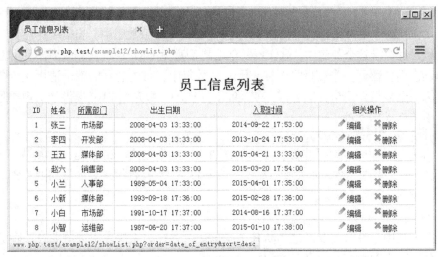

图 3-5　"入职时间"排序链接

图 3-6 单击"入职时间"排序链接后

知识点讲解

1. order by

order by 是对查询结果进行排序的 SQL 子句，使用 order by 对查询结果进行排序，其语法格式如下：

```
SELECT 字段名 1,字段名 2,……
FROM 表名
ORDER BY 字段名 1 [ASC | DESC],字段名 2 [ASC | DESC]……
```

在上面的语法格式中，指定的字段名 1、字段名 2 等是对查询结果排序的依据。参数 ASC 表示按照升序进行排序，DESC 表示按照降序进行排序。默认情况下，按照 ASC 方式进行排序。

2. in_array()

在【案例 12】中，我们把合法的排序字段保存到了一个数组中。当需要排序时，先判断排序字段是否存在于这个数组中，这样可以帮助我们避免 URL 地址被修改后出现非法字段导致程序错误。而要验证一个变量是否存在于一个数组中，首先想到的就是遍历这个数组，取出其中的每一个数组元素与变量进行比较。而 in_array() 函数是由 PHP 提供的实现类似功能的函数，其语法格式如下：

```
in_array(value,array,type)
```

上述语法中，value 是必选参数，表示要在数组中搜索的值。array 是必选参数，表示要搜索的数组。type 是可选参数，如果该参数设置为 true，则会检查搜索的数据与要搜索的数组中的值在数据类型上是否相等。

3. isset()

在开发过程中，经常需要通过判断某个变量是否存在，来决定下面的业务逻辑。而判断变量是否存在常用的函数有两个：isset()、empty()。

这两个函数都是用来判断变量是否存在的，都会返回布尔值。但是两者的判断条件有些许差异，在使用 empty() 函数判断时，""、0、"0"、NULL、FALSE、array() 以及没有任何属性的对象都将被认为是空的。而在使用 isset() 函数判断时，如果变量不存在、变量存在且其值为 NULL，返回 false，如果变量存在且值不为 NULL，则返回 true。

3.3 【案例 13】员工信息搜索

案例分析

1．需求分析

员工排序功能可以帮助用户快速将员工数据按照一定规律排列显示，但是用户仍然需要面对大量的信息数据，这在进行员工筛选的时候非常不便。因此还需要有一种快捷方法，可以根据某些条件，进行快速查询，仅把符合查询条件的数据从数据表中查询出来并输出到页面中。这就是员工信息搜索功能，接下来我们在【案例 11】的基础上，添加信息搜索功能。

2．设计思路

（1）为视图页面添加搜索表单，用来传递搜索条件。

（2）获取查询条件，对表单提交的查询关键字进行安全处理，最后组成 where 条件。

（3）生成 SQL 语句，执行并获取结果集，处理结果集以便显示。

（4）载入 html 模板文件，显示最终搜索结果。

实现步骤

（1）添加搜索表单

要实现员工信息搜索，首先就需要在员工信息表页面中添加一个搜索表单。该表单的作用就是将搜索条件传递给 PHP 脚本，再由 PHP 脚本根据搜索条件查询 MySQL 数据库，最后将查询结果再次输出到页面中进行显示，添加搜索表单的代码如下：

```
1  <body>
2      <div>员工信息列表</div>
3      <form action="./showList.php" method="GET">
4      <div>快速查询: <input type="text" name="keyword"/> <input type= "submit"
       value="提交"/></div>
5      </form>
6      <table>
7          <tr><th>ID</th><th>姓名</th><th>所属部门</th><th>出生日期</th> <th>
           入职时间</th><th >相关操作</th></tr>
8          <?php if(!empty($emp_info)){ ?>
9          <?php foreach($emp_info as $row){ ?>
10         ....
11         <?php } ?>
12         <?php }else{ ?>
13         <tr><td colspan="6">查询的结果不存在! </td></tr>
14         <?php } ?>
15     </table>
16 </body>
```

上述代码中，第 3~5 行代码组成了一个表单，并且指定了表单提交的目标文件为 showList. php，数据传递方式为 GET。在该表单中的所有表单元素，都会以 GET 方式提交给 showList.php 文件。

第 4 行代码创建了一个文本框表单元素以及提交按钮表单元素，其中文本框表单元素用来输入搜索条件，提交按钮用来触发 GET 请求。

而符合搜索条件的数据有可能并不存在，因此需要考虑到没有数据展示的情况，第 8 行代码就对返回的搜索结果进行判断。当结果集非空时，执行第 9~11 行代码展示数据。当结果集为空时，执行第 13 行代码，提示"查询的数据不存在!"。

（2）获取查询条件

由于表单数据是由用户填写的，数据中可能存在特殊字符破坏 SQL 语句的执行。因此我们需要在程序中对表单数据进行安全性处理，具体代码如下：

```php
1  <?php
2  //声明文件解析的编码格式
3   header('content-type:text/html;charset=utf-8');
4  //连接数据库，设置字符集，选择数据库
5  ……
6  //定义变量，用来保存查询条件，初始化赋值空字符串
7  $where = '';
8  //判断是否有搜索关键字传入
9  if(isset($_GET['keyword'])){
10      //将$_GET['keyword']赋值给变量$keyword
11      $keyword = $_GET['keyword'];
12      //对用户输入数据进行 SQL 转义
13      $keyword = mysql_real_escape_string($keyword);
14      //将转义后的关键字拼接到 where 条件查询中，并且使用 like 进行模糊查询
15      $where = "where e_name like '%$keyword%'";
16 }
```

上述代码中，第 7 行代码定义变量$where，该变量用来保存查询条件。第 9 行代码用来判断$_GET['keyword']是否存在，如果存在，则把$_GET['keyword']的值赋值给变量$keyword。需要注意的是，用户输入的数据不能直接用在 SQL 语句中，因为其中可能存在导致 SQL 语句执行失败的关键字或特殊字符，我们需要使用 mysql_real_escape_string()函数将$keyword 中可能存在的特殊字符进行转义，然后再拼接到 SQL 语句中。最后在第 15 行代码组合了 SQL 中的 where 条件，并使用 like 进行模糊查询。

（3）生成完成 SQL，获取结果并显示

where 条件组合完成后，需要完成最终的 SQL 语句，在上一步代码的基础上继续编写，具体代码如下：

```php
1 //把查询条件$where 拼接到 SQL 语句中
2 $sql = "select * from `emp_info` $where";
3 //执行 SQL 语句，获取结果集
4 $res = mysql_query($sql,$link);
5 //定义员工数组，用以保存员工信息
6 $emp_info = array();
7 //遍历结果集，获取每位员工的详细数据
8 while($row = mysql_fetch_assoc($res)){
9     $emp_info[] = $row;
10 }
11 //设置常量，用以判断视图页面是否由此页面加载
12 define('APP', 'itcast');
13 //加载视图页面，显示数据
14 require './list_html.php';
```

打开浏览器，访问 showList.php 文件，运行结果如图 3-7 所示。

通过向搜索框输入查询条件，如搜索所有名字中带"小"字的员工数据，查询结果如图 3-8 所示。

图 3-7　带搜索文本框的员工信息页面

图 3-8　所有姓名中有"小"字的员工数据

知识点讲解

1. mysql_real_escape_string()

该函数用于转义 SQL 语句字符串中的特殊字符，语法格式如下：

```
mysql_real_escape_string($sql, $link)
```

其中，$sql 是必选参数，表示被转义的 SQL 语句字符串。$link 是可选参数，表示 MySQL 连接，如果未指定，则使用上一个 MySQL 连接。因此使用该函数之前，一定要先连接 MySQL 数据库。

2. like

在 SQL 语句中，like 操作符用于在 where 子句中搜索列中的指定模式。其语法格式如下：

```
select column_name(s)
from table_name
where column_name like pattern
```

现在以 emp_info 表为例，如果希望从中选取姓名以"李"开头的所有人，则可以使用下面的 select 语句：

```
select * from `emp_info` where `e_name` like '李%'
```

其中，"%"表示这里可以匹配任意字符。

如果希望从中选取姓名以"三"结尾的所有人，则可以使用下面的 select 语句：

```
select * from `emp_info` where `e_name` like '%三'
```

通过使用 NOT 关键字，从 emp_info 表中选取姓名中不包含"李"的所有人，则可以使用下面的 select 语句：

```
select * from `emp_info` where `e_name` not like '%李%'
```

3.4 【案例 14】分页显示信息

案例分析

1. 需求分析

公司的员工通常有数百人甚至上千人，这么多的员工数据一次性查询并显示的话，不仅效率不高而且没有意义。为了提高查询效率和用户体验，常用的做法就是将数据进行分页显示，每一页显示指定数量的员工信息，当需要查看更多员工信息时，单击"下一页"进行翻页查看即可。接下来就在【案例 11】的基础上，进行分页显示信息功能的开发。

2. 设计思路

（1）修改 showList.php 文件，使用 limit 子句实现分页获取数据。

（2）创建页码链接，通过页码链接传递页码信息。

（3）计算最大分页数，并通过 $_GET 获取当前请求的页码信息。

（4）读取结果集，对数据进行处理，最后载入视图以显示数据。

（5）在视图页面中，添加创建好的页码链接。

实现步骤

（1）分析数据分页原理

假设现在 emp_info 表中保存了 50 条员工数据，希望将这 50 条数据分 5 页进行显示。那么每一页的数据通过 SQL 语句获取，其 SQL 语句如下：

```
select * from `emp_info` limit 0,10;  -- 获取第 1 页的 10 条数据
select * from `emp_info` limit 10,10; -- 获取第 2 页的 10 条数据
select * from `emp_info` limit 20,10; -- 获取第 3 页的 10 条数据
select * from `emp_info` limit 30,10; -- 获取第 4 页的 10 条数据
select * from `emp_info` limit 40,10; -- 获取第 5 页的 10 条数据
```

上述代码中，limit 的第 2 个参数"10"表示的是每次读取的最大条数。而真正需要我们留意的是 limit 的第 1 个参数，仔细观察该参数我们不难看出，它与页码之间存在一个数学关系，具体关系如下：

```
limit 第 1 个参数 = （页码 - 1）* 每页最大数据条数
```

注意：

数据表中的数据条目是从 0 开始计算的，因此第 1 条数据的条目就是 0，第 2 条数据的条目才是 1。

（2）编写代码实现分页

实现分页的核心原理是利用 SQL 语句的 limit 子句，来实现获取数据表中指定数量的数据。

limit 需要接收两个参数，这两个参数都必须是整数。第 1 个参数表示从数据表的哪一条数据开始读取，第 2 个参数表示读取数据的最大条数，具体代码如下：

```php
1 <?php
2 //声明文件解析的编码格式
3   header('content-type:text/html;charset=utf-8');
4 //连接数据库，设置字符集，选择数据库
5 ......
6 //保存当前用户访问的页码
7 $page = 1;  //假设当前用户访问的页码是 1
8 //拼接查询语句并执行，获取查询数据
9 $lim = ($page -1) * 2;
10 $sql = "select * from `emp_info` limit $lim,2";
11 $res = mysql_query($sql);
```

上述代码中，第 9 行代码用于获取 limit 子句的第 1 个参数，第 10 行代码将 SQL 语句组合后以字符串的形式赋值给$sql，从而获取当前分页下的员工数据，最后在第 11 代码行执行这个 SQL 语句获取结果集。

（3）创建页码链接

通过第（2）步编写的 SQL 语句，我们得出一个结论：获取用户访问的页码值是实现分页信息显示的关键所在。那么如何才能动态地获取到页码值呢，让我们先来看看真实网站中的分页效果，如图 3-9 所示。

图 3-9　传智播客技术答疑论坛

在传智技术答疑论坛中，通过单击不同页码，就可以查看到不同的页面数据，这就是分页信息显示功能。该功能主要是依靠为页码链接设置相关页码参数，通过 URL 地址将页码值传递给请求的目标文件。页码值会被保存在$_GET 这个超全局数组变量中，紧接着在目标文件中使用$_GET 获取到当前页码值，再通过上面提到的数学关系进行计算，得到 limit 的第 1个参数，最后将该参数整合到 SQL 语句中就完成了分页数据获取的 SQL 语句。

那么接下来就来创建一个简单的页码链接，并将页码值传入页码链接中，在上一步代码下继续编写，具体代码如下：

```php
1 //组合分页链接
2 $page_html = "<a href='./showList.php?page=1'>首页</a> ";
3 $page_html .= "<a href='./showList.php?page=".(($page - 1) > 0 ? ($page - 1) : 1)."'>上一页</a> ";
4 $page_html .= "<a href='./showList.php?page=".(($page + 1) < $max_page ? ($page + 1) : $max_page)."'>下一页</a> ";
5 $page_html .= "<a href='./showList.php?page={$max_page}'>尾页</a>";
6 //拼接查询语句并执行，获取查询数据
7 $lim = ($page -1) * 2;
```

在上述代码中，第2~5行将一个非常简单的html页码链接以字符串的形式连接并赋值给$page_html。其中分别将"首页"的页码、"上一页"的页码、"下一页"的页码以及"尾页"的页码以GET参数的形式附加到URL地址中。

（4）计算最大分页数，获取页码信息

在第（2）步组合的html页码链接中存在变量$page以及$max_page，$page是通过GET传参得到的页码值，$max_page是最大分页数，该分页数是通过数据总条数与每页显示数据条数确定的。因此在组合html页码链接之前，还需要获取到$page，并计算出最大页码值$max_page，具体代码如下：

```php
1   <?php
2   //声明文件解析的编码格式
3   header('content-type:text/html;charset=utf-8');
4   //连接数据库，设置字符集，选择数据库
5   ……
6   //定义每页显示的记录行数
7   $page_size = 2;
8   //查询所有记录的行数
9   $res = mysql_query('select count(*) from `emp_info`');
10  $count = mysql_fetch_row($res);
11  //取出查询结果中的第一列的值
12  $count = $count[0];
13  //计算最大页码值
14  $max_page = ceil($count/$page_size);
15  //获取当前访问的页码，并做容错处理
16  $page = isset($_GET['page']) ? intval($_GET['page']) : 1;
17  $page = $page > $max_page ? $max_page : $page;
18  $page = $page < 1 ? 1 : $page;
19  //组合分页链接
20  ……
21  //执行 SQL，获取当前访问页的数据
22  ……
23  //加载 HTML 模板文件，显示信息
24  ……
```

计算最大分页数，需要知道数据表中数据的总条数，以及每页显示的最大数据条数。每页显示的数据条数由我们自己指定，因此只需要获取到数据表中的数据总条数即可。上述代码第9行就是用来获取数据表的总数据条数，由于返回值是个资源类型，因此在第10行使用了mysql_fetch_row()函数来读取结果集。最后第14行代码用来计算最大分页数，需要注意的是，最后得到的结果有可能是个小数，因此需要使用ceil()函数进行向上取整。

由于通过URL地址传递的数据信息可以被手动修改，因此需要排除不符合要求的页码值，防止手动输入页码值导致功能错误。上述代码第16~18行就用来完成这项工作，首先需要判断$_GET中是否有page这个元素，如果有，则将这个元素值赋值给$page；如果没有，则将"1"赋值给$page。然后再判断$page是否大于最大分页数$max_page，如果大于最大分页数$max_page，则将$max_page的值赋值给$page。

注意：

上面提到了URL地址中传递的数据信息可以被用户随意修改，因此除了要考虑$page的数值是否在规定范围内，还需要考虑到其数据类型是否合法，因此通常我们需要使用

intval()函数将变量$page 强制转换为整型。

（5）在视图文件中添加分页链接

编写 list_html.php 文件，在员工信息列表下添加分页链接。具体代码如下：

```
1    <!--输出分页链接  -->
2    <div><?php echo $page_html; ?></div>
```

上述代码中，第 2 行代码就用来输出组合后的分页链接。打开浏览器，访问 showList.php，运行结果如图 3-10 所示。

图 3-10   分页效果

将鼠标悬浮在"下一页"上，可以看到其 URL 地址中已经携带了下一页的参数信息，如图 3-11 所示。

图 3-11   携带页码参数的 URL

单击"下一页"，运行结果如图 3-12 所示。

图 3-12   第 2 页员工信息

知识点讲解

1．limit

通过【案例 14】我们知道，实现分页的核心原理是利用 SQL 语句的 limit 子句。limit 子句需要两个参数，第 1 个参数表示查询的数据起始位置，第 2 个参数表示要获取的数据量。实际上第 1 个参数也是可以省略的，当省略第 1 个参数时，会默认从数据表的第 1 条数据开始获取指定数量的数据，代码示例如下：

```
select * from `emp_info` limit 10
```

上述代码的含义是从 emp_info 表中获取前 10 条数据。

2．分页链接生成函数

一个完善的员工信息展示页，应同时具有排序、搜索、分页等功能。并且各个功能之间可以相互配合，如在某种排序下，同样可以进行分页显示。这种功能的实现，就需要在分页链接中保留排序状态，下面我们就把生成分页链接的代码进行重新编写，将其封装为函数并能够生成保留其他 GET 信息的分页链接，具体代码如下：

```
1  /* 分页链接生成函数
2   * @param $page int GET 传递的 page 值
3   * @param $max_page int 最大页码值
4   */
5  function makePageHtml($page,$max_page){
6      //保存 GET 参数数组，并删除 page 元素
7      $params = $_GET;
8      unset($params['page']);
9      //将数组转换为 GET 参数字符串
10     $params = http_build_query($params);
11     if($params){
12         $params .= '&';
13     }
14     //计算下一页
15     $next_page = $page +1;
16     //判断下一页的页码是否大于最大页码值，如果大于则把最大页码值赋值给它
17     if($next_page > $max_page) $next_page = $max_page;
18     //计算上一页
19     $prev_page = $page - 1;
20     //判断上一页的页码是否小于1，如果小于则把1赋值给它
21     if($prev_page < 1 ) $prev_page = 1;
22     //重新拼接分页链接的 html 代码
23     $page_html = '<a href="?'.$prams.'page=1">首页</a>';
24     $page_html .= '<a href="?'.$prams.'page='.$prev_page.'">上一页</a>';
25     $page_html .= '<a href="?'.$prams.'page='.$next_page.'">下一页</a>';
26     $page_html .= '<a href="?'.$prams.'page='.$max_page.'">尾页</a>';
27     //返回分页链接
28     return $page_html;
29  }
```

上述代码中，第 7 行先定义一个变量$params 并赋值$_GET 数组，该变量用来保存所有的 GET 参数。第 8 行用来删除 GET 参数中的 page 元素。再通过第 10 行代码将数组转换为 GET 参数形式的字符串，并判断当字符串不为空时为字符串末尾添加 "&" 字符。接着开始计算下一页，判断下一页的页码是否大于最大页码值，如果是，则把最大页码值赋值给它。

然后计算上一页，判断上一页的页码是否小于 1，如果是，则把 1 赋值给它。最后拼接分页链接的 html 代码，在这个链接中，需要把其他 GET 参数与当前页码连接起来。

3.5 【案例 15】添加与修改信息

案例分析

1．需求分析

在管理员工信息时，对员工信息的添加与修改，同样是十分常见的功能。有时员工的内部岗位变动或者员工的离职，都需要使用到这些功能。接下来就在【案例 11】的基础上，增加"添加员工信息"与"修改员工信息"的功能。

2．设计思路

（1）编写公用函数库文件，封装常用的数据库操作。

（2）修改 showList.php 文件，引入公共函数库文件，简化程序代码。

（3）修改 list_html.php 文件，增加"添加员工"的功能链接。

（4）编写添加员工页面，通过表单让用户输入新员工信息。

（5）编写添加员工功能，用来处理 POST 提交的员工数据并组成 SQL 语句以便添加。

（6）通过 GET 参数传递员工 ID，实现员工修改功能。

实现步骤

（1）封装数据库连接函数

在员工数据的读取、添加及修改的过程中，有许多代码都是类似的，我们可以把这些相同的代码段抽取出来封装成函数，在需要使用的时候调用这些函数即可。这样既做到了代码的复用性，也为以后的维护工作减轻了负担，下面我们就创建 public_function.php 文件来保存公共函数，把连接数据库的代码抽取出来，具体代码如下：

```php
1  <?php
2  /**
3   * 初始化数据库连接
4   */
5  function dbInit(){
6      $link = mysql_connect('localhost','root','123456');
7      //判断数据库连接是否成功，如果不成功则显示错误信息并终止脚本继续执行
8      if(!$link){
9          die('连接数据库失败！'.mysql_error());
10     }
11     //设置字符集，选择数据库
12     mysql_query('set names utf8');
13     mysql_query('use itcast');
14 }
```

上述代码，把连接数据库、设置字符集以及选择数据库的功能封装到 dbInit()函数中。当需要操作数据库时，首先执行这个函数以获取数据库连接。

（2）封装执行 SQL 语句函数

在 PHP 操作 MySQL 时，增、删、改、查都是通过 mysql_query()函数来执行 SQL 语句得到结果的。因此，我们可以把这个功能也封装到一个函数中，这样能够在函数中对执行结果进行判断，返回统一内容。接下来在 public_function.php 文件中添加 query()函数，具体代码如下：

```php
1  <?php
2  /**
3   * 执行 SQL 的函数
4   * @param string $sql 待执行的 SQL
5   * @return mixed 失败返回 false，成功时，如果是查询语句返回结果集，否则返回 true
6   */
7  function query($sql) {
8      if ($result = mysql_query($sql)) {
9          //执行成功
10         return $result;
11     } else {
12         //执行失败，显示错误信息以便于调试程序
13         echo 'SQL 执行失败:<br>';
14         echo '错误的 SQL 为:', $sql, '<br>';
15         echo '错误的代码为:', mysql_errno(), '<br>';
16         echo '错误的信息为:', mysql_error(), '<br>';
17         die;
18     }
19 }
```

上述代码中，第 7~19 行代码就把 mysql_query()函数进行了封装，当 mysql_query()函数执行后有查询结果时直接返回查询结果；如果没有，则会提示执行失败，并把执行失败的 SQL 语句、错误代码及错误信息打印到页面，最后终止脚本的继续执行。

（3）封装处理多条数据的函数

对结果集进行遍历，获取其中的所有数据，这在功能开发中是经常出现的。因此可以把这部分功能代码封装到一个函数中。接下来在 public_function.php 文件中添加 fetchAll()函数，具体代码如下：

```php
1  <?php
2  /**
3   * 处理结果集中有多条数据的函数
4   * @param string $sql 待执行的 SQL
5   * @return array 返回遍历结果集后的二维数组
6   */
7  function fetchAll($sql) {
8      //执行 query()函数
9      if ($result = query($sql)) {
10         //执行成功
11         //遍历结果集
12         $rows = array();
13         while( $row = mysql_fetch_array($result, MYSQL_ASSOC)) {
14             $rows[] = $row;
15         }
16         //释放结果集资源
17         mysql_free_result($result);
18         return $rows;
19     } else {
```

```
20        //执行失败
21        return false;
22    }
23 }
```

上述代码中，第 7~23 行代码就是对处理结果集函数的封装。其中，在第 9 行代码先执行 query()函数获取结果集，在第 12 行代码定义一个新的数组$rows，用来保存从结果集中遍历得到的每一条数据。第 13~15 行代码把从 query()函数得到的结果集进行遍历，并把每一条数据存储到$rows 中。第 17 行代码用来释放结果集，第 18 行代码把数组$rows 返回给调用者。

（4）封装处理单条数据的函数

在第（3）步中，我们封装了一个处理多条数据的函数。而在实际开发中，我们还会经常需要从数据库获取指定的某一条数据，因此还需要封装一个处理单条数据的函数。接下来在 public_function.php 文件中添加 fetchRow()函数来对单条数据进行处理，具体代码如下：

```php
1 <?php
2 /**
3  *   处理结果集中只有一条数据的函数
4  * @param string $sql 待执行的 SQL 语句
5  * @return array 返回结果集处理后的一维数组
6  */
7 function fetchRow($sql) {
8     //执行 query()函数
9     if ($result = query($sql)) {
10        //从结果集取得一次数据即可
11        $row = mysql_fetch_array($result, MYSQL_ASSOC);
12        return $row;
13    } else {
14        return false;
15    }
16 }
```

fetchRow()函数的实现过程与 fetchAll()函数基本类似，区别在于 query()函数返回的结果集中只有一条数据，因此无需遍历，直接使用 mysql_fetch_array()函数读取后赋值给$row 即可，最后把$row 返回给调用者。

（5）封装表单数据安全性过滤的函数

由于用户输入的信息都可能存在安全隐患，因此需要对其进行过滤。安全性过滤就是将输入数据中可能存在的 HTML 特殊字符转义，再把可能会影响 SQL 语句执行的特殊字符进行转义。接下来在 public_function.php 文件中添加 safeHandle()函数对字符串进行安全性过滤，具体代码如下：

```php
1 <?php
2 /**
3  *  对数据进行安全处理
4  */
5 function safeHandle($data){
6     //过滤字符串中的 HTML 特殊字符
7     $data = htmlspecialchars($data);
8     //转义字符串中的 SQL 语句特殊字符
9     $data = mysql_real_escape_string($data);
10    //返回处理后的数据
```

```
11    return $data;
12 }
```

上述代码中，第 7 行代码对字符串中可能存在的 HTML 标签进行过滤，第 9 行代码对字符串中的特殊字符进行转义，最后返回处理后的字符串。

注意：

mysql_real_escape_string()函数必须在有数据库连接的情况下才能使用，也就是说，在处理数据前，一定要调用 dbInit()函数获取数据库连接。

（6）修改 showList.php 文件

在把会被重复使用的功能代码封装成函数后，需要对 showList.php 文件进行修改，部分代码以函数代替，具体代码如下：

```php
1  <?php
2  //声明文件解析的编码格式
3  header('content-type:text/html;charset=utf-8');
4  require './public_function.php';
5  //初始化数据库
6  dbInit();
7  //准备 SQL 语句
8  $sql = 'select * from `emp_info`';
9  //定义员工数组，用于保存员工信息，执行 SQL 语句，获取结果集
10 $emp_info = fetchAll($sql);
11 //设置常量，用于判断 HTML 页面是否由此页面加载
12 define('APP', 'itcast');
13 //加载 HTML 模板页面，显示数据
14 require './list_html.php';
```

在上述代码中，我们把原本的数据库连接代码使用第 6 行代码中的函数进行代替，原本的 SQL 执行及结果处理代码使用第 10 行代码中的函数进行代替。其他部分保持不变，我们可以看到，文件代码减少很多。

注意：

要使用这些函数，首先需要在脚本中包含写有这些函数的文件，因此在代码第 4 行使用 require 将 public_function.php 文件先包含进来。

（7）增加"添加员工"功能链接

在员工信息列表中，增加"添加员工"的功能链接，可以快捷跳转到"添加员工"的功能页面。下面对 list_html.php 文件进行修改，在员工信息列表的下面，添加这个功能链接，具体代码如下：

```html
1  <body>
2    <form>
3      ......
4    </form>
5    <div><a href="./empAdd.php">添加员工</a></div>
6  </body>
```

上述代码中，第 5 行代码就在员工列表页面中添加了一个"添加员工"的功能链接，单击该链接就会跳转到处理员工添加的 PHP 脚本 empAdd.php 文件中。

（8）编写员工添加页面

员工添加页面 add_html.php 的功能是提供添加员工信息的表单页面，具体代码如下：

```
1  <?php if(!defined('APP')) die('error!');?>
2  <!doctype html>
3  <html>
4  <head>
5  <meta charset="utf-8">
6  <title>添加员工</title>
7  </head>
8  <body>
9  <div>
10     <h1>添加员工</h1>
11     <form method="post" action="./empAdd.php">
12     <table>
13         <tr><th>姓名: </th><td><input type="text" name="e_name" /> </td> </tr>
14         <tr><th>所属部门: </th><td><input type="text" name="e_dept" />
           </td></tr>
15         <tr><th>出生年月: </th><td><input type="text" name = "date_of_birth" >
           </td></tr>
16         <tr><th>入职日期: </th><td><input type="text" name= "date_of_entry" >
           </td></tr>
17         <tr><td colspan="2">
18         <input type="submit" value="保存资料"/>
19         <input type="reset" value="重新填写"/>
20         </td></tr>
21     </table>
22     </form>
23  </div>
24  </body>
25  </html>
```

上述代码中,第 11~22 代码行构成了一个 form 表单。其中第 11 行代码指定了数据以 POST 方式提交给 empAdd.php 页面进行处理,第 13~16 行代码分别设置了 4 个文本输入框,用于输入员工的相关信息。需要注意的是,当指定<form>表单的提交方式为 POST 时,表单中具有 "name" 属性的元素会被浏览器提交, 在 PHP 中可以使用超全局变量数组$_POST 取得数据, 该数组的使用方法与前面的$_GET 数组类似。

(9)编写添加员工功能

创建 empAdd.php 文件,当判断没有表单数据提交时,显示员工添加页面 add_html.php, 当有表单数据提交时,对数据进行处理后添加到数据库中。具体代码如下:

```
1  <?php
2  //声明文件解析的编码格式
3  header('content-type:text/html;charset=utf-8');
4  //引入功能函数文件
5  require './public_function.php';
6  //初始化数据库
7  dbInit();
8  //判断是否有表单提交
9  if(!empty($_POST)){
10     //声明变量$fields,用来保存字段信息
11     $fields = array('e_name', 'e_dept', 'date_of_birth', 'date_of_entry');
12     //声明变量$values,用来保存值信息
13     $values = array();
14     //遍历$fields,获取输入员工数据的键和值
```

```
15    foreach($fields as $k => $v){
16        $data = isset($_POST[$v]) ? $_POST[$v] : '';
17        if($data=='') die($v.'字段不能为空');
18        $data = safeHandle($data);
19        //把字段使用反引号包裹，赋值给$fields 数组
20        $fields[$k] = "`$v`";
21        //把值使用单引号包裹，赋值给$values 数组
22        $values[] = "'$data'";
23    }
24    //将$fields 数组以逗号连接，赋值给$fields，组成 insert 语句中的字段部分
25    $fields = implode(',', $fields);
26    //将$values 数组以逗号连接，赋值给$values，组成 insert 语句中的值部分
27    $values = implode(',', $values);
28    //最后把$fields 和$values 拼接到 insert 语句中，注意要指定表名
29    $sql = "insert into `emp_info` ($fields) values ($values)";
30    //执行 SQL
31    if($res = query($sql)){
32        //成功时返回到 showList.php
33        header('Location: ./showList.php');
34        //停止脚本
35        die;
36    }else{
37        //执行失败
38        die('员工添加失败！');
39    }
40    }
41 //没有表单提交时，显示员工添加页面
42 define('APP', 'itcast');
43 require './add_html.php';
```

上述代码中，第 5 行代码用来引入公共函数文件，第 7 行代码执行 dbInit()函数，获取数据库连接。然后在第 9 行代码判断是否有 POST 数据提交，如果没有，则执行第 41 行代码，用来显示用户添加表单页面；如果有 POST 数据提交，则需要对数据进行处理。由于表单数据可以被修改，因此在使用表单数据的时候都需要对其进行验证，判断其是否合法。在上述代码第 11 行就定义了一个数组$fields，其中保存了所有合法字段。

第 15~23 行代码用于遍历$fields 并处理 POST 数据，首先判断 POST 数组元素是否存在于合法字段中，如果存在则将其赋值给$data，之后使用 safeHandle()函数对其进行安全性过滤。接下来按照 insert 语句中对数据字段及数据值的语法要求，为字段添加反引号并保存到$fields 数组中，为值添加单引号并保存到$values 数组中。

在第 25 行代码，将$fields 数组元素以逗号连接，赋值给$fields，组成 insert 语句中的字段部分。然后在第 27 行代码把$values 数组元素以逗号连接，赋值给$values，组成 insert 语句中的值部分。在第 29 行代码把$fields 和$values 拼接到 insert 语句中。

最后在第 31 行执行这个 SQL 语句，如果成功，则返回到 showList.php，并停止脚本的继续执行；如果失败，则直接停止脚本执行，并报告错误。

完成后，访问 showList.php 页面，并单击"添加员工"超链接，结果如图 3-13 所示。

此时就可以输入要添加的员工数据，下面添加一组测试数据，如图 3-14 所示。

图 3-13　添加员工页面

图 3-14　输入员工信息

完成员工信息录入后，单击"保存资料"按钮，将执行添加，添加成功后跳转到员工列表页面，如图 3-15 所示。

图 3-15　添加成功后跳转

（10）添加"编辑"链接

完成员工添加功能后，接下来完成员工修改功能。首先需要修改 list_html.php 文件，为"编辑"添加超链接，具体代码如下：

```
1  <table>
2     ……
3     <a href="<?php echo './empUpdate.php?e_id='.$row['e_id'] ?>">编辑
   </a>   
4     <a href="#">删除</a>
5     ……
6  </table>
```

在上述代码中，第 3 行就为"编辑"添加了一个超链接，指向的目标地址为 empUpdate.php，并将当前要编辑的员工 ID 一并传递给这个文件。

（11）编写员工修改页面

员工修改页面与员工添加页面类似，其区别是，员工修改页面需要将员工本身的信息显示出来。编写文件 update_html.php，具体代码如下：

```
1 <div class="box">
2     <h1>修改员工信息</h1>
3     <form method="post">
4     <table>
5         <tr><th>姓名: </th><td><input type="text" name="e_name"
            value="<?php echo $emp_info['e_name']; ?>"/></td></tr>
6         <tr><th>所属部门: </th><td><input type="text" name="e_dept"
            value="<?php echo $emp_info['e_dept']; ?>"/></td></tr>
7         <tr><th>出生年月: </th><td><input id="date_of_birth" name="date_of_birth"
            type="text" value="<?php echo $emp_info['date_of_birth']; ?>"></td></tr>
8         <tr><th>入职日期: </th><td><input id="date_of_entry" name="date_of_entry"
            type="text" value="<?php echo $emp_info['date_of_entry']; ?>"></td></tr>
9         <tr><td colspan="2" class="td-btn">
10        <input type="submit" value="保存资料" class="button" />
11        <input type="reset" value="重新填写" class="button" />
12        </td></tr>
13    </table>
14    </form>
15</div>
```

在上述代码中，$emp_info 数组中保存的是员工修改前的信息，该信息是通过 GET 参数传递员工 ID，然后到数据库中取出的原有数据。

（12）编写修改员工功能

创建 empUpdate.php 文件，当判断没有表单数据提交时，显示员工修改页面 update_html.php，当有表单数据提交时，对员工数据进行处理后更新到数据库中。具体代码如下：

```
1 <?php
2 //声明文件解析的编码格式
3 header('content-type:text/html;charset=utf-8');
4 //引入功能函数文件
5 require './public_function.php';
6 //获取数据库连接
7 dbInit();
8 //获取要编辑的员工的id
9 $e_id = isset($_GET['e_id']) ? intval($_GET['e_id']) : 0;
10//判断是否有POST 数据提交
11if(!empty($_POST)){
12     //定义变量$update，用来保存处理后的员工数据
13     $update = array();
14     //定义合法字段数组
15     $fields = array('e_name', 'e_dept', 'date_of_birth', 'date_of_entry');
16     //遍历$_POST，获取更新员工数据的键和值
17     foreach($fields as $v){
18         $data = isset($_POST[$v]) ? $_POST[$v] : '';
19         if($data=='') die($v.'字段不能为空');
20         //值就是该字段保存的数据，对其进行安全处理
21         $data = safeHandle($data);
22         //把键和值按照 SQL 更新语句中的语法要求连接，并存入到$update 数组中
23         $update[] = "`$v`='$data'";
24     }
25     //把$update 数组元素使用逗号连接，赋值给$update_str
```

```
26    $update_str = implode(',', $update);
27    //组合 SQL 语句
28    $sql = "update `emp_info` set $update_str where `e_id`=$e_id";
29    if($res = query($sql)){
30        header("Location: ./showList.php");
31    }else{
32        die('员工信息修改失败');
33    }
34 }else{
35    //当没有表单提交时，查询当前要编辑的员工信息，展示到页面中
36    //编写 SQL 语句，查询相应 ID 的员工数据
37    $sql = "select * from `emp_info` where `e_id`=$e_id";
38    //调用 fetchRow()函数，执行 SQL 语句，并处理结果
39    $emp_info = fetchRow($sql);
40    //显示员工修改页面
41    define('APP', 'itcast');
42    require './update_html.php';
43 }
```

数据修改与数据添加在实现步骤上基本一致，唯一不同的是，在没有 POST 数据提交的时候，需要先获取到当前要编辑的员工信息，并把其展示到修改表单中。

代码第 9 行获取了当前要修改的员工 ID，这里用到了 intval()函数，该函数把员工 ID 强制转换为整数，以保证 ID 的值是合法的。然后在代码第 37 行，组合 select 查询语句，根据这个员工 ID 获取其详细信息。最后在第 39 行使用 fetchRow()函数对获取到的结果集进行处理。

当有 POST 数据提交的时候，对数据的处理与添加员工基本一致。不同的地方在于，更新语句与插入语句在语法格式上的区别。因此在代码第 18~21 行对表单数据处理完成后，在第 23 行把键和值按照 SQL 更新语句中的语法要求连接，并存入到$update 数组中。

之后在第 26 行，把$update 数组元素使用逗号连接，赋值给$update_str，最后在第 28 行组合 SQL 语句。在第 29 行执行该 SQL 语句，当执行成功时，跳转到 showList.php 页面；当执行失败时，显示错误信息。

此时访问 showList.php 页面，并选择"张三"这个员工进行编辑，结果如图 3-16 所示。

把该员工所属部门进行更改，从"市场部"改为"开发部"，并单击"保存资料"按钮，结果如图 3-17 所示。

从图 3-17 可以看到，员工姓名为"张三"的员工，其所属部门已经变为了"开发部"。

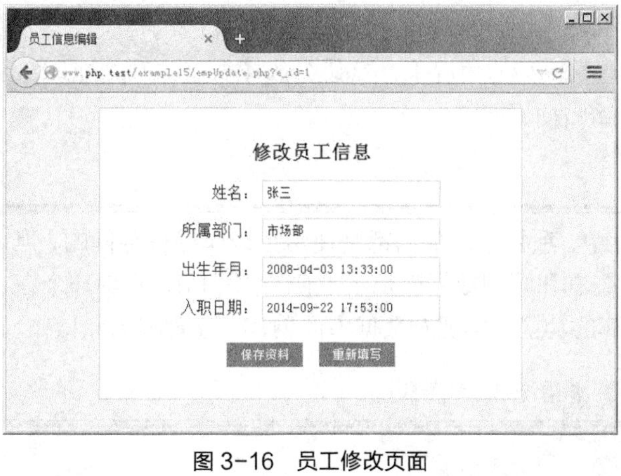

图 3-16 员工修改页面

图 3-17　员工信息更新后

知识点讲解

1. 添加数据

添加数据的第 1 个步骤，就是通过表单收集要添加的数据。这里使用 form 标签组成表单页面，利用文本框来构建数据输入框，最后以 POST 方式提交给目标文件。

然后在目标文件中以$_POST 超全局数组获取用户输入的数据，此时需要考虑数据安全性。因此我们需要调用转义 HTML 和 SQL 特殊字符的函数来完成数据的安全性处理。接着就是拼接用于添加数据的 SQL 语句，这里主要通过获取$_POST 超全局数组中的键作为数据表字段、值作为数据插入值，来完成 insert 语句的字段名及字段值的组成。

2. 修改数据

修改数据实际上与添加数据类似，区别在于，修改数据需要先获取到某一个员工的数据信息。这可以通过"编辑员工"的超链接来传送当前员工的员工 ID，再根据这个员工 ID 使用 select 语句配合 where 条件查询到这个员工的详细数据，最后把这个详细数据展示到 form 表单中。

接下来就是通过 form 表单将改动后的员工数据提交给目标文件 empUpdate.php，由目标文件进行安全性处理后，组合 SQL 语句到 update 语句中。与添加不同的是，update 语句需要知道修改的数据是哪一条，因此需要一个字段来确定修改的员工信息，这就是员工 ID。form 表单的 method 属性在不填写的情况下，默认会选择当前访问的地址，因此就可以把员工 ID 一并以 GET 方式提交给请求页面。

思考题

在 Web 应用开发中，项目中的数据都是使用数据库进行存储的，但是使用命令行的方式查看和管理数据库很不方便。请用 PHP 实现一个在线管理 MySQL 数据库的功能，实现对数据库的创建、查看和删除操作。

扫描右方二维码，查看思考题答案！

PART 4

第4章
Web 表单与会话技术

- 掌握 Web 表单的使用，学会用 PHP 处理表单数据。
- 掌握 Cookie 技术，学会用 Cookie 保存浏览历史。
- 掌握 Session 技术，学会用 Session 保存用户会话。

网站的开发主要分为前端和后端，前端是指 HTML、CSS、JavaScript 等运行在浏览器端的语言，后端是指运行在服务器上的语言，即 PHP。Web 表单用于在网页中发送数据到服务器，从而使浏览者与网站之间发生互动。会话技术则用于确定用户的身份，使服务器能够跟踪用户的信息。本章将对 Web 表单与会话技术进行详细讲解。

4.1 【案例 16】用户注册

案例分析

1．需求分析

进入 Web 2.0 时代以后，互联网中的网站开始注重用户参与，浏览网站的游客可以注册成为会员，而网站通过用户名和密码来区分每个用户。本案例将带领大家开发一个网站用户注册的功能，通过案例可以学习表单的创建、表单数据的接收与处理等相关知识。

2．设计思路

（1）在数据库中创建一张用户表，用于保存用户数据。

（2）编写 HTML 页面，在页面中创建一个表单，用于填写注册信息。

（3）在浏览器中访问用户注册页面，填写注册信息后提交表单。

（4）通过 PHP 接收表单数据，并将新注册用户的信息显示出来。

（5）将新注册用户的信息保存到数据库中。

（6）到数据库中查看新注册用户的数据。

实现步骤

（1）数据库设计

用户注册功能实际上是将用户提交的表单保存到数据库中，因此应该先在数据库中创建一张用户表，用于保存用户数据。在用户注册时填写的信息通常有用户名、密码和邮箱地址，所以用户表中应该具备这几个字段。建表的 SQL 语句如下：

```sql
create table `user` (
    `id` int unsigned primary key auto_increment,
    `username` varchar(10) not null unique,
    `password` char(32) not null,
    `email` varchar(40) not null
)charset=utf8;
```

上述 SQL 语句创建了 user 表，表中有 4 个字段，id 是表的主键，username 保存用户名，password 保存密码，email 保存邮箱地址。由于密码需要使用 MD5 算法进行加密，所以使用固定的 32 位进行存储。

（2）编写用户注册页面

创建一个 register.html 网页文件，在网页中编写用户注册表单。部分关键代码如下：

```
1  <form method="post" action="register.php">
2      用户名: <input type="text" name="username" />
3      邮箱: <input type="text" name="email" />
4      密码: <input type="password" name="password" />
5      确认密码: <input type="password" />
6      <input type="submit" value="提交注册" />
7      <input type="reset" value="重新填写" />
8  </form>
```

当表单提交时，用户在表单中填写的数据会通过浏览器发送到 register.php 中。

（3）访问用户注册页面

在浏览器中访问用户注册页面，运行效果如图 4-1 所示。

从图 4-1 中可以看出，一个简洁美观的用户注册表单已经制作完成。在表单中，判断密码的两次输入是否一致可以使用 JavaScript 实现，这里就不再赘述。

（4）接收表单数据

在 register.html 的相同目录下创建 register.php，用于接收表单数据。为了查看 PHP 是否收到了表单提交过来的数据，接下来编写程序将数据显示出来。具体代码如下：

```php
1  <?php
2  //设定字符集
3  header('Content-Type:text/html;charset=utf-8');
4  //获取注册用户的信息
5  echo '<h2>接收到新用户注册! </h2>';
6  echo '<p>用户名: '.$_POST['username'].'</p>';
7  echo '<p>密码: '.$_POST['password'].'</p>';
8  echo '<p>邮箱: '.$_POST['email'].'</p>';
9  echo '<p>IP 地址: '.$_SERVER['REMOTE_ADDR'].'</p>';
10 echo '<p>浏览器环境: '.$_SERVER['HTTP_USER_AGENT'].'</p>';
11 echo '<p>请求来源: '.$_SERVER['HTTP_REFERER'].'</p>';
```

上述代码用于获取注册用户的基本信息，包括表单中填写的数据，以及注册者的 IP 地址、浏览器环境和请求来源地址。当用户填写表单并提交后，程序运行结果如图 4-2 所示。

图 4-1　用户注册表单

图 4-2　获取注册用户的信息

从图 4-2 中可以看出，PHP 通过超全局变量数组$_POST 获取到了表单数据，通过 $_SERVER 数组获取到了注册人的 IP 地址、浏览器环境和请求来源。其中，"$_SERVER ['HTTP _USER_AGENT']" 显示了该注册人使用的浏览器和版本，"$_SERVER ['HTTP_REFERER']" 显示了表单网页 register.html 的地址。

（5）将新注册的用户保存到数据中

保存到数据库的关键在于将表单数据拼接到 SQL 语句，然后通过 mysql_query()函数执行 SQL 语句。由于用户名不允许重复，所以需要判断用户名是否已经存在。

继续编辑 register.php，将新注册的用户保存到数据库中。部分关键代码如下：

```
1    //接收表单数据
2    $username = $_POST['username'];
3    $password = $_POST['password'];
4    $email = $_POST['email'];
5    //连接数据库，设置字符集，选择数据库（代码略）
6    ……
7    //过滤用户输入数据，防止 SQL 注入
8    $username = mysql_real_escape_string($username);
9    $email = mysql_real_escape_string($email);
10   //判断用户名是否已经存在
11   $sql = "select `id` from `user` where `username`='$username'";
12   $rst = mysql_query($sql);
13   if(mysql_fetch_row($rst)){
14       //用户名存在，不允许注册，程序停止执行
15       die('用户名已经存在，请换个用户名。');
16   }
17   //用户名不存在，可以注册。
18   //使用 MD5 增强密码安全性
19   $password = md5($password);
20   //拼接插入数据的 SQL 语句
21   $sql = "insert into `user` (`username`, `password`, `email`) values
                             ('$username','$password','$email')";
22   //执行 SQL 语句，$rst 保存执行结果
23   $rst = mysql_query($sql);
```

在上述代码中，第 19 行的 md5()函数用于增强密码安全性，即使数据被黑客盗取，也不能轻易破解密码原文。关于密码加密的方式有很多，后面的案例中会讲解更加复杂的加密方式，这里只是演示一种简单的加密措施。

（6）到数据库中查看新用户数据

通过 MySQL 命令行工具查看新注册的用户，如图 4-3 所示。

图 4-3　查看新注册的用户

从图 4-3 中可以看出，一个用户名为"小明"的新用户注册成功，密码是通过 MD5 计算后的，避免了明文存储的安全隐患。

知识点讲解

1．HTTP 协议

超文本传输协议（HyperText Transfer Protocol，HTTP）是一种基于请求与响应式的协议，即浏览器发送请求，服务器做出响应。例如，当用户通过浏览器访问"http://www.php.test"地址时，用户的浏览器与域名为 www.php.test 的服务器之间遵循 HTTP 协议进行通信。

在使用 HTTP 协议通信时，每当浏览器向服务器发送请求，都会发送请求消息，而服务器收到请求后，会返回响应消息给浏览器。对于普通用户而言，请求消息和响应消息都是不可见的，但对于 Web 开发者而言，目前主流的浏览器提供了开发者工具，通过这类工具可以查看 HTTP 消息。以火狐浏览器为例，在浏览器窗口中按［F12］键可以启动开发者工具，然后切换到【网络】→【消息头】，如图 4-4 所示。

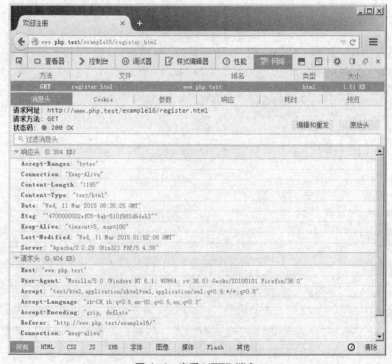

图 4-4　查看 HTTP 消息

从图 4-4 中可以看出,浏览器的开发者工具显示了"请求网址""请求方法"和"状态码",以及"响应头"和"请求头"等信息。其中,"请求头"是发送本次请求时的浏览器的信息,"响应头"是该服务器返回的信息。

2．HTTP 请求方式

HTTP 协议规定了浏览器发送请求的方式,其中最常用的是 GET 和 POST 方式。接下来针对这两种请求方式进行详细讲解。

（1）GET 方式

当用户在浏览器地址栏直接输入某个 URL 地址,或者在网页上单击某个超链接进行访问时,浏览器将使用 GET 方式发送请求。对于普通用户而言,使用 GET 方式提交的数据是可见的,因为数据就在 URL 地址的参数中,如下面的 URL 地址所示:

```
http://www.php.test/test.php?name=tom&age=20
```

在上述 URL 地址中,"?"后面的内容就是参数信息。参数是由"参数名"和"参数值"两部分组成的,例如,"name=tom"的参数名为"name",参数值为 tom。多个参数之间使用"&"分隔。

（2）POST 方式

当需要用 POST 方式发送数据时,可以通过 Web 表单指定请求方式。例如,下面的代码就是指定该表单以 POST 方式进行提交:

```
<form method="post">
    ……
</form>
```

从上述代码可以看出,<form>标签的 method 属性用于指定表单提交时使用哪种请求方式。另外,当省略 method 属性时,表单默认使用 GET 方式提交。

对于普通用户而言,以 POST 方式发送的数据是不可见的,而 Web 开发者可以通过浏览器的开发者工具进行查看,如图 4-5 所示。

图 4-5　查看 POST 发送的数据

从图 4-5 中可以看出,通过 POST 方式发送数据时,Content-Type 会自动设置为"application/x-www-form-urlencoded",Content-Length 为内容的长度。切换到"参数"页面可以查看具体数据,以 POST 方式发送的数据也分为参数名和参数值。

在实际开发中，通常都会使用 POST 方式提交表单，其原因主要有两个，具体如下。

（1）POST 方式通过实体内容传递数据，传输数据大小理论上没有限制（但服务器端会进行限制）。而 GET 方式通过 URL 参数传递数据，受限于 URL 的长度，通常不超过 1KB。

（2）POST 比 GET 请求方式更安全。GET 方式的参数信息会在 URL 中明文显示，而 POST 方式传递的参数隐藏在实体内容中，因此，POST 比 GET 请求方式更安全。

3. 表单的组成

Web 表单是通过<form>标记来创建的，例如，下面的代码是一个简单的表单：

```
<form method="post" action="register.php">
    <input type="text" name="username" />
    <input type="password" name="password" />
    <input type="submit" value="提交" />
</form>
```

在上述代码中，<form>标记的 method 属性表示请求方式，如 GET 和 POST；action 属性表示请求的目标地址，可以用相对路径（register.php）或完整 URL 地址（http://.../ register.php）。如果省略 action 属性，表单则提交给当前页面。<form>标记中的<input type="submit">是一个提交按钮，当单击按钮时，表单中具有 name 属性的元素会被提交，提交数据的参数名为 name 属性的值，参数值为 value 属性的值。

在【案例 16】中，表单中的"用户名""密码""邮箱"3 个文本框具有 name 属性，因此当表单提交时就会发送这 3 个文本框的值。

4. 获取表单数据

当 PHP 收到来自浏览器提交的表单后，表单中的数据会保存到预定义的超全局变量数组中。其中，通过 GET 方式发送的数据会保存到$_GET 数组中，通过 POST 发送的数据会保存到$_POST 数组中。

超全局变量数组$_GET 和$_POST 的使用和普通数组完全相同，接下来以$_POST 为例，讲解 PHP 如何获取来自 POST 方式发送的数据。

（1）当需要判断是否有表单通过 POST 方式提交时，可以通过 empty()函数进行判断。示例代码如下：

```
//判断 $_POST 是否为空数组
if(empty($_POST)){
    //是空数组，说明没有表单提交
}else{
    //数组非空，说明有表单提交
}
```

（2）当需要查看所有通过表单提交来的数据时，可以使用 var_dump()函数打印数组。示例代码如下：

```
var_dump($_POST);
```

（3）当需要获取"username"字段的值时，直接访问数组的成员即可。实例代码如下：

```
echo $_POST['username'];
```

（4）当需要判断接收到的数据中是否存在"username"时，可以用如下代码：

```
if(!isset($_POST['username'])){
    //没有收到 username
}
```

上述代码用 isset 语句判断数组元素是否存在，存在时返回 true。由于使用了取反"!"，只有元素不存在时会进入到 if 中执行。

（5）当判断表单中的"username"字段是否填写时，可以用如下代码：

```
if(empty($_POST['username'])){
    //没有收到 username，或 username 的值为空
}
```

上述代码用 empty()函数判断数组元素是否为空，为空时返回 true，当元素不存在时也返回 true。

5. 超全局变量

在 PHP 脚本运行时，PHP 会自动将一些数据放在超全局变量中。超全局变量是 PHP 预定义好的变量，可以在 PHP 脚本的任何位置使用。PHP 常用的超全局变量如表 4-1 所示。

变量名	功能描述
$_GET	获取由 HTTP GET 方式提交至 PHP 脚本的变量
$_POST	获取由 HTTP POST 方式提交至 PHP 脚本的变量
$_FILES	获取由 HTTP POST 文件上传方式提交至 PHP 脚本的变量
$_SERVER	获取当前服务器的信息，以及 HTTP 的请求信息
$_COOKIE	获取由 HTTP 提交至 PHP 脚本的 Cookie 信息
$_SESSION	获取或设置用户的会话信息
$_REQUEST	获取由 GET、POST 和 COOKIE 方式提交至 PHP 脚本的变量

表 4-1 列举的超全局变量在 Web 开发中经常使用。其中，$_GET、$_POST 和$_SERVER 在【案例 16】中已经用过，其余的会在后面的案例中讲解，读者在此只需了解这些超全局变量即可。

4.2　【案例 17】用户信息编辑

案例分析

1. 需求分析

许多网站都为注册用户提供了个人资料编辑的功能，用户可以填写昵称、性别、爱好、QQ、个人简介等。网站中的注册用户不仅可以填写自己的资料，还可以查看其他用户的资料，寻找志同道合的朋友。本案例将带领大家开发一个网站用户信息编辑功能，通过案例可以学习表单中各种控件的处理。

2. 设计思路

（1）在数据库中创建一张用户表，用于保存用户数据。

（2）编写 HTML 页面，在页面中创建一个表单，用于编辑用户的个人信息。

（3）在数据库中添加一条用户数据，用于测试用户信息编辑功能。

（4）编写 PHP 程序，从数据库中取出用户信息。

（5）修改 HTML 模板文件，将用户信息展示出来。

（6）通过浏览器查看运行结果。

（7）编写 PHP 程序，完成用户数据保存功能。

实现步骤

（1）数据库设计

在数据库中创建一张用户信息表，用于保存用户数据。在本案例中，用户个人资料包括昵称、性别、邮箱、QQ 号、个人主页、所在城市、语言技能、自我介绍。为了保存这些数据，就需要在表中设计这些字段。建表的 SQL 语句如下：

```
create table `userinfo` (
    `id` int unsigned primary key auto_increment,
    `nickname` varchar(10) not null,
    `gender` enum('男','女') not null,
    `email` varchar(40) not null,
    `qq` varchar(20) not null,
    `url` varchar(200) not null,
    `city` varchar(10) not null,
    `skill` text not null,
    `description` text not null
)charset=utf8;
```

上述 SQL 语句创建了 userinfo 表，表中有 9 个字段，id 是表的主键，nickname 保存昵称，gender 保存性别，email 保存邮箱，qq 保存 QQ 号码，url 保存个人主页，city 保存所在城市，skill 保存语言技能，description 保存自我介绍。

（2）编写用户信息编辑页面

创建 profile_html.php 文件，然后通过多种表单元素（如文本框、单选框、复选框、下拉菜单和文本域）来实现用户信息的编辑。其关键的代码如下：

```
1  <form method="post">
2      昵称: <input type="text" name="nickname" />
3      性别: <input type="radio" name="gender" value="男" />男
4          <input type="radio" name="gender" value="女" />女
5      邮箱: <input type="text" name="email" />
6      QQ 号: <input type="text" name="qq" />
7      个人主页: <input type="text" name="url" />
8      所在城市: <select name="city"><option value="未选择">未选择</option>
       </select>
9      语言技能: <input type="checkbox" name="skill[]" value="HTML" />HTML
10         <input type="checkbox" name="skill[]" value="JavaScript" />
       JavaScript
11         <input type="checkbox" name="skill[]" value="PHP" />PHP
12         <input type="checkbox" name="skill[]" value="C++" />C++
13     自我介绍: <textarea name="description"></textarea>
14     <input type="submit" value="保存资料" />
15     <input type="reset" value="重新填写" />
16  </form>
```

在上述代码中，"语言技能"使用了复选框元素，由于复选框可以有多个值，因此在表单中使用了"skill[]"数组形式，表示该表单字段"skill"将以数组方式提交。

（3）添加测试数据

在编辑用户信息时，需要将用户原本的信息展示到表单中，因此需要事先准备测试数据。插入测试数据的 SQL 语句如下：

```
insert into `userinfo` values (1,'小明','男','test@123.com','12345678',
'http://php.test','上海','JavaScript,PHP','大家好！');
```

上述 SQL 语句插入了一条 ID 为 1 的用户数据，该用户的昵称为“小明”。需要注意的是，skill 字段是一个复选框，为了在一个字段中保存多个值，这里使用了逗号作为多个值之间的分隔符。

（4）从数据库中取出用户信息

编写 profile.php，用于从数据库中取出用户信息。在取数据时，应先确定当前用户的 ID，然后通过 ID 到数据库中查询该用户的信息，将查询结果以关联数组的形式保存。实现该功能涉及的代码如下：

```php
1  <?php
2  //连接数据库，设置字符集，选择数据库
3  …… (代码略)
4  //定义数组$city 保存预设的城市下拉列表
5  $city = array('北京','上海','广州','其他');
6  //定义数组$skill 保存预设的语言技能复选框
7  $skill = array('HTML','JavaScript','PHP','C++');
8  //假设当前登录用户的 id 为 1
9  $id = 1;
10 //根据指定 id 查询用户信息
11 $sql = "select `nickname`, `gender`, `email`, `qq`, `url`, `city`,
           `skill`, `description` from `userinfo` where `id`=$id";
12 $rst = mysql_query($sql);
13 //$data 保存查询到的用户信息
14 $data = mysql_fetch_assoc($rst);
15 //将 skill 字段通过“,”分隔符转换为数组
16 $data['skill'] = explode(',',$data['skill']);
17 //加载 HTML 模板文件
18 require 'profile_html.php';
```

上述代码第 14 行通过$data 查询到了用户信息，然后在第 18 行代码加载了 HTML 模板文件，用于展示用户信息编辑页面。第 16 行代码通过 explode()函数将 skill 字段中用逗号分隔的多个值拆分成了数组，通过数组可以更方便地输出数据。

（5）将用户信息展示到表单中

编辑 profile_html.php 文件，在 HTML 中嵌入 PHP 代码，将从数据库取出的用户信息填写到表单中。关键位置的代码如下：

```php
1  <form method="post">
2  昵称: <input type="text" name="nickname" value="<?php echo $data
       ['nickname']; ?>" />
3  性别: <input type="radio" name="gender" value="男" <?php if($data
       ['gender']=='男') echo 'checked'; ?> />男
4      <input type="radio" name="gender" value="女" <?php if($data
       ['gender']=='女') echo 'checked'; ?> />女
5  邮箱: <input type="text" name="email" value="<?php echo $data
       ['email']; ?>" />
6  QQ 号: <input type="text" name="qq" value="<?php echo $data['qq']; ?>" />
7  个人主页: <input type="text" name="url" value="<?php echo
       $data['url']; ?>" />
8  所在城市: <select name="city">
9      <option value="未选择">未选择</option>
```

```
10        <?php foreach($city as $v): ?>
11        <option value="<?php echo $v ?>" <?php if($data['city']==$v) echo
          'selected'; ?> ><?php echo $v ?></option>
12        <?php endForeach; ?>
13    </select>
14    语言技能: <?php foreach($skill as $v): ?>
15     <input type="checkbox" name="skill[]" value="<?php echo $v; ?>"
  <?php if(in_array($v,$data['skill'])) echo 'checked'; ?> /><?php echo $v; ?>
16    <?php endForeach; ?>
17    自我介绍: <textarea class="description" name="description"><?php echo
          $data['description']; ?></textarea>
18        <input type="submit" value="保存资料" />
19        <input type="reset" value="重新填写" />
20    </form>
```

在上述代码演示了如何为表单各个元素设置初始值,通过 PHP 的循环、判断,实现了下拉菜单和复选框元素的动态生成。

(6)通过浏览器查看运行结果

在浏览器中访问 profile.php,运行效果如图 4-6 所示。

图 4-6　用户信息编辑页面

从图 4-6 中可以看出,当访问 profile.php 时,由于在代码中指定了用户 ID,PHP 程序将 ID 为 1 的用户信息查询出来并填写到表单中。

(7)完成用户资料保存功能

当用户编辑完成个人资料后,就需要将表单数据提交给 PHP 程序,再由 PHP 保存到数据库中。编辑 profile.php 文件,实现该功能涉及的代码如下:

```
1  ……
2  $city = array('北京','上海','广州','其他'); //预设的城市下拉列表
3  $skill = array('HTML','JavaScript','PHP','C++'); //预设的语言技能复选框
4  $id = 1; //假设当前登录的用户的 ID 为 1
5  //判断是否有表单提交
```

```
6  if(!empty($_POST)){
7      //当有表单提交时，收集表单数据，保存到数据库中
8      $fields = array('nickname', 'gender', 'email', 'qq', 'url', 'city',
                       'skill','description'); //指定需要接收的表单字段
9      foreach($fields as $v){
10         //$save_data 保存$_POST 中的指定字段数据，不存在的字段填充空字符串
11         $save_data[$v] = isset($_POST[$v]) ? $_POST[$v] : '';
12     }
13     //单选框处理
14     if($save_data['gender']!='男' && $save_data['gender']!='女'){
15         die('保存失败：未选择性别。');
16     }
17     //下拉菜单处理
18     if($save_data['city']!='未选择' && !in_array($save_data['city'], $city)){
19         die('保存失败：您填写的城市不在允许的城市列表中。');
20     }
21     //复选框处理
22     if(is_array($save_data['skill'])){
23         //只取出合法的数组元素
24         $save_data['skill'] = array_intersect($skill, $save_data ['skill']);
25         //将数组转换为用逗号分隔的字符串
26         $save_data['skill'] = implode(',',$save_data['skill']);
27     }else{
28         $save_data['skill'] = '';
29     }
30     //通过循环数组，自动拼接 SQL 语句，保存到数据库中
31     $sql = "update `userinfo` set ";
32     foreach($save_data as $k=>$v){
33         $sql .= "`$k`='".mysql_real_escape_string($v)."',";
34     }
35     $sql = rtrim($sql,',')." where id=$id"; //rtrim($sql,',')用于去除$sql
               中的最后一个逗号
36     $rst = mysql_query($sql);
37     //输出执行结果和调试信息
38     echo $rst ? "保存成功：$sql" : "保存失败：$sql<br>".mysql_error();
39 }
40 ······
```

上述代码实现了收集表单数据，并对表单数据进行了基本的验证。由于表单是浏览器端发送到服务器端的数据，虽然开发者写好了 HTML 表单，但表单可以被伪造，只有严格检查表单，才能使网站安全稳定。第 30~34 行代码实现了 SQL 语句的自动拼接，通过自动化的拼接可以提高程序的可维护性，读者只需要找到 SQL 语句中的规律，熟练运用数组遍历和字符串拼接即可完成。

知识点讲解

1．常用表单控件

在 HTML 表单控件中，除了文本框，还有单选按钮、下拉菜单和复选框等控件，用于满足表单中的各种填写需求。下面列举这几种类型的表单控件的使用。

（1）单选按钮的使用，示例代码如下：

```
<input type="radio" name="gender" value="男" />
<input type="radio" name="gender" value="女" />
```

对于一组单选按钮，它们应该具有相同的 name 属性，和不同的 value 属性。以上述代码为例，当提交表单时，如果选中了单选按钮中的"男"一项，则提交的数据为"gender=男"，如果两个单选按钮都没有被选中，则不会提交 gender 数据。

（2）下拉菜单的使用，示例代码如下：

```
<select name="city">
    <option value="北京">北京</option><option value="上海">上海</option>
    <option value="广州">广州</option><option value="其他">其他</option>
</select>
```

对于下拉菜单，它提供了有限的选项，用户只能选择下拉菜单中的某一项。以上述代码为例，如果用户选择"北京"并提交表单，则提交的数据为"city=北京"。

（3）复选框的使用，示例代码如下：

```
<input type="checkbox" name="skill[]" value="HTML" />
<input type="checkbox" name="skill[]" value="JavaScript" />
<input type="checkbox" name="skill[]" value="PHP" />
<input type="checkbox" name="skill[]" value="C++" />
```

一组复选框可以提交多个值，因此复选框的 name 属性使用"skill[]"数组形式。以上述代码为例，当用户勾选"HTML"和"PHP"时，提交的 skill 数组有两个元素：HTML 和 PHP。当用户没有勾选任何复选框时，表单将不会提交 skill 数据。

2．表单基本验证

在 Web 开发中，表单是下载到用户浏览器中的 HTML 网页，虽然开发者可以在表单中限制用户所能提交的内容，但是用户可以伪造表单提交到服务器。也就是说，表单中的任何限制都是不可靠的，为了防止用户伪造表单破坏程序原有的规则，应在接收到表单后验证这些数据是否合法。接下来介绍几种常用的表单的验证方法。

（1）判断单选值是否合法，示例代码如下：

```
$city = array('北京','上海','广州','其他'); //预设的 city 字段可选值
if(!in_array($_POST['city'],$city)){
die('您填写的城市不在允许的城市列表中。'); //判断为不合法的表单，程序报错并停止执行
}
```

上述代码用$city 数组保存了 city 字段的可选值，然后使用 in_array()函数判断接收到的值是否在$city 数组中存在。由于使用了取反"!"，当收到的值不在$city 数组中时就会满足 if 条件。

（2）获取复选框中的所有合法值，示例代码如下：

```
$skill = array('HTML','JavaScript','PHP','C++'); //预设的 skill 字段可选值
if(is_array($_POST['skill'])){
    //$input_skill 数组保存$_POST['skill']中合法的 skill 值
    $input_skill = array_intersect($skill,$_POST['skill']);
}
```

上述代码用 $skill 数组保存了 skill 字段的可选值，然后用 is_array()函数判断"$_POST['skill']"是否为数组，如果是数组则使用 array_intersect()函数求$skill 数组与接收到的数组之间的交集，这两个数组的交集就是我们需要的合法数据。

3．文本域的处理

在表单控件中，文本域是用于输入长文本的，在输入时可以换行。需要注意的是，在文

本域中输入的换行是一种 "\r\n" 换行符，而不是 HTML 中的 "<br>"。"\r\n" 换行符相当于在 HTML 中输入了换行，并非
换行标签，因此将看不到换行的效果。为了解决这个问题，可以使用 PHP 的 nl2br()函数对换行进行转换。示例代码如下：

```
$text = $_POST['text'];        //接收来自文本域提交的数据
$text = nl2br($text);          //换行符转换
echo "<div>$text</div>";       //输出到<div>中
```

上述代码实现了换行符的转换，将换行符转换为
标签后就可以在 HTML 中正确的显示换行效果。

4．表单控件生成

在【案例 17】中编写 PHP 与 HTML 混编的代码时，每个表单控件都混合了 PHP 代码，特别是一些 if、foreach 代码会导致文件的可读性变差，不利于程序的维护。在使用表单控件时，可以编写一系列函数实现控件代码自动生成，接下来通过代码演示如何编写表单控件生成函数，如以下代码所示。

```
1   function make_radio($name,$value,$checked){
2     $html = '';  //$html 保存拼接的 HTML
3     foreach($value as $v){
4       if($checked == $v){
5       $html .= "<input type=\"radio\" name=\"$name\" value=\"$v\" checked />$v";
6       }else{
7         $html .= "<input type=\"radio\" name=\"$name\" value=\"$v\" />$v";
8       }
9     }
10    return $html; //返回拼接结果
11  }
12  //生成一组单选按钮
13  $fruits = array('苹果','香蕉','橘子','番茄');
14  echo make_radio('fruit',$fruits,'香蕉');
```

上述代码实现了通过函数自动生成一组单选按钮。其中，make_radio()函数的$name 参数表示单选按钮的 name 属性，$value 参数表示单选按钮的 value 属性，$checked 参数表示默认选中的单选按钮的 value。上述代码执行后，运行效果如图 4-7 所示。

从图 4-7 中可以看出，当写好表单控件生成函数之后，在表单中创建一组控件变得非常简单，只需调用一次函数即可。通过函数生成表单控件不仅可以加快程序的编写效率，还可以增强代码的可维护性。

图 4-7　表单控件生成

4.3　【案例 18】表单安全验证

案例分析

1．需求分析

在通过表单接收用户填写的数据时，表单中的每一个字段都有特定的含义，例如，当接收邮箱地址时，就需要验证是不是一个合法的邮箱格式。表单中的各字段还应限制用户输入内容的长度，例如，密码一般要求最少 6 位。本案例将带领大家开发表单的安全验证功能，通过案例可以学习表单数据的合法性验证。

2．设计思路

（1）创建一个表单验证函数库文件，该文件用于保存表单各字段的验证函数。

（2）编写 checkUsername()函数，用于验证用户名格式是否合法。

（3）编写 checkPassword()函数，用于验证密码格式是否合法。

（4）编写 checkEmail()函数，用于验证邮箱地址是否合法。

（5）编写 PHP 程序，通过引入表单验证函数库验证用户的输入。

（6）当表单验证失败时，将错误信息显示到网页中。

（7）测试表单验证功能是否正确能够验证非法数据。

实现步骤

（1）创建函数库文件

创建一个表单验证函数库文件 check_form.lib.php，该文件用于保存表单各字段的验证函数。

（2）用户名格式验证

验证用户名是否合法，其实就是验证一个字符串是否符合特定的规则。由于 PHP 支持正则表达式，我们可以借助正则表达式来完成复杂的验证规则。例如，当验证的用户名只允许英文字母、数字和下画线，并且长度为 2~10 位时，可以使用如下正则表达式：

```
/^\w{2,10}$/
```

在上述正则表达式中，"/^……$/"表示要匹配的字符串必须按照指定规则开始和结束，"\w"用于匹配一个英文字母、数字或下画线字符，"{2,10}"用于限定匹配的字符在 2~10 个范围内。

当需要验证的用户名允许使用汉字时，可以改进上述正则表达式，示例代码如下：

```
/^[\w\x{4e00}-\x{9fa5}]{2,10}$/u
```

上述正则表达式用于在 UTF-8 编码下，将用户名限制为只允许汉字、英文字母、数字和下画线。其中，"/……/u"用于匹配多字节字符，"\x{4e00}-\x{9fa5}"用于匹配字符编码在 0x4E00~0x9FA5 连续区域的汉字。

接下来在 check_form.lib.php 中编写一个函数，运用正则表达式实现用户名的验证，具体代码如下：

```
1   //验证用户名（2~10 位，只允许汉字，英文字母，数字，下划线）
2   //注意：只支持 UTF-8 编码
3   function checkUsername($username){
4       if(!preg_match('/^[\w\x{4e00}-\x{9fa5}]{2,10}$/',$username)){
5           return '用户名格式不符合要求';
6       }
7       return true;
8   }
```

在上述代码中，preg_match()是一个正则表达式匹配函数，该函数的第 1 个参数接收正则表达式，第 2 个参数接收待验证的字符串变量。当匹配到时返回 1，匹配不到时返回 0，发生错误时返回 false。上述定义的 checkUsername()函数通过$username 参数接收待验证的字符串，当验证成功时返回 true，当验证失败时返回错误信息，即"用户名格式不符合要求"。

（3）密码格式验证

编写 checkPassword()函数，用于验证密码格式是否合法。为了用户账号的安全，网站一般不允许用户使用低于 6 位的短密码，实现密码格式验证的代码如下：

```
1  //验证密码（6~16 位，只允许英文字母、数字和下划线）
2  function checkPassword($password){
3      if(!preg_match('/^\w{6,16}$/',$password)){
4          return '密码格式不符合要求';
5      }
6      return true;
7  }
```

在上述代码的正则表达式要求密码长度为 6~16 位，并且只允许使用英文字母、数字和下画线。

（4）邮箱格式验证

编写 checkEmail()函数，用于验证邮箱地址是否合法。一个完整的邮箱地址是由"用户名"、"@符号"和"服务器域名"3 部分组成，用户名可以使用英文字母和数字，服务器域名要符合域名的规则。实现邮箱格式验证的代码如下：

```
1  //验证邮箱（不超过 40 位）
2  function checkEmail($email){
3      if(strlen($email) > 40){
4          return '邮箱长度不合法';
5      }elseif(!preg_match('/^[a-z0-9]+@([a-z0-9]+\.)+[a-z]{2,4}$/i', $email)){
6          return '邮箱格式不符合要求';
7      }
8      return true;
9  }
```

在上述代码的正则表达式中，"[a-z0-9]"用于匹配一个英文字母或数字字符，"[a-z0-9]+"表示匹配一次或多次；"([a-z0-9]+\.)+"用于循环匹配符合"[a-z0-9]+"并且以"."结束的字符串，由于"."是正则表达式中的符号，所以使用"\."进行转义；"[a-z]{2,4}"用于匹配域名后缀，即"com"、"cn"、"net"等。

（5）引入表单验证函数库

当定义好表单验证函数库后，就可以在其他 PHP 文件中调用了。接下来编写 register.php 模拟用户注册功能，通过引入表单验证函数库验证用户的输入。部分关键代码如下：

```
1  //引入表单验证函数库
2  require 'check_form.lib.php';
3  //假设 PHP 程序收到了用户注册表单，用$data 数组模拟用户输入的数据
4  $data = array(
5      'username' => '小明',
6      'password' => '123456',
7      'email' => 'xiaoming@123.com',
8  );
9  //为每个字段定义不同的验证函数
10 $validate = array(
11     //表单字段名 => 验证函数名
12     'username' => 'checkUsername',
13     'password' => 'checkPassword',
14     'email' => 'checkEmail',
15 );
16 //$error 数组保存验证后的错误信息
```

```
17 $error = array();
18 //循环验证每个字段，保存错误信息
19 foreach($validate as $k=>$v){
20     //运用可变函数，实现不同字段调用不同函数
21     $result = $v($data[$k]);
22     if($result !== true){    //$result 不为 true 说明表单验证失败
23         $error[] = $result;  //保存错误信息
24     }
25 }
26 //如果$error 数组为空，说明没有错误
27 if(empty($error)){
28     //表单验证成功
29 }else{
30     //表单验证失败，显示错误信息
31     require 'register_error_html.php';
32 }
```

上述代码首先使用 require 语句引入表单验证函数库，然后通过$data 保存待验证的数据，用$validate 为每个字段定义不同的验证函数，最后通过 foreach 遍历$validate 数组，用可变函数的方式为不同字段调用不同的验证函数，将验证失败的错误信息保存到$error 中。

（6）显示错误信息

当表单验证失败时，应将错误信息显示到网页中。由于$error 数组保存了所有表单字段验证后的错误信息，因此只需要在网页中输出$error 数组即可。编写 register_error_html.php，其关键代码如下所示：

```
1 <div class="error-box">
2     注册失败，错误信息如下：
3     <ul><?php foreach($error as $v) echo "<li>$v</li>"; ?></ul>
4 </div>
```

上述代码通过 foreach 遍历$error 数组，并将数组中的每个错误信息放在了<li>元素中，从而使错误信息看上去更有条理。

（7）测试表单验证功能

修改 register.php，将模拟用户输入的$data 数组修改为不符合要求的内容，验证结果如图 4-8 所示。

从图 4-8 中可以看出，不符合要求的表单字段被检查出来。

图 4-8　显示错误信息

知识点讲解

1．输入过滤

在开发 PHP 程序时，为了便于调试，我们会将用户输入的内容直接显示到网页中。但是当网站上线时，如果不对用户的输入进行任何过滤，会带来安全风险。以下面的代码为例：

```
<div>
    用户名: <div><?php echo $_POST['username']; ?></div>
    来访时间: <div>2015-03-18</div>
</div>
```

上述代码将一个来自 POST 方式提交的 username 字段直接输出到网页中，如果用户输入"</div>"，那么网页结构会遭到破坏。如果用户输入<script>标记和 JavaScript 代码，那么这些代码也会被浏览器执行，从而威胁到网站的安全。

我们可以通过 PHP 提供的一些函数过滤用户输入的数据，接下来通过代码分别演示这些函数的使用。

（1）trim()函数

trim()函数可以去除字符串左右两端的空白字符，包括空格、换行和制表符等，如下列代码所示：

```
echo trim('  测试  ');    //输出结果："测试"
echo trim('  测  试 ');    //输出结果："测  试"
echo trim("\n\t 测试");   //输出结果："测试"
```

（2）intval()函数

intval()函数可以将字符串转换为整型，如下列代码所示：

```
echo intval('123abc');    //输出结果：123
echo intval(' 123abc');   //输出结果：123
echo intval('abc123');    //输出结果：0
```

（3）strip_tags()函数

strip_tags()函数可以去除字符串中的 "< >" 标签，如下列代码所示：

```
echo strip_tags('<b>测试</b>');  //输出结果："测试"
echo strip_tags('<传智>播客');   //输出结果："播客"
```

（4）htmlspecialchars()函数

htmlspecialchars()函数可以将字符串中的 HTML 特殊字符转换为 HTML 实体字符，从而防止被浏览器解析。如下列代码所示：

```
echo htmlspecialchars('<测试>');   //输出结果："&lt;测试&gt;"
echo htmlspecialchars('<b>测试</b>'); //输出结果："&lt;b&gt;测试&lt; /b&gt;gt;"
```

2．数据验证

数据验证是指验证用户输入数据的合法性。在【案例 18】中，我们通过正则表达式验证了用户注册页面的用户名、密码、邮箱 3 个字段，严格限制了用户输入的长度和内容。接下来继续讲解网站开发中常用的正则表达式。

（1）验证 QQ 号码

一个正确的 QQ 号码，应该以 1~9 数字开头，从第 2 位开始是 0~9 的任意数字。QQ 号码的长度至少为 5 位（使用 QQ 的人数在不断增加）。实现 QQ 号码验证的正则表达式如下：

```
/^[1-9][0-9]{4,19}$/
```

在正则表达式中，"^[1-9]"表示以 1~9 的数字开头，"[0-9]{4,19}"表示 4~19 个任意的十进制数字，"$"表示字符串结尾。因此该正则表达式可以匹配 5~20 位的 QQ 号码。

（2）验证手机号码

中国内地的手机号码由 11 位数字组成，必须以 1 开头，第 2 位数只能是 3、5 或 8，后 9 位数则是由 0~9 之间的数字组成。实现手机号码验证的正则表达式如下：

```
/^1[358]\d{9}$/
```

上述正则表达式表示以 1 开头，后面跟的数字只能是 3、5、8 中的一个，后面跟着 9 位的数字。其中，"\d"匹配任意的十进制数字，相当于"[0-9]"。

（3）验证 URL 地址

URL 地址是按照一定格式组成的字符串，通常以协议名 "http://" 开头，后面跟着域名和文件路径。实现 URL 地址验证的正则表达式如下：

```
/^http:\/\/[a-z\d-]+(\.[\w\/]+)+$/i
```

上述正则表达式中，"/^http:\/\/" 匹配以 "http://" 开头的字符串，斜线 "/" 需要使用反斜线 "\" 进行转义。"[a-z\d-]+" 匹配英文字母、数字和中横线 "-" 一次或多次，"[\w\/]+" 匹配英文字母、数字、下画线、斜线 "/" 一次或多次，"(\.[\w\/]+)+" 用于循环匹配符合 "\.[\w\/]+" 规则的字符串。

4.4 【案例 19】保存浏览历史

案例分析

1. 需求分析

当浏览一个网站时，为了保存用户的数据，网站通常会要求用户注册一个账号，然后将用户数据保存到数据库中。但是大多数网站并不强制要求访客注册账号，为此我们还可以通过浏览器的 Cookie 机制记住用户的数据。本案例将带领大家开发保存用户浏览历史的功能，通过案例来学习 Cookie 的使用。

2. 设计思路

（1）准备测试数据，通过 $all_data 数组模拟数据库中的文章数据。

（2）通过接收 GET 参数获取用户访问的指定文章的 ID。

（3）通过 Cookie 保存当前文章 ID，并获取上次访问过的文章 ID。

（4）通过 Cookie 保存多个文章的浏览历史记录。

（5）将当前浏览文章和浏览过的文章数据显示到 HTML 页面中。

（6）通过浏览器查看运行结果。

（7）设置 Cookie 的有效期，清除浏览历史记录。

实现步骤

（1）准备测试数据

假设在网站的数据库中有许多文章，每篇文章都有唯一的 ID，我们可以通过数组来模拟这些数据。创建文件 article.php，关键代码如下：

```
1  //准备测试数据
2  $all_data = array(
3      //文章id => array(文章标题,文章内容)
4      1 => array('学 PHP，冲击月薪 10000+你也可以！',' ……'),
5      2 => array('传智播客 PHP 项目答辩，群雄竞技牛人辈出',' ……'),
6      3 => array('夏"超"激情，Ajax 公开课与你相约',' ……'),
7      4 => array('学 PHP 编程，不做孬种程序员！',' ……')
8  );
```

上述代码定义了一个 $all_data 数组用于保存文章数据，数组的索引是文章 ID，数组的值是文章数据。当要取出指定 ID 的文章数据时，直接访问数组的下标即可。

（2）获取用户当前访问的文章 ID

当用户访问 article.php 时，可以通过传递 GET 参数显示指定 ID 的文章，因此需要编写程序获取当前访问的文章 ID。为了便于继续浏览，还应计算出上一篇和下一篇文章的 ID。

```
1   //获取当前文章 ID
2   $id = isset($_GET['id']) ? intval($_GET['id']) : 1;
3   //计算上一篇文章的 ID
4   $id_prev = $id - 1;
5   //计算下一篇文章的 ID
6   $id_next = $id + 1;
7   //防止 ID 越界（最低为 1，最高为 4）
8   if($id < 1) $id = 1;
9   if($id > 4) $id = 4;
10  if($id_prev < 1) $id_prev = 1;
11  if($id_next > 4) $id_next = 4;
```

当获取到用户访问的文章 ID 后，就可以使用代码 "$all_data[$id]" 取出该文章的数据。

（3）通过 Cookie 保存浏览历史

当用户访问 article.php 时，我们可以通过 PHP 程序，将当前浏览的文章 ID 保存到浏览器的 Cookie 中。Cookie 是一种 "键值对" 形式的数据，不同网站设置的 Cookie 是相互独立的。当网站在浏览器中保存了 Cookie 时，浏览器每次向服务器请求都会携带 Cookie 数据，因此我们可以在 PHP 中获取来自用户浏览器的 Cookie 数据，从而实现浏览历史保存功能。

接下来继续编写 article.php，实现将当前浏览的文章保存到 Cookie 中。涉及的代码如下：

```
1   //判断 Cookie 中是否存在 history 记录
2   if(isset($_COOKIE['history'])){
3       //存在时，通过 $cookie_arr 接收上次访问过的文章 ID
4       $cookie_arr = intval($_COOKIE['history']);
5   }else{
6       //不存在时，向 COOKIE 中保存 history 记录
7       setcookie('history',$id);  //将当前文章 id 保存到 COOKIE 中
8   }
```

在上述代码中，第 2 行代码用于判断用户浏览器的 Cookie 中是否存在 history 记录，如果不存在，就会执行第 7 行的代码，通过 setcookie()函数将当前文章 ID 保存到 Cookie 中；如果存在，则用变量$cookie_arr 保存用户浏览过的文章 ID。

（4）保存多个文章的浏览历史

由于 Cookie 只能保存字符串数据，当要保存多个文章 ID 时，我们可以构造一个使用逗号分隔的字符串，例如，"1,2,3" 表示用户浏览过 ID 为 1、2、3 的文章。为了避免浏览历史无限增加，在程序中应自动清除较早的浏览历史。

接下来修改 article.php，实现多个浏览历史的保存。涉及的代码如下：

```
1   ……
2   if(isset($_COOKIE['history'])){
3       //获取 Cookie，保存到数组中，限制数组最多只能有 4 个元素
4       $cookie_arr = explode(',',$_COOKIE['history'],4);
5       //遍历数组
6       foreach($cookie_arr as $k=>$v){
7           //将数组中的每个元素转换为整型
8           $cookie_arr[$k] = intval($cookie_arr[$k]);
9           //如果当前文章 ID 在数组中已经存在，则删除
10          if($v == $id) unset($cookie_arr[$k]);
11      }
12      //当数组元素达到 4 个时，删除第 1 个元素
```

```
13    if(count($cookie_arr)>3) array_shift($cookie_arr);
14    //将当前访问的文章 ID 添加到数组末尾
15    $cookie_arr[] = $id;
16    //将数组转换为字符串，重新保存到 Cookie 中
17    setcookie('history',implode(',',$cookie_arr));
18 }else{
19    $cookie_arr = array($id); //通过数组保存浏览历史 ID
20    setcookie('history',$id); //将当前文章 ID 保存到 Cookie 中
21 }
```

在上述代码中，第 3~17 行代码实现了将 Cookie 字符串转换为数组，通过对数组的处理实现了浏览历史的记录。上述代码执行后，用户的浏览历史将会保存到$cookie_arr 数组中。

（5）显示浏览过的文章

在前面的步骤中，$all_data 保存文章数据，$id 保存当前浏览的文章 ID，$cookie_arr 保存浏览过的文章 ID。接下来，继续编写 article.php，实现获取文章数据并显示到 HTML 中。涉及的代码如下：

```
1  //$data 保存当前页对应的文章数据
2  $data = $all_data[$id];
3  //$data_history 保存 Cookie 中的历史记录
4  $data_history = array();
5  foreach($cookie_arr as $v){
6     if(isset($all_data[$v])){
7         //$data_history[文章 id] = 文章标题
8         $data_history[$v] = $all_data[$v][0];
9     }
10 }
11 //加载 HTML 模板文件
12 require('article_html.php');
```

上述代码实现了通过文章 ID 到$all_data 数组中获取文章数据。第 12 行代码载入了 article_html.php 模板文件，接下来编写该文件，部分关键代码如下：

```
1  <div class="content">
2     <!-- 文章标题 --> <?php echo $data[0]; ?>
3     <!-- 文章内容 --> <p><?php echo $data[1]; ?></p>
4  </div>
5  <div class="page">
6     <a href="?id=<?php echo $id_prev; ?>">上一篇</a>
7     <a href="?id=<?php echo $id_next; ?>">下一篇</a>
8  </div>
9  <div class="history">
10    浏览历史：(<a href="?action=clear">清除历史</a>)
11    <ul><?php
12        foreach($data_history as $k=>$v){
13            echo "<li><a href=\"?id=$k\">$v</a></li>";
14        }
15    ?></ul>
16 </div>
```

在上述代码中，第 2~3 行代码用于显示当前访问的文章，第 5~8 行代码是文章切换链接，第 11~15 行代码用于显示文章浏览历史。第 10 行代码中有一个"清除历史"的链接，清除历史功能会在后面的步骤中实现。

（6）通过浏览器查看运行结果

在浏览器中访问 article.php，运行结果如图 4-9 所示。

从图 4-9 中可以看出，用户的浏览历史已经保存下来。

图 4-9　显示浏览历史

（7）实现清除浏览历史功能

清除浏览历史，可以直接用空字符串覆盖原来的值，但是这样做并不是真正删除了这个 Cookie。由于浏览器规定了 Cookie 的有效期，我们可以通过 setcookie() 的第 3 个参数设置有效期，让浏览器自动删除过期的 Cookie。接下来继续编写 article.php，实现清除浏览历史功能，涉及的代码如下：

```
1   //清除历史功能
2   if(isset($_GET['action'])){
3       if($_GET['action'] == 'clear'){
4           $cookie_arr = array();  //清除历史记录数组
5           setcookie('history','',time()-1);  //清除 COOKIE
6       }
7   }
```

上述代码实现了当收到 "action=clear" 的 GET 参数时，将 Cookie 的过期时间设置为当前时间减 1，通过设置 Cookie 有效期为一个过期的时间，实现了 Cookie 的清除。

知识点讲解

1．Cookie 技术

Cookie 是网站为了辨别用户身份而存储在用户本地终端上的数据。因为 HTTP 协议是无状态的，即服务器不知道用户上一次做了什么，这严重阻碍了交互式 Web 应用程序的实现。Cookie 就是解决 HTTP 无状态性的一种技术，服务器可以设置或读取 Cookie 中包含的信息，借此可以跟踪用户与服务器之间的会话状态，通常应用于保存浏览历史、保存购物车商品和保存用户登录状态等场景。

在【案例 19】中，当用户第一次在网站中浏览文章时，服务器在发送网页的同时发送了 Cookie，浏览器的 Cookie 中就记录了那篇文章的 ID。当用户下次访问时，浏览器会把 Cookie 发送给服务器，服务器就知道了用户之前访问的是哪一篇文章。服务器可以将每次访问的文章 ID 追加到 Cookie 中，浏览器的 Cookie 就可以保存多个浏览过的文章 ID。

对于普通用户来说，Cookie 是不可见的，但 Web 开发者可以通过 F12 开发者工具查看

Cookie。在开发者工具中切换到【网络】→【Cookie】，如图 4-10 所示。

从图 4-10 中可以看出，当浏览器请求本页面时，携带的 Cookie 为 "history: 2,3"，而服务器响应后，将 Cookie 设置为了 "history: 2,3,4"。

尽管 Cookie 实现了服务器与浏览器的信息交互，但也存在一些的缺点，具体如下。

（1）Cookie 被附加在每个 HTTP 请求中，无形中增加了数据流量。

（2）Cookie 在 HTTP 请求中是明文传输的，所以安全性不高，容易被窃取。

（3）Cookie 是来自浏览器中的数据，可以被审改，因此服务器接收后必须先验证数据的合法性。

（4）浏览器限制 Cookie 的数量和大小（通常限制为 50 个，每个不超过 4KB），对于复杂的存储需求来说是不够用的。

2．Cookie 的创建

Cookie 在用户的计算机中是以文件形式保存的，浏览器通常会提供 Cookie 管理程序。以火狐浏览器为例，执行【选项】→【隐私】可以找到 Cookie 的管理程序，如图 4-11 所示。

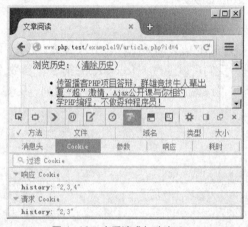

图 4-10　查看请求与响应 Cookie　　　　图 4-11　管理 Cookie

从图 4-11 中可以看出，Cookie 在浏览器中是根据域名分开保存的，每个 Cookie 具有名称、内容、主机、路径、发送条件和过期时间。在访问 Cookie 时，不同主机和不同路径之间都是隔离的，路径可以向下继承，例如，路径为 "/example19/" 的 Cookie 可以在 example19 的子目录中访问，但在 example19 的上级目录中无法访问。

在 PHP 中，使用 setcookie() 函数可以创建或修改 Cookie，其声明方式如下所示：

```
bool setcookie ( string $name [, string $value [, int $expire = 0 [, string
$path [, string $domain [, bool $secure = false [, bool $httponly = false ]]]]]] )
```

在上述声明格式中，参数 $name 是必需的，其他参数都是可选的。其中，$name 和 $value 表示 Cookie 的名字和值，$expire 表示 Cookie 的有效期，$path 表示 Cookie 在服务器端的路径，$domain 表示 Cookie 的有效域名，$secure 用于指定 Cookie 是否通过安全的 HTTPS 连接来传输，$httponly 用于指定 Cookie 只能通过 HTTP 协议访问。

接下来通过实际代码演示 setcookie() 函数的使用，如下所示：

```
setcookie('city','北京市');　　//未指定过期时间，在会话结束时过期
setcookie('city','北京市',time()+1800);　　//半小时后过期
setcookie('city','北京市',time()+60*60*24);　//一天后过期
setcookie('city','',time()-1);　//立即过期（删除 Cookie）
```

在上述代码演示了如何用 setcookie()设置一个名为 city 的 Cookie，该函数的第 3 个参数是时间戳，当省略时，Cookie 仅在本次会话有效，当用户关闭浏览器时会话就会结束。

值得一提的是，除了可以通过 PHP 操作 Cookie，使用 JavaScript 也可以操作 Cookie，如果只是保存用户在网页中的偏好设置，可以直接用 JavaScript 操作 Cookie，从而降低服务器的压力。

3．Cookie 的读取

前面学习过 PHP 的超全局变量，当浏览器向服务器发送请求时，会携带 GET、POST 和 Cookie 数据，因此通过$_COOKIE 数组即可获取 Cookie 数据。具体示例如下：

```
//判断 Cookie 中是否存在 city 数据
if(isset($_COOKIE['city'])){
    $city = $_COOKIE['city'];  //从 COOKIE 中获取 City 数据
}else{
    //COOKIE 中的 city 不存在
}
```

从上述代码中可以看出，$_COOKIE 数组的使用和$_GET、$_POST 基本相同。需要注意的是，当 PHP 第一次通过 setcookie()创建 Cookie 时，$_COOKIE 中没有这个数据，只有当浏览器下次请求并携带 Cookie 时，才能通过$_COOKIE 获取到该数据。

4.5 【案例 20】用户登录

案例分析

1．需求分析

用户登录是网站中最常见的功能之一，用户在网页中输入用户名和密码，然后提交表单，服务器就会验证用户名和密码是否正确，如果验证通过则用户登录成功，用户就可以使用这个账号在网站中进行其他操作。本案例将带领大家开发网站用户的登录功能，通过案例来学习 Session 技术的应用。

2．设计思路

（1）在数据库中准备一张用户表，表中保存了已注册用户的数据。

（2）编写 HTML 页面，在页面中创建一个表单，用于填写登录信息。

（3）通过 PHP 接收用户登录表单，验证格式是否合法，验证用户名和密码是否正确。

（4）修改 HTML 页面，当登录失败时显示错误信息。

（5）通过 Session 保存用户登录的会话，用户登录成功后跳转到会员中心。

（6）编写会员中心 PHP 文件，在会员中心判断用户是否已经登录。

（7）编写会员中心 HTML 页面，根据用户是否登录，显示不同的内容。

（8）实现用户退出功能。

实现步骤

（1）数据库设计

在【案例 16】中，我们创建了用户表，并实现了用户注册功能。本案例将继续使用这张用户表，实现用户登录功能。

（2）编写用户登录页面

创建一个 login_html.php 网页文件，在网页中编写用户注册表单。部分关键代码如下：

```
1  <form method="post">
2    用户名: <input type="text" name="username" />
3    密码: <input type="password" name="password" />
4    <input type="submit" value="登录" />
5    <input type="reset" value="重新填写" />
6  </form>
```

上述代码是一个用户登录表单，表单中包含了用户登录所需填写的基本内容，即用户名和密码。

（3）接收用户登录表单

创建 login.php 用于展示用户登录页面和接收登录表单。在验证用户登录表单时，应先验证用户名和密码是否符合格式，然后根据用户名到数据库中取出密码，再判断密码是否正确。关键代码如下：

```
1  $error = array();  //保存错误信息
2  //当有表单提交时
3  if(!empty($_POST)){
4      //接收用户登录表单
5      $username = isset($_POST['username']) ? trim($_POST['username']) : '';
6      $password = isset($_POST['password']) ? $_POST['password'] : '';
7      //载入表单验证函数库，验证用户名和密码格式
8      require '../example18/check_form.lib.php';
9      if(($result = checkUsername($username)) !== true) $error[] = $result;
10     if(($result = checkPassword($password)) !== true) $error[] = $result;
11     //表单验证通过，再到数据库中验证
12     if(empty($error)){
13         //连接数据库，设置字符集，选择数据库（代码略）
14         ……
15         //处理用户名和密码
16         $username = mysql_real_escape_string($username); //SQL 转义
17         //根据用户名取出用户信息
18         $sql = "select `id`, `password` from `user` where `username`='$username'";
19         if($rst = mysql_query($sql)){          //执行 SQL，获得结果集
20             $row = mysql_fetch_assoc($rst);    //处理结果集
21             $password = md5($password);        //计算密码的 MD5
22             if($password == $row['password']){ //判断密码是否正确
23                 die('欢迎登录！');
24             }
25         }
26         $error[] = '用户名不存在或密码错误。';
27     }
28 }
29 //加载 HTML 模板文件
30 require 'login_html.php';
```

在上述代码中，第 21 行代码将用户输入的密码使用 md5() 进行了运算，对于相同的密码，使用 MD5 运算后的结果是相同的，因此将用户输入的密码 MD5 与用户注册时保存的密码 MD5 进行比较，即可获知用户输入的密码是否正确。

（4）登录失败时显示错误信息

在 login.php 中，$error 数组保存了登录失败时的错误信息，接下来编辑 login_html.php，

将错误信息显示到网页中。部分关键代码如下：

```
1  <?php if(!empty($error)): ?>
2    <div class="error-box">登录失败，错误信息如下：
3      <ul><?php foreach($error as $v) echo "<li>$v</li>"; ?></ul>
4    </div>
5  <?php endIf; ?>
```

上述代码首先判断$error 数组是否为空，如果
不为空说明有错误信息，然后通过 foreach 遍
历 $error 数组，将错误信息输出到<ul>无序列表中。
在浏览器中访问 login.php，错误信息显示效果如
图 4-12 所示。

（5）保存用户登录会话

当用户登录成功后，服务器需要记住该用户
已经登录，并且这个已登录的状态只能在该用户
的浏览器上生效。要完成这样的工作，需要使用
Session 技术。当 PHP 启动 Session 时，服务器会
为每个用户的浏览器创建一个独有的 Session 文
件，该文件存储在服务器中，用于保存用户信息。
每一个 Session 文件都有一个唯一的会话 ID，服务

图 4-12　用户登录页面

器通过 Cookie 让浏览器记住这个会话 ID，从而实现了每个会话的区分。

继续编辑 login.php，实现用户登录成功后保存会话的功能，并跳转到会员中心。关键代码如下：

```
1  ……
2  if($password == $row['password']){  //判断密码是否正确
3    //登录成功，保存用户会话
4    session_start();  //启动 Session
5    $_SESSION['userinfo'] = array(
6      'id' => $row['id'],       //将用户 ID 保存到 Session
7      'username' => $username   //将用户名保存到 Session
8    );
9    //跳转到会员中心
10   header('Location: user.php');
11   //终止脚本继续执行
12   die;
13 }
14 ……
```

在上述代码中，第 4 行代码的 session_start()函数用于启动 Session，当 Session 启动后服
务器就会创建 Session 文件，并向浏览器的 Cookie 中设置会话 ID；第 5~8 行代码将用户信息
保存到$_SESSION 数组中，PHP 会自动保存到 Session 文件中；第 10 行代码用于页面跳转，
执行后浏览器将去请求当前地址下的 user.php 文件。由于页面跳转后本程序不需要继续执行，
所以使用 die 语句结束了脚本。

（6）判断用户是否登录

当页面跳转到 user.php 时，浏览器会将带有会话 ID 的 Cookie 发送到服务器，因此在
user.php 中可以通过会话 ID 读取到 login.php 保存的 Session 信息。接下来编写 user.php 会员
中心文件，实现用户是否登录的判断功能，关键代码如下：

```
1   session_start();  //启动 SESSION
2   //判断 SESSION 中是否存在用户信息
3   if(isset($_SESSION['userinfo'])){
4       //用户信息存在，说明用户已经登录
5       $login = true;                        //保存用户登录状态
6       $userinfo = $_SESSION['userinfo'];    //保存用户信息
7   }else{
8       //用户信息不存在，说明用户没有登录
9       $login = false;
10  }
11  //加载 HTML 模板文件
12  require 'user_html.php';
```

上述代码首先通过 session_start()函数启动 Session，然后判断$_SESSION 数组中是否存在 userinfo 数据，如果存在则说明用户已经登录，最后通过$login 保存用户的登录状态。

（7）编写会员中心页面

会员中心页面有两个功能，一个是在未登录状态下提示用户先登录或注册，另一个是在已登录状态下显示欢迎信息和退出登录。接下来创建 user_html.php 文件，部分关键代码如下：

```
1   <div>会员中心</div>
2   <?php if($login): ?>
3       <div><?php echo $userinfo['username']; ?>您好，欢迎来到会员中心。<a 、
        href="?action=logout">退出</a></div>
4       <!-- 此处编写会员中心其他内容 -->
5   <?php else: ?>
6       <div>您还未登录，请先 <a href="login.php">登录</a> 或 <a href=".."
        /example16/register.html">注册新用户</a> 。</div>
7   <?php endIf; ?>
```

在上述代码中，第 2 行代码通过 if 判断了$login 变量，当$login 为 true 时说明用户已经登录，为 false 时说明用户未登录。当用户单击退出链接时，会向 user.php 传递 "action=logout" 参数。在浏览器中访问 user.php ，运行效果如图 4-13 所示，当通过 login.php 登录后，运行效果如图 4-14 所示。

图 4-13　会员中心未登录

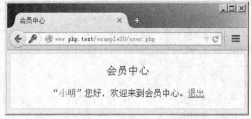

图 4-14　会员中心已登录

（8）实现用户退出

当 user.php 收到 "action=logout" 参数时，表示用户需要退出。接下来编写 user.php 实现用户退出功能，部分关键代码如下：

```
1  session_start();   //启动 SESSION
2  //用户退出功能
3  if(isset($_GET['action']) && $_GET['action']=='logout'){
4      unset($_SESSION['userinfo']);   //清除 SESSION 数据
5      //如果 SESSION 中没有其他数据，则销毁 SESSION
```

```
6        if(empty($_SESSION))  session_destroy();
7        header('Location: login.php'); //跳转到登录页面
8        die; //终止脚本
9   }
10  ……
```

上述代码首先启动了 Session，然后判断是否收到 "action=logout" 参数，当收到时说明用户需要退出。在实现用户退出时，首先使用 unset()函数销毁 Session 中的用户信息，此时如果 Session 中没有其他数据，则$_SESSION 就是一个空数组，使用 session_destroy()函数销毁 Session 文件即可。

知识点讲解

1．Session 技术

Session 在网络应用中称为 "会话"，指的是用户在浏览某个网站时，从进入网站到关闭网站所经过的这段时间。Session 技术是一种服务器端的技术，它的生命周期从用户访问页面开始，直到断开与网站的连接时结束。当 PHP 启动 Session 时，服务器可以为每个用户的浏览器创建一个供其独享的 Session 文件，通常用于保存用户登录状态、保存生成的验证码等。

当服务器创建 Session 时，每一个 Session 文件都具有一个唯一的会话 ID，用于标识不同的用户。会话 ID 分别保存在客户端和服务器端两个位置。在客户端通过浏览器 Cookie 来保存，在服务器端，以文件的形式保存在了指定的 Session 目录中。在浏览器中通过开发者工具可以查看 Cookie，如图 4-15 所示。

从图 4-15 中可以看出，由于【案例 20】中的 user.php 开启了 Session，因此浏览器 Cookie 中就保存了会话 ID，其名称为 "PHPSESSID"。

在 PHP 中，Session 文件的保存目录是可以通过 php.ini 修改的，其默认路径位于 "C:\Windows\Temp"，打开这个目录可以查看 Session 文件，如图 4-16 所示。

从图 4-16 中可以看出，服务器端保存了文件名为 "sess_会话 ID" 的 Session 文件，该文件的会话 ID 与浏览器 Cookie 中显示的会话 ID 一致，说明了这个文件只允许拥有会话 ID 用户可以访问。

图 4-15　查看 Cookie 中的会话 ID

图 4-16　查看服务器的 Session 文件

2．Session 的使用

在使用 Session 之前，需要先启动 Session。通过 session_start()函数可以启动 Session，当启动后就可以通过超全局变量$_SESSION 添加、读取或修改 Session 中的数据。下列代码列举了 Session 的基本使用：

```
session_start();                          //开启 Session
$_SESSION['username'] = '小明';           //向 Session 添加数据（字符串）
$_SESSION['info'] = array(1,2,3);         //向 Session 添加数据（数组）
if(isset($_SESSION['test'])){             //判断 Session 中是否存在 test
    $test = $_SESSION['test'];            //读取 Session 中的 test
}
unset($_SESSION['username']);             //删除单个数据
$_SESSION = array();                      //删除所有数据
session_destroy();                        //结束当前会话
```

在上述代码中，使用$_SESSION=array()方式可以删除 Session 中的所有数据，但是 Session 文件仍然存在，只不过它是一个空文件。通常情况下，我们需要将这个空文件删除掉，此时可以通过 session_destroy()函数来达到目的。

3．HTTP 响应消息头

通过前面的学习，我们知道 HTTP 协议分为请求和响应，在通信时，浏览器会发出请求消息头，服务器会发出响应消息头，如图 4-4 所示。服务器通过请求消息可以获取浏览器的基本信息，同样，浏览器也可以通过响应消息获取服务器的基本信息。常见的 HTTP 响应消息头如表 4-2 所示。

表 4-2　HTTP 响应消息头

消息头	说明
Location	控制浏览器显示哪个页面
Server	服务器的类型
Content-Type	服务器发送内容的类型和编码类型
Last-Modified	服务器最后一次修改的时间
Date	响应网站的时间

表 4-2 列举了常见的 HTTP 响应消息头，虽然响应消息头由服务器自动发出，不过我们可以通过 PHP 的 header()函数自定义响应消息头，如下列代码所示：

```
//设定编码格式
header('Content-Type:text/html;charset=utf-8');
//页面跳转
header('Location: login.php');
```

以上列举的代码在案例中已经使用过，其原理就是发送了自定义的 HTTP 响应消息头。例如，当浏览器收到 Location 时，就会自动跳转到目标地址。

4.6　【案例 21】保存登录状态

案例分析

1．需求分析

在用户登录时，许多网站都提供了一个选项，就是保存登录状态，下次自动登录。在学习过 Cookie 和 Session 技术后，实现自动登录并不困难，但是这一功能给用户带来便利的同时也带来了安全风险。因为 Cookie 是保存在用户浏览器上的数据，它可以轻易地被盗取，如果网站被植入了 JavaScript 代码，它还可以盗取 Cookie 并发送给其他服务器。本案例将开发用户登录状态保存功能，通过案例可以学习一些增强 Cookie 安全性的措施。

2．设计思路

（1）编写 HTML 页面，在用户登录表单中添加"下次自动登录"选项。

（2）提高密码的安全，在对密码加密时通过 salt 提高安全性。

（3）在用户登录时，如果用户选中了"下次自动登录"，则保存登录信息到 Cookie 中。

（4）在提示用户输入登录信息前，先验证 Cookie 中的登录信息。

（5）通过浏览器测试本功能。

实现步骤

（1）编写用户登录页面

在【案例 20】中，我们已经实现了用户登录功能，本案例将在此基础上新增保存登录状态的功能。修改 login_html.php，在用户登录表单中新增一个"下次自动登录"的复选框，如以下代码所示：

```
1  <form method="post">
2      用户名：<input type="text" name="username" />
3      密码：<input type="password" name="password" />
4      <input type="checkbox" name="auto_login" value="on" />下次自动登录
5      <input type="submit" value="登录" />
6      <input type="reset" value="重新填写" />
7  </form>
```

上述代码在表单中新增了自动登录复选框，在浏览器中访问 login.php，运行效果如图 4-17 所示。

图 4-17　下次自动登录

（2）提高密码的安全

实现用户自动登录，其实是将用户名和密码保存到 Cookie 中，然后为 Cookie 设置一个较长的有效期，即使用户关闭浏览器，下次也能通过 Cookie 保持登录状态。在保存 Cookie 时，考虑到用户的密码安全，显然不能将密码明文存储，我们可以使用一种"密码加盐"的方式提高密码的安全性。

修改数据库中的用户表，在表中增加一个"salt"字段。具体 SQL 语句如下：

```
alter table `user` add `salt` char(32) not null after `password`;
```

修改后的表结构如图 4-18 所示。

图 4-18 用户表的结构

接下来修改用户注册程序 register.php，在用户注册时为用户生成密码盐，以提高密码的安全，部分关键代码如下：

```
1 ······
2 //生成密码盐
3 $salt = md5(uniqid(microtime()));
4 //提升密码安全
5 $password = md5($salt.md5($password));
6 //拼接 SQL 语句
7 $sql = "insert into `user` (`username`, `password`, `salt`, `email`) values
      ('$username','$password','$salt','$email')";
8 //执行 SQL 语句
9 ······
```

在上述代码中，第 3 行的 md5(uniqid(microtime())) 是生成固定位随机字符串的一种方式，通过 uniqid() 和 microtime() 函数的配合可以生成碰撞率非常低的随机数，再使用 md5() 函数运算后，生成了一个固定长度的字符串。通过密码盐可以弥补 md5(password) 方式的不足，提高密码的破解难度。

使用 register.php 注册两个密码相同的新用户，然后到数据库中查看，如图 4-19 所示。

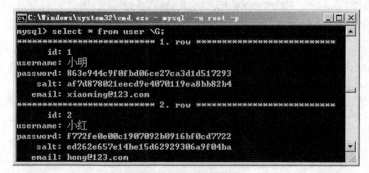

图 4-19 提高密码安全

从图 4-19 中可以看出，虽然两个新注册的用户的密码相同，但是在数据库中保存的 password 和 salt 字段的值完全不同，用户密码的存储安全由此得到了提升。

在用户注册时的加密算法修改后，用户登录的加密算法也需要修改。编辑 login.php，修改密码判断时的代码，如下所示：

```
1 ······
2 //根据用户名取出用户信息
3 $sql = "select `id`, `password`, `salt` from `user` where `username`=
      '$username'";
4 if($rst = mysql_query($sql)){              //执行 SQL，获得结果集
```

```
5      $row = mysql_fetch_assoc($rst);        //处理结果集
6      //数据库密码加密
7      $password = md5($row['salt'].md5($password));
8      //判断密码是否正确
9      if($password == $row['password']){
10         ......
11     }
12 }
13 ......
```

在上述代码中，第 3 行代码从数据库取出了已被存储的密码盐，第 7 行代码使用密码盐对用户输入的密码以注册时相同的方式进行 MD5 运算，如果用户的密码输入正确，则计算结果相同。

（3）保存登录状态

提高密码的安全性后，接下来将密码加密存储在 Cookie 中。在加密 Cookie 密码时，可以将用户的浏览器 User Agent 信息加入其中。修改 login.php，部分关键代码如下：

```
1  ......
2  //判断密码是否正确
3  if($password == $row['password']){
4      //判断用户是否勾选了记住密码
5      if(isset($_POST['auto_login']) && $_POST['auto_login']=='on'){
6          //将用户名和密码保存到 Cookie，并对密码加密
7          $ua = isset($_SERVER['HTTP_USER_AGENT']) ? $_SERVER['HTTP_USER_AGENT'] : '';
8          $password_cookie = md5($row['password']. md5($ua. $row['salt']));
9          $cookie_expire = time()+2592000;  //保存 1 个月(60*60*24*30)
10         setcookie('username',$username,$cookie_expire);//保存用户名
11         setcookie('password',$password_cookie,$cookie_expire);//保存密码
12     }
13     //登录成功，保存用户会话
14     ......
15 }
```

在上述代码中，第 7~8 行代码实现了 Cookie 密码的加密，加密时使用了用户的存储密码、密码盐和 User Agent 信息。第 9~11 行代码实现将用户名和密码保存到 Cookie 中，有效期为 1 个月。

（4）实现自动登录

当 Cookie 保存了用户名和密码后，只需验证 Cookie 即可，无需再次提示用户输入登录信息。接下来修改 login.php，实现 Cookie 登录信息的验证，关键代码如下：

```
1  //当有表单提交时
2  ......
3  //当 Cookie 中存在登录状态时
4  if(isset($_COOKIE['username']) && isset($_COOKIE['password'])){
5      //取出用户名和密码
6      $username = $_COOKIE['username'];
7      $password = $_COOKIE['password'];
8      //对不安全的输入进行 SQL 转义
9      $username = mysql_real_escape_string($username);
10     //根据用户名取出用户信息
11     $sql = "select `id`, `password`, `salt` from `user` where
              `username`='$username'";
12     if($rst = mysql_query($sql)){               //执行 SQL，获得结果集
13         $row = mysql_fetch_assoc($rst);        //处理结果集
```

```
14        //计算 COOKIE 密码
15        $ua = isset($_SERVER['HTTP_USER_AGENT']) ? $_SERVER['HTTP_USER_AGENT'] : '';
16        $password_cookie = md5($row['password']. md5($ua.$row['salt']));
17        //验证 COOKIE 密码
18        if($password == $password_cookie){
19            //登录成功，保存用户会话
20            ......
21        }
22    }
23 }
```

在上述代码中，第 4 行代码用于判断 Cookie 中是否存在用户名和密码，当存在时，利用 Cookie 中的用户名查询出用户的 ID、密码和 salt。然后再获取 User Agent 计算出 Cookie 密码，判断计算结果与 Cookie 中的密码是否相同，相同则表示验证通过，可以登录。

由于 login.php 会根据 Cookie 自动登录，当使用 user.php 退出时，还需要清除 Cookie。编辑 user.php，部分关键代码如下：

```
1 ......
2 //用户退出
3 if(isset($_GET['action']) && $_GET['action']=='logout'){
4     //清除 Cookie 数据
5     setcookie('username','',time()-1);
6     setcookie('password','',time()-1);
7     //清除 Session 数据
8     ......
9 }
```

上述代码实现了在用户退出时清除已保存到 Cookie 中的登录信息，从而解决了 Cookie 自动登录的问题。

（5）测试自动登录功能

在浏览器中访问 login.php，输入用户名和密码并选中"下次自动登录"，登录成功后关闭浏览器。下次再访问 login.php 时，如果自动跳转到 user.php 并显示登录成功，说明本功能已经成功实现。

知识点讲解

1．提高 Cookie 安全性

在 Web 应用开发中，Cookie 承担着保存用户登录信息的功能，一旦 Cookie 被盗取，对方就可以在无需任何密码的情况下直接使用这个账号，造成用户的账号被盗用，因此我们应增强 Cookie 的安全性。

以下列一段 JavaScript 代码为例，如果它在用户访问的网站中执行，则用户的 Cookie 将会被显示在网页弹出的 alert()消息窗口中：

```
<script>
    alert(document.cookie);
</script>
```

从上述代码可以看出，由于 JavaScript 可以访问 Cookie，如果网站对用户输入过滤不当，则会导致黑客输入的 JavaScript 代码被浏览器执行，用户的 Cookie 将会通过 JavaScript 发送到黑客的服务器中，从而使 Cookie 被黑客盗用。

为了阻止黑客通过 JavaScript 盗取 Cookie，目前的主流浏览器都为 Cookie 提供了的 HttpOnly 属性，该属性可以使 Cookie 只能通过 HTTP 协议访问，禁止 JavaScript 访问。在 PHP 中，通过 setcookie()函数可以设置这个属性，示例代码如下：

```
setcookie('password','123456',null,null,null,null,true);
```

上述代码在调用 setcookie()函数时传递了 7 个参数，null 代表该参数使用默认值，第 7 个参数将 HttpOnly 设置为了 true，这样就使 password 这个 Cookie 只能通过 HTTP 协议访问。

由于 Session 技术也使用了 Cookie，为了使 PHPSESSID 这个 Cookie 数据也具有 HttpOnly 属性，我们可以在 php.ini 中开启 session.cookie_httponly 选项。如果仅在脚本中临时设置，可以使用如下代码：

```
ini_set('session.cookie_httponly', 1);
```

上述代码通过 ini_set()函数临时修改了 php.ini 的设置，该修改仅在脚本内有效。

2．输出缓冲

在 PHP 中，输出缓冲（Output Buffer）是一种缓存机制，它通过内存预先保存 PHP 脚本的输出内容，当缓存的数据量达到设定的大小时，再将数据传输到浏览器。输出缓冲机制解决了当有内容输出后，再使用 header()、setcookie()、session_start()等函数无法设置 HTTP 消息头的问题，因为消息头必须在主体数据之前被发送，通过输出缓冲，可以使主体数据延缓到 HTTP 消息头的后面被发送。

输出缓冲在 PHP 中是默认开启的。在 php.ini 中，它的配置项为 output_buffering = 4096，表示输出缓冲的内存空间为 4KB。通过 PHP 的 ob 函数可以控制输出缓冲，常用代码如下：

```
//启动输出缓冲
ob_start()
//返回当前输出缓冲区的内容
ob_get_contents()
//向浏览器发送输出缓冲区的内容，并禁用输出缓冲
ob_end_flush()
//清空输出缓冲区的内容，不进行发送，并禁用输出缓冲
ob_end_clean()
```

通过以上函数可以控制输出缓冲，实现在脚本中动态地开启或关闭输出缓冲，以及获取输出缓冲区的内容并保存到变量中。

思考题

SQL 注入是一种常见的网络攻击，如果程序对用户的输入过滤不严谨，就会导致用户输入的字符串拼接到 SQL 语句中执行，从而威胁到网站的安全。请编写程序模拟一个存在 SQL 注入漏洞的网站，通过 SQL 注入实现用户免密码登录，然后实现 SQL 注入的防御。

扫描右方二维码，查看思考题答案！

第 4 章 Web 表单与会话技术

第 5 章
文件与图像技术

- 掌握文件的上传，学会用 PHP 处理上传文件信息。
- 掌握图像的操作，学会用 PHP 添加水印、生成缩略图和验证码。
- 熟悉文件与目录技术，学会用 PHP 创建、删除文件或目录。

在 Web 开发过程中，经常需要对文件和图像进行操作。例如，保存用户上传的附件、头像等。处理图像时，使用 PHP 提供的 GD 函数库，可以很方便地实现图片缩略图的制作、水印的添加、验证码的生成等功能。接下来本章将针对 PHP 中的文件和图像技术进行详细的讲解。

5.1【案例 22】 用户头像上传

案例分析

1. 需求分析

在计算机中，添加用户账号时，为了使用户的形象更加具体、鲜活，经常需要设置头像。同样，在 Web 开发过程中，也经常需要为某个用户上传头像。本案例将带领大家开发一个网站用户头像上传的功能，从而掌握 PHP 对上传文件的接收与处理等相关知识。

2. 设计思路

（1）编写 HTML 页面，在页面中创建一个表单，用于上传用户头像。

（2）使用数组保存用户基本信息，并将其显示在头像上传表单中。

（3）在浏览器中访问用户注册页面，选择上传的文件后提交表单。

（4）通过 PHP 接收、处理上传文件信息，并同时显示上传的头像。

实现步骤

（1）编写用户上传头像页面

由于浏览器默认会将表单提交的数据当作字符串进行字节编码处理，因此，在上传文件时，需要将<form>表单的 enctype 属性设置为"multipart/form-data"，用于告诉浏览器，此表单内除了字符串外，还有文件数据，这时，浏览器会对文件数据单独进行二进制编码处理。而且，表单必须使用 POST 方式提交。

编写 PHP 文件 portrait.php，用于实现表单文件上传。实现代码如下：

```
1  <form action="" method="post" enctype="multipart/form-data">
2  上传头像：<input name="pic" type="file">
3  <input type="submit" value="保存头像">
4  </form>
```

在上述第 1 行代码中 action 的值为空时，表示将表单提交给当前文件处理，第 2 行代码用于设置文件上传域，实现表单文件上传。

（2）显示用户基本信息

假设在用户未设置头像时，头像的位置默认会显示一张图片，同时，在该页中还会显示用户的基本信息，如用户名。接下来继续编辑 portrait.php 文件，在上传表单上方使用 PHP 代码保存用户的基本信息。实现代码如下：

```
1  <?php
2      //保存当前登录用户的信息：id 和姓名
3      $info = array('id'=>234,'name'=>'王五');
4  ?>
5  <!--文件上传表单-->
```

在上述代码中，第 3 行代码通过 $info 保存了当前登录用户的信息，利用 ID 可以唯一标识该用户。当用户上传头像后，上传头像的文件名即可使用用户 ID 命名，从而就可以通过用户 ID 直接获取到用户的头像文件。下面继续编辑 portrait.php 文件，将 PHP 中定义的用户信息以友好的形式显示在 HTML 页面中。实现代码如下：

```
1  ……
2  <h2>编辑用户头像</h2>
3  <p>用户姓名：<?php echo $info['name'];?></p>
4  <p>现有头像：</p>
5  <img src="<?php echo './'.$info['id'].'.jpg?rand='.rand(); ?>"
onerror="this.src='./default.jpg'" />
6  <!--文件上传表单-->
```

上述第 5 行代码用于显示用户现有的头像，将<img>标签的 src 属性值设为使用用户 ID 保存的 jpg 格式的头像路径，当 src 属性指定的路径不存在时，利用 onerror 属性为<img>标签设置一个默认显示的用户头像路径。在浏览器中访问 portrait.php 文件，运行效果如图 5-1 所示。

在图 5-1 中，由于用户"王五"此时并没有上传头像，所以当前头像显示的是默认头像，即 default.jpg。当单击"选择文件"时，就可以从计算机中选择上传的头像，单击"保存头像"后，浏览器就可以将用户选择的上传文件传递给 PHP 服务器端进行详细的处理。

（3）查看接收的上传文件数据

由于 PHP 会将从表单中接收到的数据（除了上传文件），保存在超全局数组变量$_POST 中，而对于从表单中接收到的上传文件，服务器则会将其保存在服务器默认的上传文件的临时目录中。为此，PHP 中提供了超全局数组变量$_FILES 来获取临时文件中的信息，为了查看 PHP 是否收到了表单提交过来的上传文件，接下来编写程序将$_FILES 数组中的信息显示出来。具体代码如下：

```
//利用<pre></pre>标签使输出的内容含有空格和换行
echo '<pre>';
print_r($_FILES);//输出获取的上传文件信息
echo '</pre>';
```

在 portrait.php 文件的 PHP 代码中添加以上代码后，运行该文件，上传头像后，单击"保存头像"就可获得如图 5-2 所示的内容。

在图 5-2 中，name 表示上传文件的原始文件名，type 表示上传文件的类型，tmp_name 表示上传到服务器文件的临时保存位置，error 表示错误及其类型，size 表示文件大小，单位是字节（Byte）。

图 5-1　上传用户头像

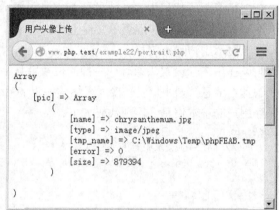

图 5-2　上传文件信息展示

值得一提的是，$_FILES 数组中的 error 有 7 个值，分别为 0、1、2、3、4、6、7。0 表示上传成功，1 表示文件大小超过了 php.ini 中 upload_max_filesize 选项限制的值；2 表示文件大小超过了表单中 max_file_size 选项指定的值；3 表示文件只有部分被上传；4 表示没有文件被上传；6 表示找不到临时文件夹；7 表示文件写入失败。

（4）接收并处理上传图像

因为被保存在临时文件中的上传文件信息的保存期限为脚本周期，即 PHP 文件执行的周期。当该周期结束时，临时文件就会被释放，所以，需要使用 PHP 提供的 move_uploaded_file（临时文件，目标文件地址）函数将临时文件保存到指定的目标文件地址中。

接下来将上一步中查看$_FILES 数组的代码删除，继续编辑 portrait.php 文件，在 PHP 中实现对用户上传头像的接收与处理。实现代码如下：

```
1  ......
2  //判断是否上传头像
3  if(!empty($_FILES['pic'])){
4    //获取用户上传文件信息
5    $pic_info = $_FILES['pic'];
6    //判断文件上传到临时文件时是否出错
7    if($pic_info['error'] >0){
8      $error_msg = '上传错误:';
9      switch($pic_info['error']){
```

```
10        case 1: $error_msg .= '文件大小超过了 php.ini 中 upload_ max_ filesize
          选项限制的值！ ';
11              break;
12        case 2: $error_msg .= '文件大小超过了表单中 max_file_size 选项指定的值!
                           '; break;
13        case 3: $error_msg .= '文件只有部分被上传! '; break;
14        case 4: $error_msg .= '没有文件被上传! '; break;
15        case 6: $error_msg .= '找不到临时文件夹! '; break;
16        case 7: $error_msg .= '文件写入失败! '; break;
17        default: $error_msg .='未知错误! '; break;
18    }
19    echo $error_msg;
20    return false;
21  }
22  //获取上传文件的类型
23  $type = substr(strrchr($pic_info['name'],'.'),1);
24  //判断上传文件类型
25  if($type !== 'jpg'){
26    echo '图像类型不符合要求，允许的类型为:jpg';
27    return false;
28  }
29  //使用用户 ID 为上传文件命名
30  $new_file = $info['id'].'.jpg';
31  //设置上传文件保存路径
32  $filename = './'.$new_file;
33  //头像上传到临时目录成功，将其保存到脚本所在目录下的 img 文件夹中
34  if(!move_uploaded_file($pic_info['tmp_name'],$filename)){
35    echo '头像上传失败';
36    return false
37  }
38 }
39 ......
```

从上述代码可知，使用第 3 行代码判断表单是否提交，若没有提交，则不执行第 4~37 行代码。当用户提交表单后，首先利用第 6~21 行代码判断头像上传到临时文件中是否出错，若出错，则输出相应的提示信息，并停止执行以下代码。否则，通过 22~28 行代码判断上传头像的类型是否是 jpg 格式的图像，若不是则返回 false，程序终止执行；若是 jpg 格式的图像，则接下来利用用户 ID 为上传的用户头像命名，最后通过第 33~37 行代码将用户头像文件移动到当前文件所在目录中。

（5）查看运行结果

在浏览器中访问该 PHP 文件，单击"选择文件"上传用户头像，当单击"保存头像"时，在现有头像后就会显示刚刚上传的用户头像，程序运行结果如图 5-3 左图所示。

从图 5-3 左图可知，用户上传的头像已经正确地显示在了现有头像处。为了验证该用户头像已经正确地保存到了当前文件所在的目录中，打开文件夹 example22，可以看到在该文件夹中存在一个 234.jpg 的图片，如图 5-3 右图所示。而在第（2）步第 3 行代码中，保存的用户 ID 就为 234，因此说明用户头像上传成功。

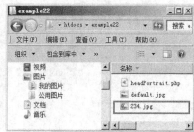

图 5-3　成功上传用户头像

知识点讲解

1．文件上传表单

在表单中，要想实现文件上传，需要将 enctype 属性的值设置为 "multipart/form-data"，让浏览器知道在表单信息中除了其他数据外，还有上传的文件数据，而浏览器会将表单提交的数据（除了文件数据外）进行字符编码，并单独对上传的文件进行二进制编码。又因为在 URL 地址栏上不能传输二进制编码数据，所以要想实现文件上传表单，必须将表单提交方式设置为 POST 方式。具体示例如下：

```
<form method="post" enctype="multipart/form-data">
    <input type="file" name="upload">
    <input type="submit">
</form>
```

值得一提的是，要想在服务器端获取上传文件信息，还需要为上传文件设置 name 属性。

2．处理上传文件

PHP 默认将表单上传的文件保存到服务器系统的临时目录下，该临时文件的保存期为脚本的周期，所谓脚本周期就是执行 PHP 文件所需的时间。在处理表单的文件中，可以通过 sleep(seconds)函数延迟 PHP 文件执行的时间，在 "C:\Windows\Temp" 目录中查看临时文件，如图 5-4 所示。

从图 5-4 可以看出，当提交表单后，在目录 "C:\Windows\Temp" 中生成了一个临时文件，当 PHP 执行完毕后，图中方框内的临时文件就会被释放掉。

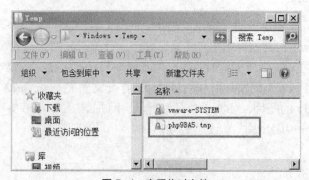

图 5-4　查看临时文件

为此，PHP 提供了超全局数组$_FILES 保存上传的临时文件信息，下面就可以使用move_uploaded_file(临时文件，目标文件地址)函数，将临时文件保存到我们为其指定的目标文件地址中。

3．获取上传文件信息

在 PHP 获取上传文件时，使用$_FILES 二维数组来存储上传文件的信息，该数组的一维保存的是上传文件的名字，二维保存的是该上传文件的具体信息，如下列代码所示：

```
echo $_FILES['upload']['name'];      //输出上传文件名称: chrysanthemum.jpg
echo $_FILES['upload']['size'];      //输出上传文件大小: 879394
echo $_FILES['upload']['error'];     //输出上传文件结果: 0（表示成功）
echo $_FILES['upload']['type'];      //输出上传文件类型: image/jpeg
//输出上传后临时文件名: C:\Windows\Temp\phpCF84.tmp
echo $_FILES['upload']['tmp_name'];
```

4．判断上传文件类型

在实际开发中，经常需要对用户上传的文件类型进行判断，例如，在电子商务网站中，只允许用户上传 jpg、png 和 gif 格式的商品图片，那么在处理上传文件时，就需要对上传文件的类型进行判断，如下列代码所示：

```
//获取上传文件的类型
$type = $_FILES['upload']['type'];
//允许上传文件的类型
$allow_type = array('image/jpeg','image/png','image/gif');
//判断上传文件类型
if(!in_array($type,$allow_type)){
    echo '图像类型不符合要求，允许的类型为:'.implode(",", $allow_type);
    return false;
}
```

在上述代码中，由于允许上传的文件类型是多个，因此使用数组$allow_type 进行保存，并使用 in_array()函数判断当前上传文件的类型是否在$allow_type 数组中，若不在数组中，则显示允许上传的图片类型。另外，数组$allow_type 中的元素是 MIME 类型，而 MIME 类型指的是 Internet 内容类型描述的事实标准，"/"前面的部分表示数据的大类别，如图像 image、声音 audio 等，后面的部分表示大类别下的具体类型。

5.2【案例 23】 生成缩略图

案例分析

1．需求分析

在用户头像上传时，由于每个用户的喜好不同，从而选择的头像不同，那么就会出现用户上传的头像大小也不等的情况。为此，PHP 中提供了图像技术，可以通过制作缩略图来解决这类问题。接下来就在【案例 22】的基础上，为用户上传的头像制作固定大小的缩略图，从而掌握 PHP 中缩略图制作的相关知识。

2．设计思路

（1）获取用户上传图像的宽度和高度。

（2）根据缩略图设定的最大宽度和高度以及原图大小，计算上传头像缩略图的宽和高。

（3）利用 PHP 提供的函数，依据用户上传头像的原图创建缩略图。

（4）将创建好的缩略图保存到指定目录文件中。

实现步骤

（1）获取上传头像的宽和高

在 PHP 中，getimagesize()函数用于获取图像的宽和高，且此函数的返回值是数组类型。下面通过修改【案例 22】实现步骤的第（4）步中的第 29~37 行程序代码，来获取用户上传图像的宽和高。实现代码如下：

```
1  //获取图像信息数组
2  $img_info = getimagesize($pic_info['tmp_name']);
3  //从数组中获取宽和高
4  $width = $img_info[0];
5  $height = $img_info[1];
```

在上述代码中，变量$pic_info['tmp_name']是用户上传图像的临时路径，利用 getimagesize()函数就可以返回一个包含该图像宽和高的数组，其中，数组的第 1 个元素存放的是图像宽度的像素值，第 2 个元素中存放的是图像高度的像素值。

值得一提的是，通过 list()可以将数组中的元素直接赋值给一组变量。实现代码如下：

```
1  //获取原图图像大小
2  list($width, $height) = getimagesize($pic_info['tmp_name']);
```

从上述代码可知，通过 list()可以将图像的宽和高赋值给变量$width 和$height 分别保存。需要注意的是，list()实际上不是函数，而是一种语言结构，它只用于数字索引数组，且假定从数组中的第一个元素开始为变量赋值。

（2）计算缩略图的宽和高

假定缩略图的最大宽度和高度都为 90 像素，根据判断原图的宽和高大小，求出缩略图的宽和高。继续编辑以上 PHP 文件，从而得到缩略图宽和高的像素值。实现代码如下：

```
1  //设置缩略图的最大宽度和高度
2  $maxwidth = $maxheight= 90;
3  //自动计算缩略图的宽和高
4  if($width > $height){
5      //缩略图的宽等于$maxwidth
6      $newwidth = $maxwidth;
7      //计算缩略图的高度
8      $newheight = round($newwidth*$height/$width);
9  }else{
10     //缩略图的高等于$maxheight
11     $newheight = $maxheight;
12     //计算缩略图的宽度
13     $newwidth = round($newheight*$width/$height);
14 }
```

在上述代码中，通过第 4 行代码判断，可以看出原图中宽和高哪个边更大，接着将最大边设置为缩略图允许的最大宽度或高度，最后根据原图比例求出缩略图的高度或宽度。

（3）依据原图制作缩略图

PHP 中使用图像技术创建缩略图，首先要用 imageCreateTrueColor()函数创建一个画布，所谓画布，相当用于绘画时使用的画纸。接着使用 imagecopyresized()函数依据原图绘制缩略

图，其中，imagecopyresized()函数使用的原图的数据类型必须是资源类型，因此需要使用 PHP
提供的 imagecreatefromjpeg()函数创建一个与原图一样的资源类型的图像。

继续编辑以上 PHP 文件，实现依据原图制作缩略图的功能。实现代码如下：

```
1   //绘制缩略图的画布
2   $thumb = imagecreatetruecolor($newwidth,$newheight);
3   //依据原图创建一个与原图一样的新的图像
4   $source = imagecreatefromjpeg($pic_info['tmp_name']);
5   //依据原图创建缩略图
6   /**
7    *@param $thumb 目标图像
8    *@param $source 原图像
9    *@param 0,0,0,0 分别代表目标点的 x 坐标和 y 坐标，源点的 x 坐标和 y 坐标
10   *@param $newwidth 目标图像的宽
11   *@param $newheight 目标图像的高
12   *@param $width 原图像的宽
13   *@param $height 原图像的高
14   */
15  imagecopyresized($thumb, $source, 0, 0, 0, 0, $newwidth, $newheight,
    $width, $height);
```

在上述代码中，imagecopyresized()函数用于拷贝原图像到创建好的缩略图画布上。若原
图像的宽和高与缩略图的宽和高不同，则原图像就会进行相应的收缩和拉伸，从而在缩略图
画布上创建出一个与其大小相同的图像。其中，"0, 0, 0, 0,"分别表示的是缩略图与原图的左
上角坐标。

（4）将缩略图保存到指定目录

缩略图创建完成后，就可以使用 PHP 中提供的 imagejpeg()函数输出一个 JPEG 格式的图
片到浏览器或保存到指定文件中。其中，imagejpeg()函数的第 1 个参数表示要输出的图片资
源，第 2 个参数表示指定的文件路径，若省略则表示将图片输出到浏览器中，最后 1 个参数
表示输出图片的质量，取值范围是 0~100，0 表示质量最差，100 表示质量最好。

继续编辑以上 PHP 文件，将缩略图保存到当前目录中。实现代码如下：

```
1   //设置缩略图保存路径
2   $new_file = './'.$info['id'].'.jpg';
3   //保存缩略图到指定目录
4   imagejpeg($thumb,$new_file,100);
```

从上述代码可知，将一个以用户 ID 命名的缩略图保存到了当前文件的目录中。值得一提
的是，若要将此缩略图直接输出到浏览器中，在调用函数 imagejpeg()前，需要告诉浏览器下
面将要输出的是 jpeg 格式的图片，实现代码如下：

```
header('Content-type: image/jpeg');
```

在上述代码中，"image/jpeg"表示输出的图像类型为 jpg 或 jpeg 格式。

（5）查看运行结果

在浏览器中访问该 PHP 文件，上传图片后，单击"保存头像"，在现有头像处就会显示
生成的缩略图，效果如图 5-5 左图所示。

从图 5-5 左图可以看出，使用缩略图显示用户头像成功。为了检测使用 PHP 生成的缩略
图大小不能大于 90 像素，打开当前文件保存的位置，找到缩略图，右键单击"属性"，选择
"详细信息"，找到图像，查看图像的尺寸、宽度和高度，如图 5-5 右图所示，表示利用图像
技术生成的头像缩略图成功。

图 5-5　生成头像缩略图

知识点讲解

1. GD 库简介

GD 库是处理图像的扩展库，它提供了一系列用来处理图像的 API，使用 GD 库可以生成缩略图、验证码和对图片添加水印等。但由于不同的 GD 库版本支持的图像格式不完全一样，因此，从 PHP 的 4.3 版本开始，PHP 捆绑了其开发团队实现的 GD2 库。它不仅支持 GIF、JPEG、PNG 等格式的图像文件，还支持 FreeType、Type1 等字体库。

在 PHP 中，要想使用 GD2 库，需要打开 PHP 的配置文件 php.ini，删除文件里";extension=php_gd2.dll"选项中的分号";"，然后保存修改后的配置文件，并重新启动 Apache 服务器即可启动 GD 函数库。要想验证 GD 库是否开启成功，可以通过函数 phpinfo()查看，具体代码如下：

```php
<?php
    phpinfo();// 输出 PHP 配置信息
```

运行以上 PHP 文件，效果如图 5-6 所示。

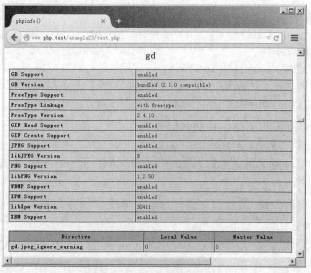

图 5-6　查看 GD 库信息

当运行结果如图 5-6 显示的内容时，证明在 PHP 配置文件中开启 GD 库成功。

2．生成缩略图

对于网站前端上传的图片，在后台处理时有必要对其进行缩放，生成大小统一的缩略图。而在 PHP 中生成缩略图的主要步骤有获取原图像的大小、计算缩略图大小、创建画布和生成缩略图，接下来将对每个步骤进行详细讲解。

（1）获取原图像的大小

对于上传或给定路径的图像，在 PHP 中可以使用 getimagesize()函数获取图像大小，如下列代码所示：

```
$img = "./default.jpg";           //原图像路径
//输出结果: Array ( [0] => 122 [1] => 118 ......)
print_r(getimagesize($img));
```

从上述代码可知，当知道原图像的路径时可以使用 getimagesize()函数获取图像的大小，其中，返回数组中的下标为 0 的元素表示图像的宽，下标为 1 的元素表示图像的高。

（2）计算缩略图大小

假设原图像的宽和高分别使用变量$width 和$height 来表示，下面就可以通过缩放比例来获取缩略图的大小，如下列代码所示：

```
//第 1 种方式
$percent = 0.2;                     //定义缩略图的缩放比例
$thu_width = $width * $percent;     //计算缩略图的宽
$thu_height = $height * $percent;   //计算缩略图的高
//第 2 种方式
$thu_width = 100;                   //定义缩略图的宽
$thu_height = $thu_width*$height/$width;//计算缩略图的高
```

（3）创建画布

画布可以理解为绘画时使用的画纸，因此，在生成缩略图前需要使用 PHP 提供的函数创建画布，如下列代码所示：

```
//第 1 种方式：新建画布
$thumb1 = imagecreate(100, 50);                    //基于调色板 256 方式创建
$thumb2 = imagecreatetruecolor(100, 50);           //真色彩方式创建
//第 2 种方式：基于已有图片创建画布
$thumb = imagecreatefromjpeg("./default.jpg"); //基于已有的 jpg 图片创建
```

在上述代码中，imagecreate()函数用于创建基于普通调色板的图像，只能支持 256 色，而 imagecreatetruecolor()函数创建的画布，支持的色彩比较丰富，但不支持 GIF 格式。

另外，基于已有图片创建画布的函数还有很多，通常根据已有图片的类型，从而选择使用不同的函数。例如，已知一个 png 格式的图片，则需要使用 imagecreatefrompng()函数来创建画布。但是它们的使用方式基本相同，这里不再一一列举，读者可根据实际情况查找手册进行学习或研究。

（4）生成缩略图

PHP 中 imagecopyresized()函数可以实现缩略图的生成，如下列代码所示：

```
imagecopyresized($dst,$src,0, 0, 0, 0, $dst_width, $dst_height, $src_width,
$src_height);
```

在上述代码中，$dst 表示目标图像，$src 表示原图像，"0,0,0,0"依次表示目标图像和原图像的横坐标和纵坐标，$dst_width 和$dst_height 表示目标图像的宽和高，$src_width 和$src_height 表示原图像的宽和高。因此，上述代码表示从原图像的原点坐标(0,0)位置开始，按照目标图像宽和高的比例对原图像进行缩放，并将其拷贝到目标图像的原点(0,0)位置。

5.3 【案例 24】 图片添加水印

案例分析

1．需求分析

在实际网站中，为了保证网站中所上传的图片不被他人盗用，经常需要在所上传的图片中添加水印。由于在上面的案例中，已经讲解了如何在 PHP 中接收并处理上传图片，接下来在此案例中将直接讲解如何给图片添加水印。

2．设计思路

（1）获取原图与水印图片的信息。

（2）计算水印图片在原图中的位置。

（3）利用 PHP 提供的函数生成水印图片。

（4）输出原图与添加水印后的图片。

实现步骤

（1）准备工作

由于在实际的网站中，需要重复多次地为上传图片添加水印，因此，接下来就通过自定义函数的方式来实现此功能，并通过给此函数传递参数的方式来获取原图、水印图片的信息，确认添加水印的位置以及生成水印图片的存储路径。其中，假设该网站只允许上传的图片格式为 jepg、png 和 gif 类型，编写 PHP 文件 water.php，实现代码如下：

```
1  /**
2   * 添加水印功能
3   * @param string $source 原图
4   * @param string $water 水印图片
5   * @param int $postion 添加水印位置，1 表示左上角
6   * @param string $path 水印图片存放路径，默认为空，表示在当前目录
7   */
8  function watermark($source,$water,$postion = 1,$path = ''){
9      //设置水印图片名称前缀
10     $waterPrefix = 'water_';
11     //图片类型和对应创建画布资源的函数名
12     $from = array(
13         'image/gif'  => 'imagecreatefromgif',
14         'image/png'  => 'imagecreatefrompng',
15         'image/jpeg' => 'imagecreatefromjpeg'
16     );
17     //图片类型和对应生成图片的函数名
18     $to = array(
19         'image/gif'  => 'imagegif',
20         'image/png'  => 'imagepng',
21         'image/jpeg' => 'imagejpeg'
22     );
23  }
```

在上述代码中，自定义函数 watermark()实现了添加水印的功能。另外，上传的原图与水

印图片的图片格式不确定，因此需要通过图片的 MIME 类型来确定创建画布资源的函数名和最后添加水印后生成的图片格式的函数名。

（2）获取图片信息

通过 watermark()函数传递的原图与水印图片参数值，然后利用 getimagesize()函数就可获取到对应的图片信息数组，从而即可得到图片的宽、高和 MIME 类型，接着将从数组$from 中取得创建画布的函数名称，并将其赋值给变量，最后使用可变函数来创建画布资源。其中，可变函数就是一个变量名后有圆括号的函数，PHP 将寻找与变量的值同名的函数，并且尝试执行它。

继续编辑 watermark()函数，获取图片的相关信息。实现代码如下：

```
1  //获取原图和水印图片信息数组
2  $src_info = getimagesize($source);
3  $water_info = getimagesize($water);
4  //从数组中获取原图和水印图片的宽和高
5  list($src_w, $src_h) = $src_info;
6  list($wat_w, $wat_h) = $water_info;
7  //获取各图片对应的创建画布函数名
8  $src_create_fname = $from[$src_info['mime']];
9  $wat_create_fname = $from[$water_info['mime']];
10 //使用可变函数来创建画布资源
11 $src_img = $src_create_fname($source);
12 $wat_img = $wat_create_fname($water);
```

从上述代码可以看出，当用户上传的原图是 jpeg 格式的图片时，它的 MIME 类型（即第 8 行代码中$src_info['mime']）的值就为“image/jpeg”，从而可知变量$src_create_fname 的值为“imagecreatefromjpeg”。当执行第 11 行代码时，PHP 会将此变量的值作为函数名称去执行（即 imagecreatefromjpeg($source)），从而就可根据用户上传的图像，来创建资源类型的画布。

（3）设置水印位置

根据前面获取到的原图与水印图片的宽和高计算水印的位置，默认水印的位置是原图的右下方，继续编辑 watermark()函数，设置水印图片在原图中的位置。实现代码如下：

```
1  //水印位置
2  switch ($postion) {
3      case 1: //左上
4          $src_x = 0;
5          $src_y = 0;
6          break;
7      case 2: //右上
8          $src_x = $src_w - $wat_w;
9          $src_y = 0;
10         break;
11     case 3: //中间
12         $src_x = ($src_w - $wat_w)/2;
13         $src_y = ($src_h - $wat_h)/2;
14         break;
15     case 4: //左下
16         $src_x = 0;
17         $src_y = $src_h - $wat_h;
18         break;
19     default: //右下
20         $src_x = $src_w - $wat_w;
```

```
21          $src_y = $src_h - $wat_h;
22          break;
23 }
```

从上述代码可知，根据函数 watermark()传递的参数$postion 来判断水印图片的位置，当调用函数不传递此参数时，默认设置为左上角。其中，当水印图片不在左上角时，水印位置坐标的计算要考虑水印图片的宽和高。例如，第 7~10 行代码，当水印图片的位置在右上角时，横坐标需要原图的宽度减去水印图片的宽度，纵坐标为 0 时，水印图片才能在原图的右上角完整地显示。

（4）添加水印

由于添加水印的本质就是对图像的复制，因此，需要借助复制图像的函数 imagecopy()来完成，继续编辑 watermark()函数，实现图片添加水印的功能。实现代码如下：

```
1 /**
2  * 将水印图片添加到目标图标上
3  * @param resource $src_img 原图像资源
4  * @param resource $wat_img 水印图像资源
5  * @param int $src_x 水印图片在原图像中的横坐标
6  * @param int $src_y 水印图片在原图像中的纵坐标
7  * @param int 0, 0 水印图片的横坐标和纵坐标
8  * @param int $wat_w 水印图片的宽
9  * @param int $wat_h 水印图片的高
10 */
11 imagecopy($src_img, $wat_img, $src_x, $src_y, 0, 0, $wat_w, $wat_h);
```

上述第 11 行代码，表示从水印图片$wat_img 的(0,0)位置开始，拷贝宽度为$wat_w，高度为$wat_h 的部分图像到原图像$src_img 的($src_x,$src_y)位置上。

（5）输出添加水印后的图片到指定目录中

水印添加完成后，根据原图的 MIME 类型从第（1）步定义的$to 数组中，就可获取输出图片格式的函数名称。继续编辑 watermark()函数，输出图片到指定目录。实现代码如下：

```
1 //生成带水印的图片路径
2 $waterfile = $path.$waterPrefix.$source;
3 //获取输出图片格式的函数名
4 $generate_fname = $to[$src_info['mime']];
5 //判断将添加水印后的图片输出到指定目录是否正确
6 if ($generate_fname($src_img,$waterfile)){
7     //有条理地输出原图像与加水印后的图像
8     echo "<table><tr><th>为图片添加水印</th></tr>";
9     echo "<tr><td>原 图 像: </td><td><img src='".$source."' /> </td> </tr>";
10    echo "<tr><td>加水印后: </td><td><img src='".$waterfile."' /></td>
       </tr></table>";
11}else{
12    echo "输出水印图片到指定目录出错！";
13    return false;
14 }
```

在上述代码中，第 4 代码行用于获取输出图片的函数名，然后执行第 6 行代码，判断输出添加水印后的图片到指定目录中是否正确，若正确，则执行第 7~10 代码，以表格形式显示并对比原图与添加水印后的图片效果；若不正确，则执行第 12 行的错误提示信息。

（6）调用函数

为图片添加水印的功能函数编写完成后，要想让此功能生效，还需要调用该函数。接下

来继续编辑 PHP 文件 water.php，调用 watermark()函数，实现图片水印的添加。实现代码如下：

```
1  //使用变量保存原图片与水印图片路径
2  $source = 'class.jpg';
3  $water = 'logo.gif';
4  //调用函数，显示原图与添加水印后的图片
5  watermark($source,$water);
```

上述第 4~5 行代码用于调用 watermark()函数。其中，第 1~3 行代码用于定义 watermark() 函数的参数变量。当编写完成后，程序运行结果如图 5-7 左图所示。

图 5-7　图片添加水印

从图 5-7 左图显示效果可以看出，水印图像传智播客的 LOGO 清晰地显示在了原图像的左上角的位置，当调用 watermark()函数时，将其第 3 个参数的值设为 3 时，此 LOGO 就会显示在原图的正中间的位置，如图 5-7 右图所示。

知识点讲解

1. 获取图片信息

不论是生成缩略图还是图片添加水印，都需要使用 getimagesize()函数获取图片的信息，然后才能对图片进行操作，下面打印通过 getimagesize()函数获取的图像信息数组，如下列代码所示：

```
echo '<pre>';
print_r(getimagesize('./class.jpg'));
echo '</pre>';
```

在上述代码中，利用<pre>标签可以有条理地显示从 getimagesize()函数中获取的图片信息，显示结果如下列代码所示：

```
Array
(
    [0] => 559                        //图像宽度的像素值
    [1] => 302                        //图像高度的像素值
    [2] => 2                          //图像的类型，返回的是数字
    //宽度和高度的字符串，可以直接用于 HTML 的<image>标签
    [3] => width="559" height="302"
    [bits] => 8                       //图像的每种颜色的位数，二进制格式
    [channels] => 3                   //图像的通道值，RGB 图像默认是 3
```

```
    [mime] => image/jpeg              //图像的 MIME 信息
)
```

在上述代码中，数组中第 3 个元素利用数字表示图像的类型，共有 16 个值。其中常用的有，1 表示 GIF，2 表示 JPG，3 表示 PNG，其他数字表示的含义不再一一列举，感兴趣的读者查看手册了解即可。

2．添加半透明水印

对于 PHP 来说，不仅可以设置图片水印，还可以使用 imagecopymerge()函数来设置图片水印的透明效果，修改【案例 24】中实现步骤第（4）步中的第 11 行代码如下：

```
imagecopymerge ($src_img, $wat_img, $src_x, $src_y, 0, 0, $wat_w, $wat_h, 50);
```

在上述代码中，imagecopymerge()函数的最后一个参数用于设置图片水印的透明度，其取值范围为 0~100。当透明度设置为 0 时，相当于对图片没有进行处理，看不出效果。当设置为 100 时，相当于没有给图片水印设置透明度，其效果与 imagecopy()函数完全一样。另外，imagecopymerge()函数的其他参数与 imagecopy()函数的参数含义相同，读者可参考【案例 24】实现步骤第（4）步中注释，这里不再赘述。

按照上述代码修改后，运行该 PHP 文件，程序运行效果如图 5-8 所示。

对比图 5-7 左图与图 5-8 可知，使用 imagecopymerge()函数设置图片半透明水印使生成的图片看去更加地自然。

图 5-8　图片半透明水印

3．添加文字水印

PHP 中除了可以添加图片水印外，还可以添加文字水印，接下来修改【案例 24】，首先删除所有与图片水印相关的代码，然后在生成水印图片前添加以下几行代码即可，具体如下：

```php
//设置字体样式
$font_style = 'C:\Windows\Fonts\simsun.ttc;'
/**
 * 设置字体颜色
 * @param resource $src_img 图像资源
 * @param int 0xff 所需要颜色的红色成分
 * @param int 0x00 所需要颜色的绿色成分
 * @param int 0xff 所需要颜色的蓝色成分
 */
$color = imagecolorallocate($src_img, 0xff, 0x00, 0xff);
/**
 * 生成文字水印
 * @param resource $src_img 原图像资源
 * @param int 30  文字大小
 * @param int 0   文字水印在原图像中的角度
 * @param int 0,35  文字水印在原图像中的横坐标和纵坐标
 * @param int $color 文字水印的字体颜色
 * @param string $font_style  文字水印的字体样式
 * @param string '快乐学习 PHP' 文字水印的文本
 */
imagefttext($src_img, 30, 0, 0,35, $color, $font_style, '快乐学习 PHP');
```

在上述代码中，imagecolorallocate()函数表示为原图像资源$src_img 分配 RGB 成分组成的颜色。函数 imagefttext()用于生成文字水印。按照上述代码修改完成后，运行该 PHP 文件，程序运行效果如图 5-9 所示。

从图 5-9 可以看出，为图片添加"快乐学习 PHP"的文字水印成功。

图 5-9　文字水印

5.4【案例 25】　验证码生成与验证

案例分析

1．需求分析

在登录网站时，为了提高网站的安全性，避免用户"灌水"等行为，经常需要输入各种各样的验证码。通常情况下，验证码是图片中的一个字符串（数字或英文字母），用户需要识别其中的信息，才能正常登录。接下来，通过 PHP 实现用户登录中验证码的生成与验证功能。

2．设计思路

（1）编写 HTML 页面，在页面中创建一个表单，用于输入用户登录信息和验证码。

（2）使用 PHP 提供的图像技术生成验证码。

（3）利用学过的 Session 技术验证用户提交的验证码。

（4）使用 JavaScript 技术在不刷新页面的情况下，更换验证码，优化用户体验。

实现步骤

（1）编写用户登录页面

创建一个 login.html 文件，在此文件中编写用户登录表单。关键部分的代码如下：

```
1  <form action="checkLogin.php" method="post">
2     用户名: <input type="text" name="username" value=""/>
3     密  码: <input type="password" name="password" value="" />
4     验证码: <input type="text" name="captcha" /><img src="code.php"/>
5     <input type="submit" value="登录" />
6  </form>
```

上述第 4 行代码中，<img>标签用于显示 code.php 文件中生成的验证码图片。

（2）初始化变量

PHP 中验证码的生成相当于在一个图片中画入随机生成的字符串。在生成验证码前，首先需要设置验证码图片的宽度和高度，以及验证码码值的长度与字体的大小，才能使用 PHP 提供的函数生成验证码。编写 PHP 文件 code.php，用于设置生成验证码所需的变量。实现代码如下：

```php
1 <?php
2 $img_w=70;        //初始化验证码图片的宽
3 $img_h=22;        //初始化验证码图片的高
4 $char_len = 5;    //初始化验证码码值的长度
5 $font=5;          //初始化验证码码值的字体大小
```

（3）生成验证码的码值

继续编辑 code.php 文件，利用数组函数从字符 A~Z、a~z 和数字 1~9 随机码值。实现代码如下：

```php
1 //生成码值数组,不需要 0，避免与字母 o 冲突
2 $char = array_merge(range('A','Z'), range('a','z'),range(1, 9));
3 //随机获取$char_len 个码值的键
4 $rand_keys = array_rand($char, $char_len);
5 //判断当码值长度为 1 时，将其放入数组中
6 if ($char_len == 1) {
7     $rand_keys = array($rand_keys);
8 }
9 //打乱随机获取的码值键的数组
10 shuffle($rand_keys);
11 //根据键获取对应的码值，并拼接成字符串
12 $code = '';
13 foreach($rand_keys as $key) {
14     $code .= $char[$key];
15 }
16 //将获取的码值字符串保存到 Session 中
17 @session_start();
18 $_SESSION['captcha_code'] = $code;
```

上述第 1~15 行代码用于随机生成验证码的码值，第 17~18 行代码将生成的码值保存到 Session 中，用于当用户登录时，对用户输入的验证码进行判断。

（4）为验证码图片设置背景色

当使用函数 imagecreatetruecolor()创建画布时，需要使用 imagefill()函数对画布进行背景色填充。其中，此函数的第 1 个参数表示图像资源，第 2 个和第 3 个参数表示图像资源中的横坐标和纵坐标，最后一个参数表示填充的颜色。继续编辑 code.php 文件，按照第（2）步中指定的验证码图片的大小创建一个画布，并为其添加背景色。实现代码如下：

```php
1 //生成画布
2 $img = imagecreatetruecolor($img_w, $img_h);
3 //为画布分配颜色
4 $bg_color = imagecolorallocate($img, 0xcc, 0xcc, 0xcc);
5 //设置画布背景色
6 imagefill($img, 0, 0, $bg_color);
```

（5）为验证码图片设置干扰元素

在实际网站中，验证码中经常会设置不同颜色的点、线等干扰元素，那么要想在验证码图片上绘制干扰点，可以使用 PHP 中提供的 imagesetpixel()函数，它的第 1 个参数表示图像资源，第 2 个和第 3 个参数表示在图像中的横坐标和纵坐标，最后 1 个参数用于设置点的颜色。

继续编辑 code.php 文件，为验证码图片添加干扰点。实现代码如下：

```
1  //为验证码图片生成多个干扰点
2  for($i=0; $i<=300; ++$i) {
3      //随机为画布分配颜色
4      $color = imagecolorallocate($img, mt_rand(0, 255), mt_rand(0, 255),
        mt_rand(0, 255));
5      //在$img 图像上随机绘制一个点
6      imagesetpixel($img, mt_rand(0, $img_w), mt_rand(0, $img_h), $color);
7  }
```

从上述代码可以看出，利用 mt_rand()函数可以随机生成干扰点的 RGB 颜色，以及干扰点绘制在图像中的位置坐标。

（6）为验证码图片绘制边框

为了使生成的验证码图片更加清晰，可以使用 PHP 提供的 imagerectangle ($image,$x1，$y1,$x2,$y2,$col)函数绘制。其中，$image 表示图像资源，"$x1,$y1"表示矩形左上角的位置坐标，"$x2,$y2"表示矩形右下角的位置坐标，$col 表示绘制矩形边框的颜色。

继续编辑 code.php 文件，为验证码图片绘制边框。实现代码如下：

```
1  //为验证码边框分配颜色
2  $rect_color = imagecolorallocate($img, 0xff, 0xff, 0xff);
3  //绘制验证码图片边框
4  imagerectangle($img, 0, 0, $img_w-1, $img_h-1, $rect_color);
```

由于图片的坐标是从 0 开始的，因此在上述第 4 行代码中，需要通过计算图片的宽和高减 1 来求得验证码图片的右下角坐标值。

（7）生成验证码

要想将第(3)步中生成的码值绘制到验证码的图片中，需要使用 PHP 提供的 imagestring()函数。另外，在此之前，为了将码值绘制到图片的中间位置，还需要利用 imagefontwidth()和 imagefontheight()函数获取验证码码值的宽和高，然后再与验证码图片的宽和高结合来计算码值在图片中的位置坐标。

继续编辑 code.php 文件，生成验证码。实现代码如下：

```
1  //设定字符串颜色
2  $str_color = imagecolorallocate($img, mt_rand(0, 100), mt_rand(0, 100),
    mt_rand(0, 100));
3  //根据设定的字体获取单个字符的宽和高
4  $font_w = imagefontwidth($font);
5  $font_h = imagefontheight($font);
6  //验证码的码值总宽度 = 单个字符宽度 × 字符个数
7  $str_w = $font_w * $char_len;
8  //将码值写入验证码图片中
9  imagestring($img, $font, ($img_w-$str_w)/2, ($img_h-$font_h)/2, $code,
    $str_color);
```

上述第 9 行代码中，$img 表示验证码图片资源；$font 表示字体大小，当其为内置字体时，其值可以为 1~5 的整数，值越大，则字体越大；而(img_w-str_w)/2 和 (img_h-font_h)/2 则表示$code 画到$img 上的位置坐标；$code 表示要画到$img 上的字符串，$str_color 用于设置字体颜色。

（8）输出验证码图片

完成验证码的生成后，可以利用 PHP 提供的 imagepng()函数输出一个体积较小的图片。

继续编辑 code.php 文件，输出验证码图片。实现代码如下：

```
1  //设置输出验证码图片的格式
2  header('Content-Type: image/png');
3  //输出验证码
4  imagepng($img);
5  //销毁画布
6  imagedestroy($img);
```

在上述代码中，通过第 1 行代码告知浏览器要输出
的图片格式，第 4 行代码用于输出 png 格式的图片。另
外，可以通过第 6 行代码释放掉与$img 相关的内存资源。

此时，访问 login.html 文件，就可以看到生成的验证
码图片，如图 5-10 所示。

从图 5-10 可以看出，code.php 文件生成的验证码已
经正确地显示在用户登录页面中。当用户看不清验证码
时，可以通过刷新网页更新验证码。

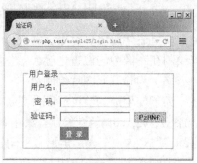

图 5-10　验证码的生成

（9）验证码的验证

当用户填写完登录信息，单击"登录"后，程序会自动执行<form>标签中的 action 属性，
去指定的文件（checkLogin.php）中接收并处理用户的登录信息。其中，关于用户名与密码的
验证读者可参考【案例 20】中的讲解，这里不再赘述。接下来编辑 PHP 文件 checkLogin.php，
实现验证码的验证。实现代码如下：

```
1  <?php
2     header("Content-Type:text/html;charset=utf-8");
3     //开启 session
4     session_start();
5     //判断是否有表单提交
6     if(empty($_POST))  die('没有表单提交，程序退出');
7     //获取用户输入的验证码字符串
8     $code = isset($_POST['captcha']) ? trim($_POST['captcha']) : '';
9     //判断 Session 中是否存在验证码
10    if(empty($_SESSION['captcha_code'])) die('验证码已过期，请重新登录。');
11    //将字符串都转成小写然后再进行比较
12    if (strtolower($code) == strtolower($_SESSION['captcha_code'])){
13        echo '验证码正确';
14    } else{
15        echo '验证码输入错误';
16    }
17    //清除 Session 数据
18    unset($_SESSION['captcha_code']);
19    //跳转到登录页面
20    header('refresh:2;url=/example25/login.html');
21    die; //终止脚本
```

上述第 10 行代码用于防止用户直接访问该验证文件，从而导致 Session 中没有保存验证
码的情况发生。另外，出于安全考虑，在验证完成后，还需要使用第 18 行代码清除 Session
中的验证码信息。

（10）优化用户体验

虽然上述步骤已经实现了验证码的生成与验证，但是当用户想要更换验证码时，每次都

需要刷新网页,才能重新获取验证码,用户体验非常不好。接下来,修改 login.html 文件,将 <img>标签的 ID 属性值设为"code_img",并在该标签后添加以下的文字提示链接,使用户通过单击该链接即可更换验证码。

```
<a href="#" id="change">看不清,换一张</a><br/>
```

继续编辑 login.html 页面,在表单下方添加以下 JavaScript 代码:

```
1 <script>
2     var change = document.getElementById("change");
3     var img = document.getElementById("code_img");
4     change.onclick = function(){
5         //增加一个随机参数,防止图片缓存
6         img.src = "code.php?t="+new Date();
7         return false; //阻止超链接的跳转动作
8     }
9 </script>
```

上述第 6 行代码用于重新指定<img>标签中 src 属性的路径值,同时在该路径后传递一个随机参数,可以有效防止验证码图片的缓存,使用户每次都可以重新获取验证码。其中,第 2~3 行代码用于获取<img>标签与<a>标签的元素节点,通过该元素节点就可以对它的相关属性进行操作。

使用浏览器重新访问 login.html 页面,运行结果如图 5-11 所示。

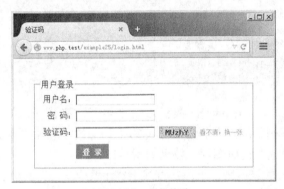

图 5-11 优化体验

从图 5-11 可以清晰地看出,当用户看不清验证码时,就可以通过单击"看不清,换一张"来更换验证码,有效地解决了用户每次都需要重新刷新页面的问题,优化了用户的使用体验。

知识点讲解

1. 验证码的生成

PHP 中生成验证码的本质就是在一个图片上绘制文本,而验证码上的干扰元素就是由在图片上添加背景色、绘制点、线、圆等图形构成的,接下来将对验证码中干扰元素以及文本的绘制函数进行详细的讲解。

(1)绘制干扰元素

在绘制验证码的干扰元素时,无论多么复杂的设计都离不开一些基本图形,例如,点、直线、矩形、圆等。只有掌握了这些最基本图形的绘制方式,才能绘制出各种独特风格的验证码干扰元素。在 GD 函数库中,提供了许多绘制基本图形的函数,具体如表 5-1 所示。

表 5-1　绘制基本图形的函数

函数声明	功能描述
imagesetpixel(resource $image, int $x, int $y, int $color)	绘制一个点，其中参数$x 和$y 用于指定该点的坐标，$color 用于指定颜色
imageline(resource $image, int $x1, int $y1, int $x2, int $y2, int $color)	用$color 颜色在图像$image 中从坐标（*x*1，*y*1）到（*x*2，*y*2）绘制一条线
imagerectangle(resource $image, int $x1, int $y1, int $x2, int $y2, int $color)	用$color 颜色在 image 图像中绘制一个矩形，其左上角坐标为（*x*1，*y*1），右下角坐标为（*x*2，*y*2）
imageellipse(resource $image, int $cx, int $cy, int $w, int $h, int $color)	在$image 图像中绘制一个以坐标（*cx*，*cy*）为中心的椭圆。其中，$w 和$h 分别指定了椭圆的宽度和高度，如果$w 和$h 相等，则为正圆。成功时返回 true，失败则返回 false

表 5-1 中列举了绘制基本图形的函数，这些函数的用法非常简单，接下来通过为【案例 25】中的验证码图片添加直线干扰元素为例来讲解这些函数的使用，关键代码如下：

```
for($i=0; $i<=10; ++$i) {
    //设置直线颜色
    $color = imageColorAllocate($img, mt_rand(0, 255), mt_rand(0,
    255),mt_rand(0, 255));
    //在$img 图像上随机画一条直线
    imageline($img, mt_rand(0, $img_w), mt_rand(0, $img_h), mt_rand(0, $img_w),
            mt_rand(0, $img_h),$color);
}
```

在上述代码中，使用 imageline()函数在$img 图像上绘制了一个位置、长短、颜色都随机确定的直线。将以上代码添加到【案例 25】的第（5）步中，然后重新运行 login.html 文件，即可看到一个更加复杂的验证码图片，效果如图 5-12 所示。

从图 5-12 可知，在验证码图片上添加直线干扰元素成功，有兴趣的读者可尝试使用其他函数来绘制不同效果的验证码。

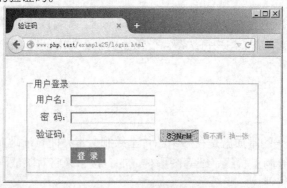

图 5-12　验证码干扰元素

（2）绘制文本

用户输入的验证码就是我们要绘制到图片中的文本内容，为此，PHP 还专门提供了绘制文本的函数 imagestring()、imagestringup()等，其中，在绘制验证码文本时最经常使用的是

imagestring()函数，它可以将一个字符串水平的绘制到图片中，如下列代码所示：

```
// 把字符串写在图像左上角
imagestring($img, 5, 0, 0, "Welcome itcast!", $textcolor);
```

在上述代码中，$img 表示目标图像，5 表示字体大小，"0,0"用于设置文本绘制在图像中的位置坐标，$textcolor 表示文本的颜色。成功输出该图像后，会在图像的左上角显示"Welcome itcast!"文本。

2．验证码的验证

验证码的验证实际上就是对比用户输入的验证码与生成时的验证码是否相同，为了达到这一目的，在生成验证码的时候需要将验证码的码值保存到 Session 中，这样就解决了当脚本执行完毕后保存在变量中的码值被释放的问题。

在用户输入完成并提交后，可以通过$\_POST 或$_GET 超全局数组变量来获取用户输入的验证码，并使用 trim()函数去除首尾处的空白字符或其他字符。由于验证码的验证通常是忽略大小写的，所以在对比前需要将系统自动生成的验证码和用户输入的验证码同时转换成大写或小写，然后再进行对比。当验证成功后，出于安全考虑，建议清除保存到 Session 中的验证码信息。

5.5【案例 26】 文件管理器

案例分析

1．需求分析

在 Web 应用中，若添加一个类似 Windows 文件管理器的功能，会让用户在打开后有一种很熟悉的感觉，不仅使得 Web 应用对文件的管理更加直观，而且对大多数用户来说，会更容易操作使用，增强了用户的体验。接下来，通过 PHP 中的文件和目录技术实现文件管理器的功能。

2．设计思路

（1）限定 PHP 脚本只能访问其所在目录中的内容。

（2）判断$_GET 获取的文件路径合法性。

（3）根据路径，封装函数获取文件列表。

（4）创建视图文件，将处理后的文件列表信息显示到页面中。

实现步骤

（1）限定文件访问范围

对于文件的访问，通常情况下出于安全方面考虑，可以通过修改 PHP 配置文件中的 open_basedir 选项，来限制 PHP 文件所能打开的文件目录。避免用户恶意窜改、获取或泄露服务器内容。编写 PHP 文件 fmanager.php，用于限制用户访问文件的范围。实现代码如下：

```
1 <?php
2     //限制 PHP 脚本只能访问其所在的目录
3     ini_set('open_basedir', __DIR__);
```

在上述代码中，ini_set()函数用于指定 open_basedir 配置选项的值。其中，"__DIR__"是 PHP 中的魔术常量，表示当前运行脚本文件所在的目录。ini_set()函数设置的选项值，只在脚本运行时有效,当脚本结束后就会恢复到原来的设置。

(2)判断路径的合法性

当使用 GET 方式传递参数时,由于用户可以输入任意值,因此为了判断其合法性,使其能够在规定的目录中对文件进行访问。PHP 中提供了 is_file()函数和 is_dir()函数,根据给定文件的路径,分别判断其是否是一个正常的文件或目录。

继续编写 PHP 文件 fmanager.php,用于判断获取路径的合法性。实现代码如下:

```
1   //获取文件路径参数
2   $path = isset($_GET['path']) ? $_GET['path'] : '.';
3   //保存待处理文件名
4   $file = '';
5   //判断 $path 路径是否存在
6   if(is_file($path)){
7       //如果是文件,则取出路径中的文件名
8       $file = basename($path);
9       //将 $path 转换为目录
10      $path = dirname($path);
11  }elseif(!is_dir($path)){
12      //如果既不是文件也不是目录,则程序停止
13      die('无效的文件路径参数');
14  }
```

为了方便后面的编程,防止变量的重名,这里统一使用$path 变量保存获取的文件路径,$file 变量保存文件名称,当文件名不存在时,$file 为空字符串。其中,第 8 行代码中的 basename()函数用于获取路径中的文件名称,第 10 行代码中的 dirname()函数用于返回路径中的目录部分。

(3)获取文件列表

在操作硬盘文件时,总是需要先打开文件,然后才能对其进行操作,操作完成后关闭文件。同理,在程序中要对某个目录下文件进行管理,也需按照以上的步骤,为此,PHP 提供了函数 opendir()、readdir()和 closedir()依次用于实现以上 3 个步骤。

继续编写 PHP 文件 fmanager.php,用于根据指定路径获取文件列表,实现代码如下:

```
1   /**
2    * 根据路径获取文件列表
3    * @param string $path 路径
4    * @return array 文件列表数组
5    */
6   function getFileList($path){
7       //保存打开文件的句柄
8       $handle = opendir($path);
9       //保存文件列表数组,dir 保存目录,file 保存文件
10      $list = array('dir'=>array(),'file'=>array());
11      //循环遍历文件列表
12      while (false !== ($filename = readdir($handle))){
13          //排除当前目录和父级目录
14          if($filename != '.' && $filename != '..'){
15              //处理文件路径和文件名
16              $filepath = "$path/$filename";
17              //根据路径获取文件类型
18              $filetype = filetype($filepath);
19              //如果既不是文件也不是目录,则跳过
20              if(!in_array($filetype,array('file','dir'))) {
```

```
21                continue;
22            }
23            //将文件信息保存到数组中
24            $list[$filetype][] = array(
25                //保存文件名和路径
26                'filename' => $filename,
27                'filepath' => $filepath,
28                //保存各种属性
29                'filesize' => round(filesize($filepath)/1024),
30                'filemtime' => date('Y/m/d H:i:s', filemtime($filepath)),
31            );
32        }
33    }
34    //关闭文件句柄
35    closedir($handle);
36    return $list;
37 }
```

上述第 8 行代码，使用 opendir()函数打开给定路径的文件目录。第 12 行代码使用 readdir()
函数读取目录中的文件，第 13~33 行代码用于对文件进行处理操作。最后使用第 35 行代码的
closedir()函数关闭目录。其中，在第 10 代码中定义一个二维数组，用于分别保存目录和文件信息。

需要注意的是，在对 readdir()函数的返回值进行判断时，必须使用第 12 行代码中的恒等
方式，以防止某些文件名（如"0"）被判断为 false 时，导致程序认为该函数执行结果为 false。

值得一提的是，第 29 行代码中 filesize()函数用于获取指定文件大小的字节数，但是对
于 2GB 以上的文件，可能会出现不可预期的结果，读者在使用时需要注意。而第 30 行代码
中的 filemtime()函数可以获取修改文件的时间戳，在页面中显示时，需要使用 date()函数进
行格式化。

（4）显示文件列表

下面继续编辑 fmanager.php 文件，调用函数 getFileList()，获取指定路径下文件列表，并
将返回结果显示到页面中。实现代码如下：

```
1 //调用函数，获取文件列表
2 $file_list = getFileList($path);
3 //加载 HTML 模板文件
4 define('APP','itcast');
5 require 'fmanager_html.php';
```

上述第 2 行代码，使用变量$file_list 保存调用 getFileList()函数的返回值，即文件列表信
息数组。接下来，编写 HTML 模板文件 fmanager_html.php，展示$file_list 变量中的信息。实
现代码如下：

```
1 <?php if(!defined('APP')) die('error!');?>
2 <html>
3  <head>
4   <meta charset="utf-8">
5   <title>文件管理器</title>
6  </head>
7 <body>
8 <!-- 文件列表区 -->
9 <table>
10     <tr><th>名称</th><th>修改日期</th><th>大小</th><th>操作</th></tr>
```

```
11    <!-- 循环输出目录列表 -->
12    <?php foreach($file_list['dir'] as $v): ?>
13        <tr><td><img src="./img/list.png"><?php echo $v['filename']; ?></td>
14        <td><?php echo $v['filemtime']; ?></td>
15        <td>-</td>
16        <td><a href="?path=<?php echo $v['filepath'];?> ">打开</a></td> </tr>
17    <?php endForeach; ?>
18    <!-- 循环输出文件列表 -->
19    <?php foreach($file_list['file'] as $v): ?>
20        <tr><td><img src="./img/file.png"> <?php echo $v['filename']; ?></td>
21        <td><?php echo $v['filemtime']; ?></td>
22        <td><?php echo $v['filesize']; ?> KB</td>
23        <td>
24            <a href="">重命名</a><a href="">复制</a><a href="">删除</a>
25        </td></tr>
26    <?php endForeach; ?>
27 </table>
28 </body>
29 </html>
```

上述的代码中，第 11~17 行代码用于输出$file_list 变量中目录列表的相关信息。第 18~26 行代码用于输出$file_list 变量中文件列表的相关信息。其中，需要为目录的"打开"操作传递 path 参数值，使用户单击"打开"时，即可获取并显示该目录下的所有文件列表。

运行 fmanager.php 文件，程序效果如图 5-13 左图所示。

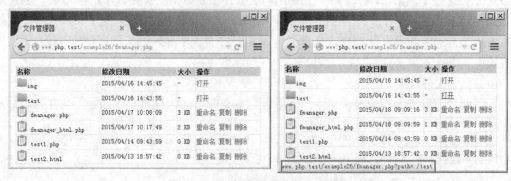

图 5-13　当前脚本所在文件目录列表

从图 5-13 左图可以看出，文件管理器默认获取当前 PHP 脚本文件所在目录的所有文件。当把鼠标放在 test 目录的"打开"操作上时，在图 5-13 右图所示方框中，就可看到为 path 路径传递的参数值，打开后的效果如图 5-14 左图所示。继续打开 111 目录，就可得到如图 5-14 右图所示的效果。

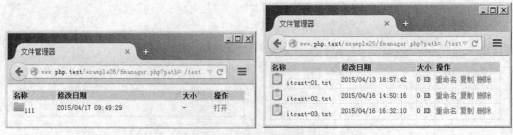

图 5-14　传递访问路径参数

在图 5-14 中，当用户将地址栏中 path 参数值修改为超出允许访问的目录（如 C:\Windows）时，程序就会通过第（2）步中的判断，中断程序继续运行，并给出"无效的文件路径参数"的提示。

注意：

由于在服务器中并不推荐使用中文目录，因此以上案例并不适用于含有中文目录的文件管理。

（5）实现返回上一级的功能

从图 5-14 中可以看出，当想要返回上级目录时，只能通过修改地址栏中 path 参数值才能实现，用户体验非常不好。下面首先修改 fmanager_html.php 文件，在显示文件信息列表前添加返回上一级目录的链接，具体实现代码如下：

```
1   <!-- 功能按钮区 -->
2   <a href="?path=<?php echo $path;?>&a=prev">返回上一级目录</a>
```

上述第 2 行代码中，path 参数用来传递当前文件所在的路径，而参数 a 则用来标识当前的操作，使得在 fmanager.php 文件中，通过获取 a 参数值，就可识别当前是"返回上一级目录"的操作。接下来修改文件 fmanager.php，在调用 getFileList()函数前，添加以下代码，实现返回上一级的功能。具体如下：

```
1   //获取操作参数
2   $action = isset($_GET['a']) ? $_GET['a'] : '';
3   switch($action){
4       //操作"上一页"
5       case 'prev':
6           $path = dirname($path);
7       break;
8       //其他操作……
9   }
```

上述代码通过 switch 语句对 a 参数值进行判断，从而决定执行何种操作。例如，当执行返回上一级目录功能时，程序接受到 a 的值就为"prev"，此时就会执行第 4~7 行代码，利用 dirname()函数获取上一级目录的路径，并为 $path 重新赋值，当程序再调用 getFileList()函数时，就可以实现返回上一级目录的功能了。

运行 fmanager.php 文件，程序效果如图 5-15 所示。

从图 5-15 可以看出，当在 fmanager.php 脚本所在的目录中单击"返回上一级目录"时，path 参数值依然为当前目录"."，有效地防止了用户通过此功能访问当前目录外的其他文件。

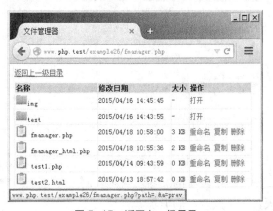

图 5-15　返回上一级目录

（6）实现文件复制的功能

在日常中，一个具有良好习惯的用户，在对文件进行修改时，经常会备份，所谓备份，就是创建数据的副本，通常都是通过文件的复制来实现此功能。

接下来，打开 fmanager_html.php 文件，修改复制链接，实现代码如下：

```
<a href="?path=<?php echo $v['filepath'] ?>&a=copy">复制</a>
```

从上述代码可知，首先需要为 path 参数传递含有当前文件名称的路径，然后为 a 参数传递复制标识"copy"，接下来，继续为上一步中的 switch 语句添加 case 项，用于实现文件复制功能，这里规定原文件名称后加上".bak"后缀表示复制后生成的文件名称。实现代码如下：

```
1  //操作"复制"
2  case 'copy':
3      if($file){
4          if(file_exists("$path/$file.bak")){
5              die('文件名冲突，复制失败');
6          }
7          if(!copy("$path/$file", "$path/$file.bak")){
8              die('复制文件失败。');
9          }
10     }
11 break;
```

在上述代码中，首先在第 3 行中判断被复制的文件是否存在，若不存在，程序停止执行；否则运行第 4 行代码判断生成复制文件的新名称是否存在，若已存在，输出提示信息，程序停止执行；否则，执行第 7 行代码，使用 PHP 提供的 copy() 函数实现文件复制功能。其中，copy() 函数的第 1 个参数表示源文件，第 2 个参数表示目标，复制成功时返回 true，失败时返回 false。

运行 fmanager.php 文件，程序效果如图 5-16 左图所示。

图 5-16　文件的复制

在图 5-16 中，当复制 test1.php 文件时，就会得到一个名为 test1.php.bak 的文件，如图 5-16 右图方框中所示的文件。当再复制 test1.php 文件时，程序就会停止运行，并给出"文件名冲突，复制失败"的提示。

（7）实现文件删除的功能

在计算机中，我们通常利用删除文件的方式处理废弃的文件，在文件管理器中也一样。下面先打开 fmanager_html.php 文件，修改删除链接，实现代码如下：

```
<a href="?path=<?php echo $v['filepath'] ?>&a=del">删除</a>
```

从上述代码可知，首先需要为 path 参数传递含有当前文件名称的路径，然后为 a 参数传递删除标识"del"，接着继续为 switch 语句添加 case 项，用于实现文件删除功能。实现代码如下：

```
1  //操作"删除"
2  case 'del':
3      if($file){
4          unlink("$path/$file");
5      }
6  break;
```

上述代码中，在删除文件前首先需要判断该文件是否存在，若存在，则可以使用 PHP 提供的 unlink()函数删除文件，该函数中的第 1 个参数就是包含待删除文件名称的具体路径。例如，在图 5-16 右图中，单击文件 test1.php.bak 的"删除"操作，就会得到图 5-16 左图所示的效果。

（8）实现文件重命名的功能

在操作计算机时，根据实际需求，经常需要给文件重新起一个便于查找、理解和记忆的文件名称。接下来，首先打开 fmanager_html.php 文件，修改重命名链接，实现代码如下：

```
<a href="?path=<?php echo $v['filepath'] ?>&a=rename">重命名</a>
```

然后，在文件列表显示的上方添加文件重命名的表单，实现代码如下：

```
1  <!-- 重命名操作区 -->
2  <?php if($action == 'rename'):?>
3      <form method="post">
4          将<span><?php echo $file;?></span>
5          重命名为: <input type="text" value="<?php echo $file;?>" name="target" />
6          <input type="submit" value="确定" />
7      </form>
8  <?php endif;?>
```

上述第 2 行代码用于判断，只有当用户对文件进行重命名时，才会显示重命名表单。第 4 行代码用于输出待重命名的文件名称，第 5 行代码用于输入文件的新名字（默认显示原文件的名称），当用户单击"确定"后，PHP 服务器端就可以对用户提交的信息进行接收和处理。

打开 fmanager.php 文件，继续为 switch 语句添加 case 项，用于实现文件的重命名功能。实现代码如下：

```
1  //操作"重命名"
2  case 'rename':
3      //当有表单提交时
4      if(!empty($_POST)){
5          //获取目标文件名
6          $target = isset($_POST['target']) ? trim($_POST['target']) : '';
7          //如果待操作文件不为空，则进行重命名操作
8          if($file && $target){
9              if(file_exists("$path/$target")){
10                 die('目标文件已经存在');
11             }
12             rename("$path/$file","$path/$target");
13         }
14         //重命名完成后跳转
15         header('Location:?path='.$path);
16         die;
17     }
18 break;
```

在上述代码中，在为文件重命名前，首先需要利用第 4 行代码判断用户提交的重命名表

单是否为空，然后在第 8 行代码中判断待重命名的文件名称与新名称是否存在，接着第 9 行代码判断文件的新名称是否已在此目录中存在。当以上条件都满足时，才执行第 12 行代码，使用 rename() 函数实现文件的重命名。其中，rename() 函数的第 1 个参数用于表示源文件，第 2 个参数用于表示目标文件。

需要注意的是，利用第 15 行代码中的 "header('Location:')" 进行跳转后，一定要执行 die 或 exit，防止程序继续向下运行。

运行 fmanager.php 文件，为文件 test1.php 重命名，程序效果如图 5-17 左图所示。

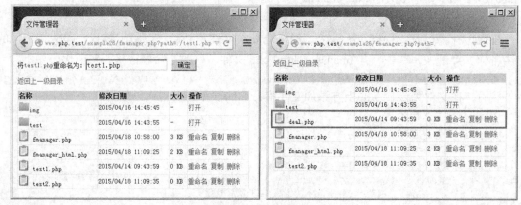

图 5-17　文件重命名

从图 5-17 左图可以看出，当单击 "重命名" 操作时，输入框中的默认值为原文件名称。现将该名称修改为 "deal.php"，单击 "确定" 按钮后，效果如图 5-17 右图所示。

知识点讲解

1．文件类型

在计算机中，各种数据、信息和程序主要以文件形式存储，文件是数据源的一种，例如，大家经常使用的 word 文档、excel 表格都是文件。根据其作用，文件可以分为多种类型，如文本文件、图像、音频、视频、目录等。为此，PHP 中提供了 filetype() 函数获取文件的类型，如下列代码所示：

```php
echo filetype('C:\log1.txt');   //输出结果：file
echo filetype('C:');            //输出结果：dir
```

值得一提的是，虽然 PHP 支持多种文件类型，但是在 Windows 系统中只能获得 "file"、"dir" 和 "unknown" 3 种文件类型，而在 Linux 系统中，则还可以获取 block（块设备文件）、char（字符设置）、link（符号链接）等文件类型。

另外，在操作一个文件时，若该文件不存在，则会出现错误。为了避免这种情况的发生，PHP 中还提供了 file_exists() 函数，用于检查文件或目录是否存在，如下列代码所示：

```php
var_dump(file_exists('C:\log1.txt'));   //输出结果：bool(true)
var_dump(file_exists('C:\itcast'));     //输出结果：bool(false)
```

从上述代码可知，当文件或目录存在时，file_exists() 返回 true，否则，返回 false。

2．文件属性

在操作文件的时候，经常需要获取文件的一些属性，如文件的大小、权限和访问时间等。PHP 内置了一系列函数用于获取这些属性，如表 5-2 所示。

表 5-2　获取文件属性的函数

函数	功能
int filesize (string $filename)	获取文件大小
int filectime(string $filename)	获取文件的创建时间
int filemtime(string $filename)	获取文件的修改时间
int fileatime(string $filename)	获取文件的上次访问时间
bool is_readable(string $filename)	判断给定文件是否可读
bool is_writable(string $filename)	判断给定文件是否可写
bool is_executable(string $filename)	判断给定文件是否可执行
bool is_file(string $filename)	判断给定文件名是否为一个正常的文件
bool is_dir(string $filename)	判断给定文件名是否是一个目录
array stat(string $filename)	给出文件的信息

在表 5-2 中，filesize()函数对于大于 2GB 的文件，并不能准确地获取其大小，请读者斟酌使用。

3．文件的基本操作

在程序开发过程中，经常需要对文件进行复制、删除以及重命名等操作，针对这些功能，PHP 提供了相应的函数，具体如表 5-3 所示。

表 5-3　文件基本操作函数

函数	功能
bool copy(string $source , string $dest)	用于实现拷贝文件的功能
bool unlink(string $filename)	用于删除文件
bool rename(string $oldname , string $newname)	用于实现文件或目录的重命名功能

表 5-3 中的函数 copy()、unlink()和 rename()的使用已在案例步骤中详细地讲解了，这里不再赘述。

4．解析目录

在程序中经常会对文件的目录进行操作，如获取目录名、文件的拓展名等。为此，PHP 中内置了相应的函数用于实现解析目录，具体如表 5-4 所示。

表 5-4　解析目录函数

函数	功能
string basename(string $path [, string $suffix])	用于返回路径中的文件名
string dirname(string $path)	用于返回路径中的目录部分
mixed pathinfo(string $path [, int $options])	用于以数组的形式返回路径信息，包括目录名、文件名、文件基本名和扩展名

需要注意的是，表 5-4 中所有函数都不支持中文的目录或文件名称。

5．遍历目录

在程序中有时需要对某个目录下的所有的子目录或文件进行遍历。为此，PHP 中内置了相应的函数用于实现目录的遍历，具体如表 5-5 所示。

表 5-5　遍历目录函数

函数	功能
resource opendir(string $path)	用于打开一个目录句柄
string readdir(resource $dir_handle)	用于从目录句柄中读取条目
void closedir(resource $dir_handle)	用于关闭目录句柄
void rewinddir(resource $dir_handle)	用于倒回目录句柄

需要注意的是，在遍历任何一个目录的时候，都会包括"."和".."两个特殊的目录，前者表示当前目录，后者则表示上一级目录。

5.6【案例 27】　在线网盘

案例分析

1．需求分析

相对于传统的硬盘或 U 盘，在线网盘不仅实现了文件的存储、访问、备份、共享等功能，还具有不需要随时携带，只要连接到网络就可以随时随地管理网盘中文件的好处。接下来，通过 PHP 中目录的创建、文件的读取与下载技术来实现在线网盘的功能。

2．设计思路

（1）在数据库中创建两张表，分别用于保存文件和目录的信息。

（2）从数据库中获取当前目录下的信息，并以表格的形式显示。

（3）通过 PHP 提供的目录创建函数实现网盘文件夹新建的功能。

（4）将用户上传的文件保存到数据库中。

（5）从数据库中获取数据，实现文件的下载功能。

实现步骤

（1）设计数据库

在线网盘功能实际上是将用户上传的文件信息保存到数据库中，因此应该先在数据库中创建两张表，分别用于保存目录结构信息和用户上传的文件信息。建表的 SQL 语句如下：

```
-- 创建保存目录信息的数据表
create table `netdisk_folder` (
    `folder_id` int unsigned primary key auto_increment,
    `folder_name` varchar(255) not null comment '目录名',
    `folder_time` timestamp not null comment '创建时间',
    `folder_path` varchar(255) not null comment '目录路径',
    `folder_pid` int unsigned not null comment '父级目录'
)charset=utf8;
-- 创建保存文件信息的数据表
create table `netdisk_file` (
    `file_id` int unsigned primary key auto_increment,
    `file_name` varchar(255) not null comment '文件名',
    `file_save` varchar(255) not null comment '文件保存地址',
```

```
      `file_size` int unsigned not null comment '文件大小',
      `file_time` timestamp not null comment '文件上传时间',
      `folder_id` int unsigned not null comment '文件所属目录'
)charset=utf8;
```

在上述 SQL 语句中，comment 用于注释定义每个字段的含义。其中，netdisk_folder 表中的目录路径保存的是该目录的父级目录 ID，多个 ID 间使用逗号","分隔。

（2）插入测试数据

目录信息表 netdisk_folder 和文件信息表 netdisk_file 创建完成后，需要添加测试数据，为接下来展示网盘列表做准备，插入数据的 SQL 语句如下：

```
-- 为 netdisk_folder 表添加测试数据：
INSERT INTO `netdisk_folder` VALUES
('1', 'test01',CURRENT_TIMESTAMP , '0', '0'),
('2', 'test02',CURRENT_TIMESTAMP , '0', '0'),
('3', 'test03',CURRENT_TIMESTAMP , '1', '1');
-- 为 netdisk_file 表添加测试数据：
INSERT INTO `netdisk_file`  VALUES
(1, '123.txt', './test', 0, '2015-04-20 02:57:58', 0),
(2, 'php.doc', './test', 0, '2015-02-21 11:20:03', 1);
```

（3）初始化数据库

由于网盘的所有操作都需要操作数据库，为了避免重复书写相同的代码，下面使用【案例 15】中公共函数文件 public_function.php 来操作数据库，编写 PHP 文件 index.php，用于包含 public_function.php 文件，实现初始化数据库的功能。实现代码如下：

```
1 <?php
2 //字符集
3 header('content-type:text/html;charset=utf-8');
4 //载入数据库操作文件
5 require('./public_function.php');
6 //连接数据库，选择数据库，设定字符集
7 dbInit();
```

（4）展示网盘文件目录功能

网盘文件目录展示的功能实际上就是根据当前目录 ID 号，分别查询文件信息表 netdisk_file 和目录信息表 netdisk_folder，并将查询结果显示到 HTML 页面中。其中，为了方便用户返回上一级目录和查看当前目录结构，需要判断当前 ID 号，只要其不是顶级目录 0，就到数据库中查询目录信息，并将其显示到文件列表上方。继续编辑 index.php，用于获取网盘文件列表信息。实现代码如下：

```
1 //保存错误信息
2 $error = array();
3 //获取用户请求的目录 ID，0 表示根目录
4 $folder_id = isset($_GET['folder']) ? intval($_GET['folder']) : 0;
5 //------------------实现网盘文件列表
6 //请求目录不是根目录时，获取当前访问目录的信息
7 $path = array();
8 if($folder_id != 0){
9     //根据当前目录 ID 查询目录列表
10    $sql = "select folder_name,folder_path from netdisk_folder where
      folder_id = $folder_id";
11    $current_folder = fetchRow($sql);
```

```
12      $file_ids = $current_folder['folder_path'];
13      //根据 ID 路径查询所有父级目录的信息
14      $sql = "select folder_id,folder_name from netdisk_folder where folder_id
in($file_ids)";
15      $path = fetchAll($sql);
16      //将当前目录追加到路径数组的末尾
17      $path[] = array(
18          'folder_id' => $folder_id,
19          'folder_name' => $current_folder['folder_name'],
20      );
21  }
22  //获取指定目录下的所有文件夹
23  $sql = "select folder_id,folder_name,folder_time from netdisk_folder
            where folder_pid = $folder_id";
24  $folder = fetchAll($sql);
25  //获取指定目录下的所有文件
26  $sql = "select file_id,file_name,file_save,file_size,file_time from
            netdisk_file where folder_id = $folder_id";
27  $file = fetchAll($sql);
```

在上述代码中，第 6~21 行代码用于获取当前访问目录不是顶级目录时的路径信息，所谓顶级目录指的就是 ID 为 0 的目录。而第 22~27 行代码则用于分别获取指定目录下的文件夹和文件信息。获取数据完成后，此时在 index.php 文件中，加载 HTML 模板文件，展示网盘中文件信息。实现代码如下：

```php
1  //加载 HTML 模板文件
2  define('APP','itcast');
3  require('./index_html.php');
```

接下来，编辑 index_html.php 文件，以友好的格式展示网盘中当前目录下的文件。实现代码如下：

```php
1  <?php if(!defined('APP')) die('error!'); ?>
2  ……
3  <!--目录列表-->
4  <div>您的位置: <a href="?folder=0">主目录</a>
5      <?php foreach($path as $v): ?>
6          &gt; <a href="?folder=<?php echo $v['folder_id']; ?>">
          <?php echo $v['folder_name']; ?></a>
7      <?php endforeach; ?>
8  </div>
9  <!--文件列表-->
10 <table>
11      <tr><td>文件名</td><td>大小</td><td>上传时间</td><td>操作</td></tr>
12      <!--列出目录-->
13      <?php foreach($folder as $v): ?>
14          <tr><td><?php echo $v['folder_name'] ?></td><td>-</td>
15          <td><?php echo $v['folder_time'] ?></td>
16          <td><a href="?folder=<?php echo $v['folder_id'] ?>">打开
          </a> | 删除</td></tr>
17      <?php endforeach; ?>
18      <!--列出文件-->
19      <?php foreach($file as $v): ?>
20          <tr><td><?php echo $v['file_name'] ?> </td>
```

```
21          <td><?php echo round($v['file_size']/1024) ?>KB</td>
22          <td><?php echo $v['file_time'] ?></td>
23          <td><a href="?download=<?php echo $v['file_id'] ?>"
             target="_blank">下载</a> | 删除</td></tr>
24      <?php endforeach; ?>
25  </table>
26  ……
```

上述第 3~8 行代码用于实现返回上一级目录的功能。第 12~17 行代码用于展示目录信息，第 18~24 行代码用于展示文件信息。其中，要分别为目录和文件的打开和下载操作传递其 ID 值，用于实现目录的打开和文件下载的功能，下载功能将会在后面的步骤中讲解。运行 index.php 文件，程序效果如图 5-18 左图所示。

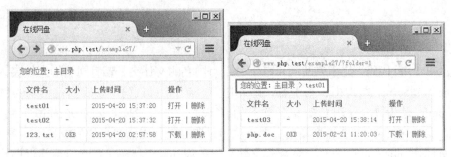

图 5-18 网盘文件列表

在图 5-18 中，打开目录 test01，在"我的位置"则会显示当前目录的列表，如图 5-18 右图方框所示。

（5）实现创建文件夹功能

在 index_html.php 文件中，添加以下代码，用于提交用户新建文件夹的名称。具体代码如下：

```
1  <form method="post">
2      新建文件夹：<input type="text" name="newdir" />
3      <input type="submit" value="创建" />
4  </form>
```

接着，使用$_POST 获取用户输入的文件名称，并进行安全过滤。将新建文件夹信息保存到数据库前要进行同名判断，若数据库中存在相同的文件名，则将错误信息保存到$error 数组中，并在 HTML 页面中展示。修改 index.php 文件，在获取网盘列表前添加以下代码，用于实现文件夹的新建。具体如下：

```
1  if(isset($_POST['newdir'])){
2      //取得文件名并进行安全过滤
3      $newdir = trim(safeHandle($_POST['newdir']));
4      //文件名不能为空
5      if($newdir == ''){
6          $error[] = '创建文件夹失败，文件名不能为空';
7      }else{
8          //禁止相同目录创建同名文件夹
9          $sql = "select folder_id from netdisk_folder where folder_pid =
                  $folder_id and folder_name = '$newdir' limit 1";
10         if(fetchRow($sql)){
11             $error[] = '创建文件夹失败，该文件夹已存在！';
12         }else{
13             //查询父 ID 文件夹的路径
```

```
14              $sql = "select folder_path from netdisk_folder where folder_id
                    = $folder_id";
15              $parent_path = fetchRow($sql);
16              $parent_path = $parent_path['folder_path'];
17              $parent_path = $parent_path ? "$parent_path,$folder_id" :
                        $folder_id;
18              //将新文件夹保存到数据库中
19              $sql = "insert into netdisk_folder
                    (folder_name,folder_time,folder_path,folder_pid)
                     values ('$newdir',now(),'$parent_path', $folder_id)";
20              if(!mysql_query($sql)){
21                  $error[] = '创建文件夹失败！'.mysql_error();
22              }
23          }
24      }
25  }
```

上述第 10 行代码，用于判断同目录下是否有同名的文件夹，若有同名的文件夹，则将错误信息放入到$error 数组中；若没有，则利用第 14~17 行代码，判断当前目录的目录路径 $parent_path 是否为顶级目录 0，当不为顶级目录时，新建文件夹的目录路径就为"$parent_path,$folder_id"；否则新建文件夹的目录路径就为当前目录的 ID 号。

下面打开 index_html 文件，在新建文件夹上方添加以下代码，用于显示错误提示信息。实现代码如下：

```
1   <?php if(!empty($error)): ?>
2       <div><ul>
3           <?php foreach($error as $v): ?>
4           <li><?php echo $v; ?></li>
5           <?php endforeach; ?>
6       </ul></div>
7   <?php endif; ?>
```

运行 index.php 文件，程序效果如图 5-19 左图所示。

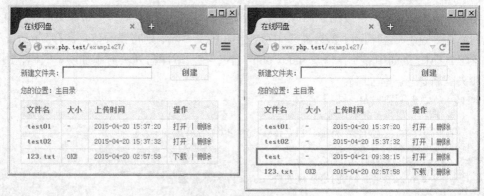

图 5-19　文件夹新建

在图 5-19 中，当用户在输入框中，输入"test"，单击"创建"按钮，就会得到如图 5-19 右侧所示的效果。但是当输入框中内容为空时，单击"创建"按钮，就会得到如图 2-20 左图的错误提示；当用户输入一个已经存在的目录"test"时，就会得到如图 5-20 右图所示的错误提示。

图 5-20　错误提示

（6）实现文件上传功能

在线网盘的用途就是让用户将需要保存的文件上传，利用网盘对文件进行存储。首先，打开文件 index_html.php，在新建文件夹下方添加以下代码，用于实现文件的上传功能。实现代码如下：

```
1  <!--上传文件-->
2  <form method="post" enctype="multipart/form-data">
3      <input type="file" name="file">
4      <input type="submit" value="上传" />
5  </form>
```

然后，打开 index.php 文件，在处理新建文件夹代码的下方添加以下代码，用于实现处理上传的文件的功能。这里规定将用户上传的文件保存到 "./upload" 目录的上传日期目录中，例如，上传文件的时间为 2015 年 4 月 21 日，则该上传文件的保存路径为"./upload/2015-04/21/"。具体代码如下：

```
1  if(!empty($_FILES['file'])){
2      $upload_file = $_FILES['file'];
3      if($upload_file['error'] >0){
4          $error[] = '文件上传失败！错误代码: '.$upload_file['error'];
5      }else{
6          //取得原文件名（仿 SQL 注入）
7          $filename = trim(safeHandle($upload_file['name']));
8          //判断文件名是否已经存在
9          $sql = "select file_id from netdisk_file where file_name =
                   '$filename' and folder_id = $folder_id limit 1";
10         $file_path = fetchRow($sql);
11         $file_path = isset($file_path['file_id']) ? $file_path['file_id'] : '';
12         if($file_path){
13             $error[] = '上传文件失败：文件名冲突！';
14         }else{
15             //拼接保存目录
16             $file_save_path = './uploads/'.date('Y-m/d/');
17             //递归创建文件夹
18             if(!file_exists($file_save_path))mkdir($file_save_path,
                   0777,true);
19             //拼接文件名
20             $file_save_path .= uniqid().'.dat';
21             //保存文件
```

```
22              if(move_uploaded_file($upload_file['tmp_name'],$file_save_path)){
23                  //获取文件大小
24                  $file_size = filesize($file_save_path);
25                  //添加到数据库记录
26                  $sql = "insert into netdisk_file (file_name, file_save,
                        file_size,file_time,folder_id) values ('$filename',
                        '$file_save_path', '$file_size', now(),$folder_id)";
27                  if(!mysql_query($sql)){
28                      //文件上传成功，但数据库添加失败，则删除上传的文件
29                      unlink($file_save_path);
30                      $error[] = '文件上传失败：写入数据库时发生错误。'.mysql_error();
31                  }
32              }
33          }
34      }
35  }
```

上述第18行代码用于判断，当前保存目录是否存在。若不存在，则使用PHP提供的mkdir()函数创建上传文件保存目录$file_save_path。其中，此函数的第2个参数"0777"表示目录的最大访问权限，第3个参数"true"表示递归创建目录。

另外，第20行中的uniqid()函数用于生成一个基于当前时间微秒数的唯一ID，避免将文件移动到指定目录文件中重名。

运行index.php文件，选择Koala.jpg上传，运行效果如图5-21左图所示。

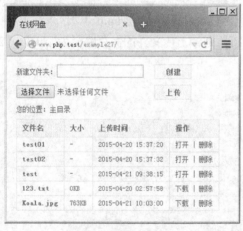

图5-21　文件上传

从图5-21左图可知，Koala.jpg文件上传成功，为了验证此上传文件已经正确地保存到对应的目录和数据库中，打开当前文件index.php所在的目录，效果如图5-21右图所示，并到数据库中查询netdisk_file文件表，看到如图5-22方框所示的内容，则充分证明了用户在网盘中上传文件成功。

file_id	file_name	file_save	file_size	file_time	folder_id
1	123.txt	./test	0	2015-04-20 02:57:58	0
2	php.doc	./test	0	2015-02-21 11:20:03	1
3	Koala.jpg	./uploads/2015-04/21/5535afd43d6b8.dat	780831	2015-04-21 10:03:00	0

图5-22　数据库查询

（7）实现文件下载功能

若用户想要对存在网盘中的文件进行编辑、修改等操作，则需要将该文件下载到本地电脑中进行。为此，在 PHP 中只需设置两个 HTTP 响应信息头，告诉浏览器不要直接在浏览器中解析该文件，而是将文件以下载的方式打开即可。

打开 index.php，在处理上传文件下面添加以下代码，用于实现文件下载功能。具体如下：

```php
1  //下载文件
2  if(isset($_GET['download'])){
3      //过滤输入
4      $file_id = intval($_GET['download']);
5      //判断文件是否存在，取出文件保存位置
6      $sql = "select file_save,file_name from netdisk_file where file_id
       = $file_id";
7      if($download_file = fetchRow($sql)){
8          //获取文件大小
9          $file_size = filesize($download_file['file_save']);
10         //设置 HTTP 响应消息为文件下载
11         header('content-type:octet-stream');
12         header('content-length: '.$file_size);
13         header('content-disposition: attachment;filename="'.
           $download_file['file_name'].'"');
14         //以只读的方式打开文件
15         $fp = fopen($download_file['file_save'],'r');
16         //读取文件并输出
17         $buffer = 1024;   //缓冲区
18         $file_count = 0;  //文件大小计数
19         //判断文件指针是否结束
20         while (!feof($fp) && ($file_size - $file_count > 0)){
21             $file_data = fread($fp,$buffer);
22             $file_count += $buffer;
23             echo $file_data;
24         }
25         fclose($fp); //关闭文件
26         //终止脚本
27         die;
28     }else{
29         $error[] = '文件不存在!';
30     }
31 }
```

在上述代码中，第 11 行代码用于指定文件的 MIME 类型。第 12 行代码用于设置 HTTP 消息实体的传输长度。第 13 行代码用于指定文件的描述，其中，文件名称两端添加双引号，是为防止下载文件名称中含有空格出错的情况。

值得一提的是，第 15 行代码中的 fopen()函数表示打开文件，"r"表示打开文件的模式为只读方式。第 20~25 行代码中的函数 feof()用于测试文件指针是否到了文件结束的位置；fread()函数用于打开文件，

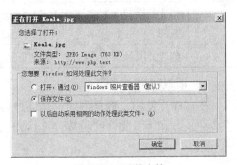

图 5-23　下载文件

它的第 2 个参数用于指定从文件中读取的字节长度；fclose()函数用于操作文件完成后，关闭文件。

运行 index.php，单击下载 Koala.jpg 文件，程序效果如图 5-23 所示。

从图 5-23 可以看出，我们可以将需要下载的文件保存到指定的目录中，还可以直接对下载的文件进行查看。

知识点讲解

1．创建和删除目录

在 PHP 中进行文件管理时，经常需要对文件目录进行创建和删除，为此 PHP 提供了 mkdir() 和 rmdir()函数来实现文件目录的创建和删除，具体示例如下：

```
mkdir('path');                       //结果：在当前文件下创建一个 path 目录
mkdir('path1/path2',0777,true); //结果：在当前目录下递归创建 path1/path2 目录
rmdir('path1/path2');                //结果：删除 path2 目录
```

需要注意的是，rmdir()函数只能删除空的单层目录。

2．打开和关闭文件

在程序中操作文件与在硬盘上操作文件一样，也需要先打开文件，然后进行操作，最后关闭文件。为此，PHP 提供了 fopen()和 fclose()函数用于打开和关闭文件，具体示例如下：

```
$fp = fopen("http://www.boxuegu.com",'r'); //以只读方式打开 http 远程文件
fclose($fp);                               //关闭打开的文件
```

在上述代码中，fopen()函数的第 1 个参数表示指定打开的文件，不仅可以是本地文件，还可以是以 http 或者 ftp 开头的网络 URL 地址。此函数的第 2 个参数表示打开文件的模式，常见的模式如表 5-6 所示。

表 5-6　打开文件模式

模式	说明
r	只读方式打开，将文件指针指向文件头
r+	读写方式打开，将文件指针指向文件头
w	写入方式打开，将文件指针指向文件头并将文件大小截为零。如果文件不存在则尝试创建之
w+	读写方式打开，将文件指针指向文件头并将文件大小截为零。如果文件不存在则尝试创建之
a	写入方式打开，将文件指针指向文件末尾。如果文件不存在则尝试创建之
a+	读写方式打开，将文件指针指向文件末尾。如果文件不存在则尝试创建之
x	创建并以写入方式打开，将文件指针指向文件头。如果文件已存在，则 fopen()调用失败并返回 FALSE，并生成一条 E_WARNING 级别的错误信息；如果文件不存在，则进行创建
x+	创建并以读写方式打开，其他的行为和'x'一样

3．读取和写入文件

在程序开发中，经常需要对文件进行读写操作。为了方便对文件进行读写，PHP 中提供了多种读取和写入文件的函数，具体如表 5-7 所示。

表 5-7 读写文件函数

函数	功能
string fread(resource $handle,int $length)	在打开文件时用于读取指定长度的字符串
string fgetc(resource $handle)	在打开文件时用于获取一个字符
string fgets(int $handle[,int $length])	在打开文件时用于获取一行
array file(string $filename)	将整个文件读入到数组中，数组中每个元素为一行数据
string file_get_contents(string $filename)	将文件的内容全部读取到一个字符串中
int file_put_contents(string $filename , mixed $data)	用来对文件进行写入操作
int fwrite(resource $handle,string $string[,int $length])	用于写入文件

在表 5-7 中，列举了 PHP 中常用的读取和写入文件的函数，为了让大家更好地理解这些函数的使用，接下来，以 file_get_contents()函数和 file_put_contents()函数为例进行讲解，具体示例代码如下所示：

```
$filename = './write.txt';
$content = 'Hello';
var_dump(file_put_contents($filename,$content));    //输出结果：int(5)
var_dump(file_get_contents($filename));        //输出结果：string(13) "Hello"
```

在上述代码中，执行 file_put_contents()函数成功则返回写入到文件中数据的字节数，失败则返回 false。

4．文件下载

与文件上传相比，文件下载要简单得多。在实现文件下载时，需要在 HTTP 消息中设置两个响应消息头，这两个响应消息头用于告诉浏览器不要直接在浏览器中解析该文件，而是将文件以下载的方式打开。下面给出一个简单的示例，以下载图片 girl.jpg 为例，示例代码如下：

```
header("Content-type: image/jpeg"); //指定文件 MIME 类型
header("Content-Disposition: attachment;filename=girl.jpg"); //指定文件描述
```

在上面的代码中，"Content-type" 用于指定文件 MIME 类型，常见的有 image/gif、image/jpeg、text/html、text/css 等。"Content-Disposition" 用于文件描述，其中，attachment 表明这是一个附件，"filename=girl.jpg" 则指定了下载后的文件名。

思考题

PHP 不仅可以绘制图像、绘制文本，还可以对生成的图像做一些特效，如反色、浮雕、模糊、柔滑图像等效果。

请对用户上传的图片做特效，要求：

（1）只允许用户上传 jpg 格式的图片；

（2）将用户上传的图片生成一个大小不能超过 90×90 的图片，并将其命名为 thumb.jpg，保存在当前文件所在的目录中；

（3）对用户上传的缩略图可以做反色、浮雕、模糊特效，并将特效图片命名为 special.jpg，保存到当前文件所在的目录中。

扫描右方二维码，查看思考题答案！

PART 6

第 6 章
面向对象编程

- 理解面向对象思想，能够分析面向对象与面向过程的区别。
- 掌握类与对象的使用，可以正确定义类并实例化对象。
- 掌握构造方法与析构方法，能够将其运用到类的定义中。
- 掌握继承的使用，能够通过继承扩展类的功能。
- 了解接口与抽象类，能够封装一个简单的接口或抽象类。

面对对象是一种符合人类思维习惯的编程思想。PHP 作为一种流行的编程语言，同样支持面向对象编程，本章就通过几个案例来学习如何使用 PHP 进行面向对象编程。

6.1 【案例 28】体验类与对象

案例分析

1．需求分析

在前面的章节中，要解决某个问题都是通过分析解决问题需要的步骤，然后用函数把这些步骤一一实现，在使用的时候依次调用这些函数就可以了，这种解决问题的方式称为面向过程编程。

而面向对象思想，就是把所有事物都看作一个独立的对象，每个对象都有自己的方法，通过调用对象的方法来解决问题。接下来就通过创建一个简单的类来体验什么是类与对象。

2．设计思路

（1）创建 student.class.php 文件，在文件中定义学生类并介绍定义类的语法格式。

（2）定义成员属性及成员方法，分别介绍成员属性及成员方法的含义。

（3）根据已有的学生类，创建学生对象，介绍类与对象的关系。

实现步骤

（1）声明一个学生类

在面向对象的思想中提出了两个概念，即类与对象。其中，类是对一类事物的抽象描述。所谓抽象描述，就是将这一类事物所共有的属性特征和行为方法抽取出来。例如，学生都有姓名、学号、年龄等共同的属性，而学生又都具有上课、考试等共同的行为，下面就来声明一个学生类。

为了方便区分类文件与普通脚本文件，通常把类文件名的后缀写成".class.php"的形式。因此学生类文件可以命名为 student.class.php，具体代码如下：

```
1 <?php
2 //定义 student 类
3 class student{
4     //成员属性
5     //成员方法
6 }
7 ?>
```

在上述代码中，第 3~6 行代码就定义了一个 student 类。其中，class 是定义类的关键字，通过该关键字就可以定义一个类，student 是这个类的名称。在类中声明的变量被称为成员属性，主要用于描述对象的特征，如学生的姓名、学号、年龄等。在类中声明的函数称为成员方法，主要用于描述对象的行为，如学生可以上课、考试等。

注意：

在 PHP 中，类名称并不区分大小写。因此 student、Student、STUDENT 这些都被视为同一个类。

（2）定义成员属性

在第（1）步中，只是把定义类的语法格式做了一个简单介绍。接下来为 student 类添加成员属性，具体代码如下：

```
1 <?php
2 //定义 student 类
3 class student{
4     //声明成员属性$name，用来保存学生的姓名
5     public $name;
6     //声明成员属性$student_id，用来保存学生的学号
7     public $student_id;
8     //声明成员属性$age，用来保存学生的年龄
9     public $age;
10}
```

在类中定义的变量被称为成员属性，成员属性用来描述对象的特征。这里就定义了 3 个成员属性，其中第 5 行定义了 name 属性，用来描述学生姓名；第 7 行定义了 student_id 属性，用来描述学生学号；第 9 行代码定义了 age 属性，用来描述学生年龄。

注意：

在定义成员属性的时候，所有变量前都有一个 public 关键字，这个关键字叫做访问修饰限定符。访问修饰限定符的作用是对类中成员的访问做出限制，public 的意思是公共的，也就是没有限制的意思。在默认情况下，成员属性和成员方法的访问修饰限定符都是public。关于访问修饰限定符这里无需深究，在后面的案例中会为大家一一讲解。

（3）定义成员方法

一个类中除了有成员属性，还会有成员方法。接下来为 student 类添加成员方法，具体代码如下：

```php
1  <?php
2  //定义 student 类
3  class student{
4      //声明成员属性
5      ……
6      //声明成员方法 introduce()，调用该方法让学生进行自我介绍
7      public function introduce(){
8          echo "大家好，我是{$this->name}，今年{$this->age}岁。<br/>我的学号是
          {$this->student_id},很高兴认识大家。";
9      }
10     //声明成员方法 study()，调用该方法让学生开始学习
11     public function study($time){
12         $time = date("Y 年 m 月 d 日 H:i:s",$time);
13         echo "当前时间为{$time},学习中，请勿打扰....";
14     }
15 }
```

上述代码中，第 7~9 行代码声明了一个 introduce()方法，调用该方法就会让每个学生根据自己的情况进行自我介绍。第 11~14 行代码声明了一个 study()方法，调用该方法可以让学生进行学习。

（4）创建学生对象

前面的步骤中，已经创建了一个 student 类。而要完成具体的功能，仅有这个类是不够的，还需要根据类创建实例对象。在 PHP 中可以使用 new 关键字来创建对象，具体格式如下：

```
$对象名 = new 类名([参数 1,参数 2,…]);
```

上述语法格式中，"$对象名"表示一个对象的引用名称，通过这个引用就可以访问对象中的成员，其中$符号是固定写法，对象名是开发者自己定义的。"new"表示要实例化一个新的对象，"类名"表示新对象的类型。"[参数 1,参数 2]"中的参数是可选的。对象创建成功后，就可以通过"对象->成员"的方式来访问类中的成员。需要注意的是，如果在创建对象时，不需要传递参数，则可以省略类名后面的括号，即"new 类名;"。

接下来就根据 student 类，来创建一个 student 对象。在开发习惯上，通常不会在类文件中实例化对象，因此我们需要再创建一个文件来实例化 student 对象，这里我们创建 student_object.php 文件，具体代码如下：

```php
1  <?php
2  //声明文件解析的编码格式
3  header('content-type:text/html;charset=utf-8');
4  //引入 student 类文件
5  require './student.class.php';
6  //实例化 student 对象
7  $student = new student;
8  //让打印结果格式化输出，方便查看
9  echo '<pre>';
10 //使用 var_dump()函数打印$student 变量信息
11 var_dump($student);
```

在上述代码中，第 3 行代码用来声明文件解析的编码格式，防止浏览器出现乱码，第 5 行代码用来引入 student 类文件，第 7 行代码就通过 new 关键字实例化了一个 student 对象，

并把实例化的对象赋值给了变量\$student。为了方便大家观察，在第 11 行代码使用 var_dump() 函数将该变量打印显示。打开浏览器，访问 student_object.php 文件，运行结果如图 6-1 所示。

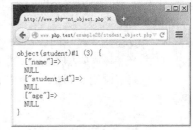

从图 6-1 可以看出，变量\$student 是一个 object（对象）类型的数据，该对象的成员属性也一并显示到页面中，由于并未给这个对象的成员属性进行赋值，因此其值都是 NULL。而且对象的成员方法无法使用 var_dump() 函数查看。

图 6-1 student 对象

（5）操作成员属性

在第（4）步中，通过 var_dump() 函数查看了 student 对象的详细信息。但是可以看到对象成员属性的值都是 NULL，这是因为还没有给对象的成员属性赋值。实际上在实例化对象后，就需要操作成员属性为其赋值，其语法格式如下：

```
$对象名 -> 成员属性名 = '属性值';
```

接下来就为\$student 对象的属性赋值，修改 student_object.php 文件，具体代码如下：

```
1  <?php
2  //声明文件解析的编码格式
3  header('content-type:text/html;charset=utf-8');
4  //引入 student 类文件
5  require './student.class.php';
6  //实例化 student 对象，并赋值给$student
7  $student = new student;
8  //为对象属性 name 赋值
9  $student->name = '小明';
10 //为对象属性 student_id 赋值
11 $student->student_id = '201502110178';
12 //为对象属性 age 赋值
13 $student->age = 18;
14 //实例化 student 对象，并赋值给$student2，并为属性赋值
15 $student2 = new student;
16 $student2->name = '小红';
17 $student2->student_id = '201502110153';
18 $student2->age = 17;
19 //让打印结果格式化输出，方便查看
20 echo '<pre>';
21 //显示变量详细信息
22 var_dump($student,$student2);
```

在上述代码中，第 9 行代码把"小明"赋值给\$student 的成员属性 name，第 11 行代码把"201502110178"赋值给\$student 的成员属性 student_id，第 13 行代码把"18"赋值给\$student 的成员属性 age。第 15~18 行代码创建另一个对象\$student2 并为各成员属性赋值。打开浏览器，访问 student_object.php 文件，运行结果如图 6-2 所示。

从图 6-2 可以看出，对象\$student 和对象\$student2 的属性是一样的，但是属性的值却不一样。由此可知，实例化同一个类的对象，都具有相同的属性，但是属性的值却是

图 6-2 为属性赋值后的 student 对象

由每个对象自己赋值决定的。

（6）调用成员方法

调用成员方法与访问成员属性类似，都是通过对象名来完成的，其语法格式如下：

```
$对象名 -> 成员方法名([参数1,参数2...]);
```

下面就来调用 student 对象的成员方法 introduce()，修改 student_object.php 文件，具体代码如下：

```php
1 <?php
2 //声明文件解析的编码格式
3 header('content-type:text/html;charset=utf-8');
4 //引入 student 类文件
5 require './student.class.php';
6 //实例化 student 对象
7 $student = new student;
8 //为对象属性 name, student_id, age 赋值
9 ......
10//调用成员方法 introduce()
11$student->introduce();
```

在上述代码中，第 11 行代码就通过$student 这个对象，调用了 introduce()成员方法。打开浏览器，访问 student_object.php 文件，运行结果如图 6-3 所示。

从图 6-3 中可以看到，通过$student 对象调用的 introduce()方法，把$student 对象的成员属性获取并输出到了页面中，这是由于 student 类的 introduce()方法中存在一个特殊的变量"$this"，其语法格式如下：

```
$this -> 成员属性/成员方法
```

在对象的每个成员方法中都会存在一个特殊的对象引用"$this"，它代表当前对象，用于完成对象内部成员之间的访问。

成员方法与函数一样，也可能需要传递参数信息。下面就调用$student 对象中的 study()方法，该方法需要传递一个时间戳参数。修改 student_object.php 文件，具体代码如下：

```php
1 <?php
2 //声明文件解析的编码格式
3 header('content-type:text/html;charset=utf-8');
4 //引入 student 类文件
5 require './student.class.php';
6 //实例化 student 对象，并赋值给$student
7 $student = new student;
8 //调用 study()方法
9 $student->study(time());
```

在上述代码中，第 9 行代码就调用了$student 对象的 study()方法，并传入了当前时间的时间戳。打开浏览器，访问 student_object.php 文件，运行结果如图 6-4 所示。

图 6-3　执行 introduce()方法的结果

图 6-4　执行 study()方法的结果

从图 6-4 中可以看出，$student 对象的 study()方法成功将当前时间的时间戳进行了格式化输出。

知识点讲解

1．面向对象的概念

现实生活中存在各种形态的事物，这些事物之间存在着各种各样的联系。在程序中使用对象来映射现实中的事物，使用对象的关系来描述事物之间的联系，这种思想就是面向对象。

面向对象的特点主要可以概括为封装性、继承性和多态性，接下来针对这 3 种特性进行简单介绍。

（1）封装性

封装是面向对象的核心思想，将对象的属性和行为封装起来，不需要让外界知道具体实现细节，这就是封装思想。例如，用户使用电脑，只需要使用手指敲键盘就可以了，无需知道电脑内部是如何工作的，即使用户可能碰巧知道电脑的工作原理，但在使用时，也不会完全依赖电脑工作原理这些细节。

（2）继承性

继承性主要描述的是类与类之间的关系，通过继承，可以在无需重新编写原有类的情况下，对原有类的功能进行扩展。继承不仅增强了代码的复用性，提高了程序开发效率，而且为程序的修改补充提供了便利。

（3）多态性

多态性指的是同一操作作用于不同的对象，会产生不同的执行结果。例如，当听到"Cut"这个单词时，理发师的表现是剪发，演员的行为表现是停止表演，不同的对象，所表现的行为是不一样的。

2．类与对象的关系

面向对象的编程思想力图使程序对事物的描述与该事物在现实中的形态保持一致。为了做到这一点，在面向对象的思想中提出了两个概念，即类和对象。其中，类是对某一类事物的抽象描述，而对象用于表示现实中该类事物的个体。类用于描述多个对象的共同特征，它是对象的模板。对象用于描述现实中的个体，它是类的实例。

6.2 【案例 29】文件上传类

案例分析

1．需求分析

文件上传是网站中会被多次使用的功能，如用户修改信息时，选择上传本地图片以修改头像；录入商品信息时，选择上传商品图片以做展示等。不论是上传头像还是商品图片，其实现原理是一样的。因此可以把文件上传功能封装成一个类，当需要使用文件上传功能时，实例化文件上传类，通过调用对象方法来完成文件上传。

2．设计思路

（1）分析上传文件需要哪些固定参数，将其转换为类的成员属性。

（2）在类中编写成员方法，实现文件上传的核心功能。

（3）编写 HTML 模板文件，提供上传表单，用来测试文件上传类。

（4）编写处理文件上传的 PHP 脚本，在该脚本中实例化文件上传类，实现文件上传。

（5）优化文件上传类，使用构造方法对实例化对象进行初始化操作。

实现步骤

（1）确定类的成员属性

文件上传的时候，通常需要指定上传文件的类型、大小以及在服务器中存储的位置。因此可以把这些抽象成文件上传类的成员属性，在实例化对象时为属性赋值即可。接下来就创建 upload.class.php 文件，声明 upload 文件上传类，具体代码如下：

```php
1  <?php
2  /**
3   * 文件上传类
4   */
5  class upload {
6      //允许上传的文件类型数组
7      private $allow_types = array('image/jpeg', 'image/pjpeg', 'image/png',
                                     'image/x-png', 'image/gif');
8      //允许上传的文件最大尺寸，1048576 表示大小为 1M
9      private $max_size = 1048576;
10     //上传的文件保存在服务器中的目录位置
11     private $upload_path = './';
12     //上传文件时产生的错误
13     private $error = '';
14 }
```

在上述代码中，第 7 行代码定义了一个成员属性$allow_type，并为其设置初始值。该属性用来保存允许上传的文件类型，由于不同功能上传的文件需求不一样，因此需要对上传的文件类型进行判断。而允许上传的文件类型或许有多个，所以这个成员属性的值是一个数组。

第 9 行代码定义了成员属性$max_size，并为其设置初始值。该属性用来保存上传文件的最大尺寸，由于服务器空间有限，因此需要对上传的文件大小做出限制。

第 11 行代码定义了成员属性$upload_path，并为其设置初始值。该属性用来保存上传文件的存储位置，由于上传文件根据功能的不用，会保存到不同的文件目录下，因此需要指定上传文件保存在服务器中的位置。

第 13 行代码定义了成员属性$error，并为其设置初始值。该属性用来保存上传文件发生错误时的错误信息。当文件上传失败时，通过查看对象的这个属性，就可以知道上传失败的原因。

注意：

由于 upload 类中的成员属性是不能被外部代码随意修改的，因此把它们使用 private 关键字进行封装。当使用 private 封装之后，这些属性就只能在本类内被访问，类的外部和其子类都无法对其访问或修改。

（2）编写文件上传方法

文件上传类的成员属性是在实现上传的过程中提供的参数信息，要实现文件上传还需要一个成员方法。接下来就修改 upload 类文件，添加文件上传方法 up()，具体代码如下：

```php
1  <?php
2  class upload {
3      //定义的成员属性
4      ......
5      /**
```

```php
6      * 上传文件的函数
7      * @param array $file 包含文件的 5 个信息的数据
8      * @param string $prefix 前缀
9      * @return string 目标文件名
10     */
11    public function up($file, $prefix = '') {
12        //是否有错误
13        if ($file['error'] != 0) {
14            $upload_errors = array(
15                    1 => '文件过大，超过了 PHP 配置的限制',
16                    2 => '文件过大，超过了 Form 表单中的限制',
17                    3 => '文件没有上传完毕',
18                    4 => '文件没有上传',
19                    6 => '没有找到临时上传目录',
20                    7 => '临时文件写入失败',
21                );
22            $this->error = isset($upload_errors[$file['error']]) ?
                            $upload_error[$file['error']] : '未知错误';
23            return false;
24        }
25        //判断文件类型是否存在于$allow_type 中
26        if (!in_array($file['type'], $this->allow_types)) {
27            //如果不存在，则更新属性$error，把相关错误信息赋值给该属性，最后返回 false
28            $this->error = '该类型不能上传，允许的类型为：' . implode('|',
                            $this->allow_types);
29            return false;
30        }
31        //判断文件大小是否超过$max_size 规定的值
32        if ($file['size'] > $this->max_size) {
33            //如果超过了，则更新属性$error，把相关错误信息赋值给该属性，最后返回 false
34            $this->error = '文件不能超过' . $this->max_size . '字节';
35            return false;
36        }
37        //确定新文件名，生成唯一的文件名，同时保持原有的文件扩展名
38        $new_file = uniqid($prefix) . strrchr($file['name'], '.');
39        //确定当前的子目录
40        $sub_path = date('YmdH');
41        //确定上传文件的全路径
42        $upload_path = $this->upload_path . $sub_path;
43        //判断这个目录是否存在
44        if (!is_dir($upload_path)) {
45            //不存在，则创建
46            mkdir($upload_path);
47        }
48        //移动文件
49        if (move_uploaded_file($file['tmp_name'], $upload_path . '/' .
        $new_file)) {
50            //成功则返回这个文件的目录地址
51            return $sub_path . '/' . $new_file;
52        } else {
53            //失败则更新属性$error，把相关错误信息赋值给该属性，最后返回 false
54            $this->error = '移动失败';
```

```
55          return false;
56       }
57   }
58   public function getError() {
59       //获取私有属性$error
60       return $this->error;
61   }
62 }
```

在上述代码中，up()是上传类的核心方法。该方法需要提供两个参数，$file 是包含上传文件信息的数组数据，$prefix 用来指定生成文件名时的前缀，以便区分已上传的文件。该方法执行成功则会返回上传文件的目录地址，失败则返回 false。

在 up()方法中，第 13~24 行代码用来判断$_FILES 数组的 error 元素是否为 0，如果不为 0 则说明上传的文件有错误，接下来就根据不同的错误值更新$error 属性，最后返回 false。

第 26~30 行代码用来判断文件类型是否合法，如果是非法类型，则更新$error 属性，把合法的文件类型赋值给该属性，最后返回 false。

第 32~36 行代码用来判断文件大小是否超出$max_size 属性的限制，如果超出限制，则更新$error 属性，把允许上传的文件最大值赋值给该属性，最后返回 false。

第 38 行代码用来生成新的文件名。生成规则：使用 uniqid()函数生成一个唯一 ID，再使用 strrchr()函数获取到原文件的扩展名，将两者拼接成字符串返回给$new_file。

第 42 行代码用来创建存储这个文件的目录名，由于上传的文件可能有很多，为了方便管理，通常以上传时间作为保存文件的目录名，时间精确到小时即可（此处可根据需求自行修改）。接下来在第 44 行判断这个目录是否存在，如果不存在就需要执行第 46 行代码，使用mkdir()函数在服务器上创建该目录。

在确定了新文件名以及文件存储目录后，就可以执行第49行代码，使用move_uploaded_file()函数把上传到临时目录下的文件移动到文件的存储目录下。该函数执行成功后，会返回这个文件的路径地址。失败则更新$error 属性，并返回 false。

为了避免$error 属性在外部被修改，因此将该属性设置为私有的，但是在文件上传失败时还需要获取$error 中错误信息。因此，我们可以通过定义一个公共方法来返回$error 的属性值。所以在代码第 58~61 行定义了 getError()方法，通过该方法返回$error 属性。

（3）编写 HTML 模板文件

在第（2）步中，已经封装了一个简单的文件上传类。下面就来测试这个类是否能够完成文件上传功能，首先创建 upload_html.php 文件，编写一个文件上传表单，具体代码如下：

```
1  <!doctype html>
2  <html>
3  <head>
4      <meta charset="utf-8">
5      <title>用户头像上传</title>
6  </head>
7  <body>
8      <h2>编辑用户头像</h2>
9      <p>用户姓名：小明</p>
10         <p>现有头像： </p>
11         <img src="<?php echo './'.$pic_path; ?>" onerror="this.src='./default.jpg'" />
12         <form action="./upload.php" method="post" enctype="multipart/form-data">
13             <p>上传头像： <input name="pic" type="file"/></p>
```

```
14            <p><input type="submit" value="保存头像"></p>
15        </form>
16    </body>
17    </html>
```

在上述代码中，第 11 行代码用来显示"小明"这个用户的现有头像，如果没有头像则会显示一个默认头像。第 13 行代码创建了文件上传域，并为 name 属性赋值 pic。第 14 行代码创建了提交表单按钮，当单击该按钮时，表单会以 POST 方式提交给 upload.php 文件。

（4）编写文件上传处理脚本

HTML 模板文件编写完成后，需要编写处理文件上传的 PHP 脚本文件。下面就来创建 upload_object.php 文件，具体代码如下：

```php
1  <?php
2  //声明文件解析的编码格式
3  header('content-type:text/html;charset=utf-8');
4  //载入文件上传类文件
5  require './upload.class.php';
6  //判断是否有文件上传
7  if (isset($_FILES['pic'])) {
8      //实例化 upload 对象
9      $upload = new upload;
10         //调用 upload 类的 up 方法，并把相关参数传递进去
11         if(!($pic_path = $upload->up($_FILES['pic'], 'user_'))){
12             //如果上传失败，调用对象的 getError()方法获取错误信息
13             echo $upload->getError();
14             //最后终止脚本执行
15             die;
16         }
17 }
18 //载入 html 模板文件
19 require './upload_html.php';
```

在上述代码中，首先在第 7 行代码判断是否有文件上传，如果没有，则执行第 19 行代码载入文件上传的表单页面；如果有，则执行第 9 行代码，实例化 upload 类。在第 11 行代码调用对象的 up()方法，传入包含文件信息的$_FILES['pic']和新文件前缀。当文件时上传失败时，执行第 13 行代码，通过对象的 getError()方法获取 error 属性并显示到页面中，最后终止脚本继续执行。

打开浏览器，访问 upload_object.php 文件，运行结果如图 6-5 所示。

单击"浏览"按钮，选择测试图片进行上传，运行结果如图 6-6 所示。

图 6-5　没有上传头像时的表单页面

图 6-6　上传测试图片后的表单页面

从图 6-6 可以看到，用户头像已经被上传的图片代替。

（5）创建构造方法

前面提到，文件上传功能在项目中会被多处使用。而根据调用位置的不同，允许上传的文件类型、大小及保存位置也有所不同。因此在使用文件上传功能的时候，还需要根据情况对 upload 类的成员属性进行修改。

那么如何修改成员属性呢，通过对象来访问显然是行不通的，因为 upload 类的成员属性都是私有的，在类外无法访问。

这里就提出一个新的方法：构造方法。构造方法是在使用 new 操作符创建一个类的实例时，被自动调用的方法。构造方法是类中的一个特殊方法，当使用 new 操作符创建一个类的实例时，构造方法将会自动调用。在 PHP 中，构造方法有其特定的名称：__construct()。下面就修改 upload 类，添加构造方法，通过构造方法实现修改成员属性，具体代码如下：

```php
1  <?php
2  class upload {
3    /**
4     * 构造方法
5     * @param array $params 用来修改成员属性的数组数据
6     */
7    public function __construct($params = array()) {
8        //判断$params 中是否有 types 元素，有则把 types 元素值赋值给$allow_types 属性
9        if(isset($params['types'])) $this->allow_types = $params['types'];
10       //判断$params 中是否有 size 元素，有则把 size 元素值赋值给$max_size 属性
11       if(isset($params['size'])) $this->max_size = $params['size'];
12       //判断$params 中是否有 path 元素，有则把 path 元素值赋值给$upload_path 属性
13       if(isset($params['path'])) $this->upload_path = $params['path'];
14    }
15 }
```

在上述代码中，第 7~14 行代码就定义了 upload 类的构造方法，在构造方法中设置了形式参数$params，并为该参数设置默认值为空数组。其中，第 9 行代码判断$params 中是否有 types 元素，如果有，则把 types 元素的值赋值给$allow_types 属性；第 11 行代码判断$params 中是否有 size 元素，如果有，则把 size 元素的值赋值给$max_size 属性；第 13 行代码判断$params 中是否有 path 元素，如果有，则把 path 元素的值赋值给$upload_path 属性。

为验证构造方法的作用，下面修改 upload_object.php 文件，在实例化 upload 类时传入参数，具体代码如下：

```php
1  <?php
2  //声明文件解析的编码格式
3  header('content-type:text/html;charset=utf-8');
4  //载入文件上传类文件
5  require './upload.class.php';
6  //判断是否有文件上传
7  if (isset($_FILES['pic'])) {
8      //设置文件上传需要的相关参数
9      $params = array(
10             'types' => array('image/jpeg', 'image/pjpeg', 'image/png'),
11             'size' => 600000,
12             'path' => './doc/'
13         );
14         //实例化 upload 对象，传入参数$params
```

```
15          $upload = new upload($params);
16          //格式化输出信息
17          echo '<pre>';
18          //输出$upload对象信息
19          var_dump($upload);die;
20      }
21      //载入html模板文件
22      require './upload_html.php';
```

此时打开浏览器访问 upload_object.php 文件，并选择一个文件进行上传，单击提交后结果如图 6-7 所示。

图 6-7　构造方法作用下的对象信息

知识点讲解

1．构造方法

在 PHP 中，__construct()被称为构造方法，其作用是对对象进行初始化操作。实际上与类同名的方法也被视为构造方法。如 upload 类中，如果定义了一个 upload()方法，那么它也是构造方法。这是早期 PHP 版本中定义构造方法的方式，PHP 为了向前兼容，现在仍然支持这种方式。

当一个类中同时存在这两种构造方法时，PHP 会优先选择__construct()执行。如果不支持这种方式，才会执行与类同名的构造方法。

2．析构方法

构造方法是在类被实例化成对象时自动调用的方法，与之相对的还有析构方法。析构方法是在一个对象被销毁时，被自动调用的方法。析构方法的作用是在销毁一个对象之前，执行一些操作或完成一些功能，例如，关闭文件、释放结果集等。

析构方法同样有其特定的名称：__destruct()，析构方法不能带有任何参数，示例代码如下：

```
1 <?php
2 class upload {
3     public function __destruct() {
4         echo '<p>upload对象被销毁的时间为：'.date("H:i:s").'</p>';
5     }
6 }
```

上述代码中，第 3~5 行代码就组成了 upload 类的析构方法，该方法会在 upload 对象被销毁前，获取当前时间的时间戳，并格式化输出到页面中。此时打开浏览器访问 upload_object.php，并选择图像上传，运行结果如图 6-8 所示。

图 6-8　析构方法的使用

3．访问修饰限定符

在 PHP 中，提供了 3 个访问修饰符 public、protected 和 private，它们可以对类中成员的访问做出一些限制，具体如下。

public：公有修饰符，类中的成员将没有访问限制，所有的外部成员都可以访问这个类的成员。如果类的成员没有指定访问修饰符，则默认为 public。

protected：保护成员修饰符，被修饰为 protected 的成员不能被该类的外部代码访问，但是对于该类的子类可以对其进行访问、读写等。

private：私有修饰符，被定义为 private 的成员，对于同一个类里的所有成员是可见的，即没有访问限制，但是在该类的外部以及该类的子类中是不允许访问私有成员的。

需要注意的是，在 PHP4 中所有的属性都用关键字 var 声明，它的使用效果和 public 相同。因为考虑到向下兼容，PHP5 中保留了对 var 的支持。

6.3　【案例 30】静态工具类

案例分析

1．需求分析

在项目开发中，有些功能可能会被频繁地调用。例如，商品添加、删除、修改等操作执行成功或失败时，提示相关信息并跳转到指定页面；需要显示时间时，把时间戳进行格式化输出；显示中文字符串时，按照要求截取指定长度的字符串等。

这些功能实际上就是一个个函数，但是过多的函数容易导致重名，并且不易于管理。因此可以声明一个工具类，让这些功能成为工具类的成员方法。不过一般的成员方法需要通过对象来调用，而这些功能实际上与对象本身并没有太大关联，那么如何不进行实例化而调用这些方法呢？PHP 就提供了静态成员方法来帮助我们解决这类问题，接下来就通过一个静态工具类，来学习静态成员的使用。

2．设计思路

（1）创建静态工具类，封装静态方法。

（2）修改【案例 15】，调用工具类的静态方法，完成弹窗跳转功能。

实现步骤

（1）封装弹窗跳转方法

添加一个用户数据，提示操作结果并跳转到指定页面，是一个网站十分常见的功能。接下来在【案例 15】的基础上，创建 tool 类并封装一个弹窗跳转方法来实现这个功能。创建 tool.class.php 文件，具体代码如下：

```php
1  <?php
2  /**
3   * 常用工具类
4   */
5  class tool {
6      /**
7       * JavaScript 弹窗并且跳转
8       * @param string $info 跳转信息
9       * @param string $url 跳转地址
10      * @return string 返回能够执行跳转的 JavaScript 代码
11      */
12     //该方法在某个操作执行成功并需要跳转到指定页面时使用
13     public static function alertGo($info, $url) {
14         //弹出一个对话框，提示$info 中的信息，然后 location 跳转到$_url 指定的页面
15         echo "<script>alert('$info');location.href='$url';</script>";
16         exit();
17     }
18     /**
19      * JavaScript 弹窗返回
20      * @param string $info 跳转信息
21      * @return string 返回能够执行跳转的 JavaScript 代码
22      */
23     //该方法在某个操作执行失败时使用
24     public static function alertBack($info) {
25         //弹出对话框，提示$info 变量中的信息，然后返回上一个访问的页面
26         echo "<script>alert('$info');history.back();</script>";
27         exit();
28     }
29 }
```

在上述代码中，第 13~17 行代码定义了静态方法 alterGo()。静态方法与一般的成员方法在结构上基本一致，与一般成员方法所不同的是，还需要使用 static 关键字把方法声明为静态方法。该方法在某个操作执行成功并需要跳转到指定页面时使用，参数$info 为弹出框提供显示信息，参数$url 为跳转提供目标地址。

第 24~28 行代码定义了静态方法 alterBack()，该方法在某个操作执行失败时使用，参数 $info 为弹出框提供显示信息。

（2）替换原本的跳转方法

完成 tool 工具类之后，接下来修改【案例 15】empAdd.php 文件，修改代码如下：

```php
1  <?php
2  //声明文件解析的编码格式
3  header('content-type:text/html;charset=utf-8');
4  //引入功能函数文件
5  require './public_function.php';
```

```
6  //引入 tool 静态功能类文件
7  require './tool.class.php';
8  //初始化数据库
9  dbInit();
10 //判断是否有表单提交
11 if (!empty($_POST)) {
12    ......
13    //执行 SQL
14    if ($res = query($sql)) {
15       //成功时跳转到 showList.php
16       tool::alertGo('员工添加成功!', './showList.php');
17       //停止脚本
18       die;
19    } else {
20       //执行失败
21       tool::alertBack('员工添加失败!');
22    }
23 }
24 //没有表单提交时,显示员工添加页面
25 define('APP', 'itcast');
26 require './add_html.php';
```

在上述代码中,主要修改了 3 处。第 1 处修改,就是在第 7 行把 tool 工具类文件载入到脚本文件中;第 2 处修改,就是在第 16 行调用了 tool 工具类的 alertGo()方法;第 3 处修改,就是在第 21 行调用了 tool 工具类的 alertBack()方法。

接下来访问 empAdd.php,添加一个员工数据,单击提交后,运行结果如图 6-9 所示。

单击"确定"按钮,会跳转到员工信息列表页面,结果如图 6-10 所示。

图 6-9　静态方法 alertGo()实现信息提示

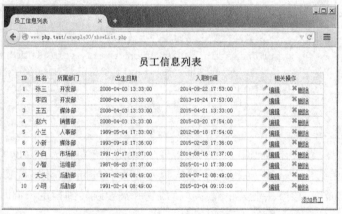

图 6-10　静态方法 alertGo()实现页面跳转

知识点讲解

1. 声明静态成员

在 PHP 中,类的静态成员同样分为属性和方法。与一般成员的声明语法类似,唯一的区别是需要使用 static 关键字将其声明为静态成员,定义静态成员的语法格式如下:

```
//定义静态属性
public static $name;
```

```
//定义静态方法
public static function call(){}
```

2．访问静态成员

访问静态成员与访问普通成员有一定区别，访问静态成员的示例代码如下：

```
1  <?php
2  class tool{
3      public static $attr = '静态属性';
4      public static function getStaticAttr(){
5          //类内访问静态属性方式一，使用类名+"::"+静态属性
6          return tool::$attr;
7          //类内访问静态属性方式二，使用 self+ "::"+静态属性
8          return self::$attr;
9      }
10 }
11 //类外访问静态属性
12 echo tool::$attr;
13 //类外访问静态方法
14 tool::getStaticAttr();
```

在上述代码中，第 3 行代码定义了一个静态属性，与定义静态方法一样，需要使用 static 关键字进行声明。第 6 行代码、第 8 行代码是在类内访问类静态属性的两种方式，其中第 8 行代码更为灵活通用。self 表示当前类，即使该类类名被修改，仍然可以使用。第 12 行代码用来在类外访问类静态属性。第 14 行代码用来在类外访问类静态方法，"::"被称为静态访问符，访问静态成员都需要通过这个操作符来完成。self 是在类内调用静态成员的方式，而类名在类内和类外都可以调用。

除了使用上述方式访问静态成员，实际上实例化的对象也能够访问静态成员。但是在实际开发中并不提倡这种用法，一般而言，对象用来调用非静态方法，类用来调用静态方法。

注意：

PHP5.3 以后，又提供了一个新的方式来访问静态成员，示例代码如下：

```
static::静态成员;
```

下面简单说明一下类名、self、static 访问静态成员的区别：

- 使用类名，可以在类的内部或类的外部访问本类的静态成员；
- 使用 self，仅可以在类的内部访问本类的静态成员；
- 使用 static，仅可以在类的内部访问本类和其父类的静态成员。

3．类常量

在 PHP 中，类内除了可以定义成员属性、成员方法、静态成员属性、静态成员方法外，还可以定义类常量。定义类常量需要使用 const 关键字，其语法格式如下：

```
const 类常量名 = '常量值';
```

类常量名定义规则与变量名一致，但在开发习惯上通常把类常量名以大写字母表示。访问类常量与静态属性一致，使用 "::" 符号，该符号也被叫做范围解析符。

定义类常量的意义在于，可以通过定义有意义的类常量名来表示无意义的数据，方便开发人员阅读。

6.4 【案例 31】数据库操作类

案例分析

1. 需求分析

在网站开发中,对数据库的操作是十分常见的。在前面的章节,我们通过面向过程的方式,完成了一个数据库操作函数库。在学习面向对象之后,我们可以再通过面向对象的方式,来封装一个数据库操作类。

2. 设计思路

(1)把数据库连接信息作为成员属性私有化,禁止外部成员访问。

(2)编写初始化属性方法,用于在不同情况下输入不同的数据库参数。

(3)编写获取数据库连接方法,根据初始化后的属性获取数据库连接资源。

(4)编写选择字符集和默认数据库的方法,为操作数据库做前期准备。

(5)编写构造方法,当实例化对象时自动调用各方法,达到初始化数据库对象的目的。

(6)编写 SQL 语句执行方法,主要提供在执行失败时的错误信息。

(7)编写处理数据的方法,用于从结果集中获取查询结果。

(8)编写安全转义方法,将可能影响 SQL 语句执行的特殊字符进行转义。

(9)修改数据库操作类,限制脚本实例化多个数据库对象。

实现步骤

(1)把数据库连接信息私有化

基于类的封装性,我们需要尽量隐藏类的内部成员,仅仅保留外部接口,因此我们需要把成员属性全部使用 **private** 关键字声明为私有属性,具体代码如下:

```php
1 <?php
2 /**
3  * MySQL 数据库操作类(基于 mysql 扩展完成)
4  * 所有的针对数据库直接操作,由 MySQLDB 完成
5  */
6 class MySQLDB {
7     //数据库连接信息
8     private $dbConfig = array(
9         'host' => 'localhost',   //主机
10        'port' => '3306',        //端口
11        'user' => '',            //用户
12        'pwd' => '',             //密码
13        'charset' => 'utf8',     //字符集
14        'dbname' => '',          //默认的数据库
15    );
16    //数据库连接资源
17    private $link;
18 }
```

在上述代码中,第 8~15 行代码把连接数据库需要的关键信息定义成一个私有属性,该属性值为数组形式。由于数据库的连接信息是在类被实例化后才能确定的,所以第 11 行代码、

第 12 行代码将连接数据库的用户名和密码设置为空。第 17 行代码声明了一个私有属性$link，该属性用来保存数据库连接资源标志。

（2）编写初始化属性方法

一般在操作数据库时，会根据不同情况选择不同的用户或数据库。这就需要我们在数据库操作类中，编写一个能够初始化属性的方法，具体代码如下；

```
1 /**
2  * 初始化属性
3  * @param array $params 数据库连接信息
4  */
5 private function initAttr($params) {
6     //初始化属性，使用 array_marge()函数合并两个数组
7     $this->dbConfig = array_marge($this->dbConfig, $params);
8 }
```

在上述代码中，第 7 行代码使用 array_marge()函数，把$dbConfig 属性与传递的$params 数组进行合并，完成初始化数据库连接属性的操作。

（3）编写获取数据库连接方法

初始化数据库操作类的属性信息，是为了下面获取数据库连接做准备。根据不同的属性值，能够获取到不同数据库的连接，具体代码如下：

```
1 /**
2  * 连接目标服务器
3  */
4 private function connectServer() {
5     $host = $this->dbConfig['host'];
6     $port = $this->dbConfig['port'];
7     $user = $this->dbConfig['user'];
8     $pwd = $this->dbConfig['pwd'];
9     //连接数据库服务器
10     if ($link = mysql_connect("$host:$port",$user ,$pwd)) {
11         $this->link = $link;
12     } else {
13         die('数据库服务器连接失败，请确认连接信息！'.  mysql_error());
14     }
15 }
```

在上述代码中，第 4~15 行代码定义了 connectServer()方法，该方法用来获取到数据库的连接。其中，第 10 行代码执行 mysql_connect()方法来获取数据库连接。当该方法执行成功时，将获取到的连接资源赋值给类的私有属性$link，失败时则返回错误信息并终止脚本继续执行。

（4）编写选择字符集和默认数据库的方法

具体代码如下：

```
1 /**
2  * 设定连接字符集
3  */
4 private function setCharset() {
5     $sql = " set names {$this->dbConfig['charset']}";
6     $this->query($sql);
7 }
8 /**
9  * 选择默认数据库
```

```
10 */
11 private function selectDefaultDb() {
12     //判断 $this->dbConfig['dbname'] 是否为空，为空，表示不需要选择数据库
13     if ($this->dbConfig['dbname'] == '') {
14         return;
15     }
16     $sql = "use `{$this->dbConfig['dbname']}`";
17     $this->query($sql);
18 }
```

在上述代码中，第4~7行代码定义了 setCharset()方法，该方法用来设定连接字符集。其中第6行代码使用的 query()方法是我们自己封装的 SQL 语句执行方法，该方法会在下面的步骤中进行实现。第11~18行代码定义了 selectDefaultDb()方法，该方法用来选择默认数据库，首先判断$dbname 属性是否为空，如果为空，则返回；如果不为空，则执行第16行代码选择数据库。

（5）编写构造方法

第（2）~（4）步都需要在初始化对象的时候执行，因此可以把这几个方法写在构造方法中，当实例化对象时，构造方法会被自动执行。具体代码如下：

```
1 /**
2  * 构造方法
3  * @param array $params 数据库连接信息
4  */
5 public function __construct($params = array()) {
6     //初始化属性
7     $this->initAttr($params);
8     //连接数据库
9     $this->connectServer();
10    //设定字符集
11    $this->setCharset();
12    //选择默认数据
13    $this->selectDefaultDb();
14 }
```

由于 initAttr()方法初始化对象属性时，需要用户传递参数。因此构造方法就需要设置一个参数，以供用户传递参数信息。

（6）编写 SQL 语句执行方法

与之前定义数据库操作函数库一样，我们需要把 mysql 扩展提供的 mysql_query()函数进行进一步处理。主要目的就是在执行失败时，将失败的 SQL 语句以及错误信息显示出来。具体代码如下：

```
1 /**
2  * 执行 SQL 的方法
3  * @param string $sql 待执行的 SQL
4  * @return mixed 查询语句返回结果集，非查询语句返回 true
5  */
6 public function query($sql) {
7   if ($result = mysql_query($sql, $this->link)) {
8     //执行成功
9     return $result;
10  } else {
11    //设定失败
```

```
12        echo 'SQL 执行失败:<br>';
13        echo '错误的 SQL 为:', $sql, '<br>';
14        echo '错误的代码为:', mysql_errno($this->link), '<br>';
15        echo '错误的信息为:', mysql_error($this->link), '<br>';
16        die;
17    }
18 }
```

在上述代码中，首先执行 mysql_query()方法，并传入要执行的 SQL 语句以及数据库连接资源标识符。如果执行成功，则返回执行结果；如果没有执行成功，则执行第 12~16 行代码，返回执行失败的 SQL 语句以及错误信息。

（7）编写处理单条数据的方法

由于 query()方法执行成功后，返回的是一个资源类型数据。需要对其进一步处理才能得到可用的查询结果，因此还需要处理数据的方法。下面考虑第 1 种情况，也就是查询结构只有一条数据的情况下的数据处理方法，具体代码如下：

```
1  /**
2   * 查询单条记录
3   * @param string $sql 待执行的查询类的 SQL
4   * @return array 一维数组
5   */
6  public function fetchRow($sql) {
7      if ($result = $this->query($sql)) {
8          $row = mysql_fetch_array($result, MYSQL_ASSOC);
9          return $row;
10     } else {
11         //执行失败
12         return false;
13     }
14 }
```

在上述代码中，第 6~14 代码行定义了处理一条数据的方法 fetchRow()，由于 query()方法返回的结果集只有 1 条数据，因此无需遍历，直接使用 mysql_fetch_array()函数获取结果集数据即可。

（8）编写处理多条数据的方法

当需要处理的结果集包含多条数据时，可以定义 fetchAll()方法。具体代码如下：

```
1  /**
2   * 处理多条数据
3   * @param string $sql 待执行的查询类的 SQL
4   * @return array 二维数组
5   */
6  public function fetchAll($sql) {
7      if ($result = $this->query($sql)) {
8          $rows = array();
9          while ($row = mysql_fetch_array($result, MYSQL_ASSOC)) {
10             $rows[] = $row;
11         }
12         mysql_free_result($result);
13         return $rows;
14     } else {
15         //执行失败
```

```
16        return false;
17    }
18 }
```

在上述代码中，第6~18行代码定义了处理多条数据的方法 fetchAll()，该方法与 fetchRow() 的区别在于，它处理的结果集中包含多条数据。因此需要先定义一个数组变量$rows，之后通过 while 语句重复执行 mysql_fetch_array()函数，每次执行都会返回一条数据，把该条数据赋值给$rows 数组，最终返回这个数组就完成了多条数据的处理。

（9）编写安全转义方法

考虑到执行 SQL 语句，可能会因为用户传递的参数中带有特殊字符导致执行失败，此时就需要编写一个安全转义方法，将参数中可能存在的特殊字符转义，具体代码如下：

```
1 /**
2  * mysql 转义字符串
3  * @param string $data 待转义的字符串
4  * @return string 转义后的字符串
5  */
6 public function escapeString($data) {
7     return mysql_real_escape_string($data, $this->link);
8 }
```

在上述代码中，第6~8行代码定义了 escapeString()方法，该方法就用来对数据进行安全转义，其中主要依靠第7行代码执行的 mysql_real_escape_string()方法。

（10）限制脚本实例化多个数据库对象

数据库操作类用来提供对数据库的相关操作，使用的时候需要实例化数据库对象。但是实例化一个数据库对象，就需要连接一次数据库获取连接资源。下面就向大家介绍一种设计模式：单例模式。

通过单例模式，可以做到一个类只能被实例化一次。首先在定义数据库操作类的成员属性的时候，添加一个私有静态成员，具体代码如下：

```
//单例对象引用
private static $instance;
```

接下来私有化构造方法，具体代码如下：

```
//私有化构造方法，可以防止类在外部被实例化，但可以在类内实例化
private function __construct($params = array()) {
    ……
}
```

然后添加一个静态成员方法，作为获取单例对象的公共接口，通过类访问这个静态方法来实例化对象，具体代码如下：

```
/**
 * 获得单例对象的公共接口方法
 * @param array $params 数据库连接信息
 * @return object 单例的对象
 */
public static function getInstance($params = array()) {
    //判断是否没有实例化过
    if (!self::$instance instanceof self) {
        //实例化并保存
        self::$instance = new self($params);
    }
    //返回对象
```

```
        return self::$instance;
    }
```

在上述代码中，定义了静态成员方法 getInstance()，该方法是实现限制多次实例化的关键步骤。首先通过判断静态属性$instance 是否保存了当前类的实例，如果没有则使用 new 实例化本类。由于是在类的内部实例化，因此私有的构造函数就得以执行。如果$instance 保存有当前类的实例，则直接返回$instance 即可。

最后还需要进行一步操作，就是把克隆方法声明为私有的，具体代码如下：

```
/**
 * 私有克隆
 */
private function __clone() {

}
```

当在类的外部执行 "clone $对象名" 时，会自动调用该对象的__clone()方法，复制这个对象。因此我们需要把__clone()方法私有化，这样在外部就无法调用该方法。

注意：

__clone()、__construct()以及__destruct()方法都是类中默认存在的方法，即使在类文件中不进行声明，这些方法依然存在，只不过是空方法。

知识点讲解

1. 单例模式

有些类（如数据库操作类），可以只有一个对象（实例）就能完成所有的任务。因此就应该站在设计程序的角度，去限制该类实例化多个对象，做到有且仅有一个对象，从而实现节约资源的目的。这样的设计模式，就称为单例模式。

2. 对象的克隆

对象复制可以通过 clone 关键字来完成，示例代码如下：

```
$copy_of_object = clone $object;
```

当对象被复制后，PHP 会对对象的所有属性执行复制操作，当复制完成时，如果定义了__clone()方法，则新创建的对象（复制生成的对象）中的__clone()方法会被调用，可用于修改属性的值。

6.5　【案例 32】类库自动加载

案例分析

1. 需求分析

在业务需求越来越复杂的情况下，一个脚本中需要加载的类文件也会越来越多。例如，当一个程序需要实例化 100 个类时，就需要用 include 或 require 引入 100 个类文件，或者把 100 个类定义在一个文件中，这两种方法都有局限性。那么有没有一种方法，可以在实例化对象时，自动找到类文件进行加载呢，PHP 提供的__autoload()方法就帮助我们解决了这个问题。

2．设计思路

（1）定义__autoload()方法，实现简单的自动加载。

（2）为测试自动加载功能，定义两个类文件。

（3）编写 php 脚本，在不包含类文件的情况下，实例化类对象。

实现步骤

（1）使用__autoload()函数实现自动加载

创建 init.php 文件，其中声明__autoload()方法。该方法会在实例化对象前被自动调用，具体代码如下：

```php
1 <?php
2 header('content-type:text/html;charset=utf-8');
3 /**
4  * 自动加载函数
5 */
6 function __autoload($className){
7     require "./$className.class.php";
8 }
```

在上述代码中，第 6~8 行代码就实现了简单的自动加载方法。该方法需要一个参数 $className，该参数表示要实例化的类名。当实例化对象时，__autoload()函数会自动接收类名，并通过第 7 行代码加载该类文件。

需要注意的是，使用这种方式实现自动加载，需要类文件名与类名一致。并且由于采用的是相对路径地址，因此类文件是相对当前文件的地址，示例代码如下：

```php
<?php
//载入 init.php 文件
require './init.php';
//实例化 student 对象
$student = new student;
```

此时就需要在该文件的同级目录下有一个 student.class.php 文件，并且 student.class.php 文件中声明的类名必须是 student 才能实现自动加载。

（2）声明两个类文件用于测试

下面创建两个测试类类文件 student.class.php 和 school.class.php，通过实例化这两个类，来测试类的自动加载功能。

student.class.php 文件代码如下：

```php
1 <?php
2 class student{
3     public function __construct(){
4         echo '这里是学生类文件，已被加载';
5     }
6 }
```

school.class.php 文件代码如下：

```php
1 <?php
2 class school{
3     public function __construct(){
4         echo '这里是学校类文件，已被加载';
5     }
6 }
```

上面声明了两个测试用的类文件，每个类文件中只声明了构造方法。在实例化这两个类文件时，通过构造方法中输出的文字，就可以知道是否加载成功。

（3）编写 php 脚本，实例化类文件

创建 index.php 文件，在文件中包含 init.php 文件。创建 student 对象和 school 对象，具体代码如下：

```
1  <?php
2  //载入 init.php 文件
3  require './init.php';
4  //实例化 studet 对象
5  $student = new student;
6  echo '<hr>';
7  //实例化 school 对象
8  $student = new school;
```

在上述代码中，第 3 行代码通过 require 载入了 init.php 文件。在第 5 行代码和第 8 行代码分别实例化了 student 对象和 school 对象，而且并没有载入这两个对象的类文件。

此时访问 index.php 文件，运行结果如图 6-11 所示。

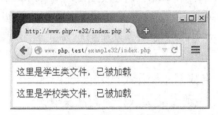

图 6-11　自动加载效果

知识点讲解

1．自动加载

魔术方法 __autoload()能够方便地实现类库的自动加载，运用该方法可以在实例化对象之前自动加载指定的类文件。在方法体中，可以根据不同文件存放规则，实现更为复杂的自动加载机制。需要注意的是，__autoload()函数只有在试图使用未被定义的类时自动调用。

2．更灵活的自动加载

__autoload()函数虽然简单易用，但却不是很灵活。因此，PHP 提供了一种用户自定义加载的机制，首先创建一个自定义加载函数，然后使用 spl_autoload_register()函数将其注册到 SPL__autoload 函数栈中，具体代码如下：

```
1  <?php
2  header('content-type:text/html;charset=utf-8');
3  /**
4   * 用户自定义加载函数
5   */
6  function user_autoload($className){
7      require "./$className.class.php";
8  }
9  spl_autoload_register('user_autoload');
```

在上述代码中，第 6~8 行代码定义了自动加载函数，该函数又被称为加载器。第 9 行代码使用 spl_autoload_register()函数把加载器 user_autoload()注册到 spl__autoload 函数栈中。

spl_autoload_register()函数可以很好地处理多个加载器的情况，它会按顺序依次调用之前注册过的加载器。

6.6 【案例33】模型类

案例分析

1．需求分析

Web 项目的所有功能，基本上都是围绕数据库的增、删、改、查来实现的。虽然我们已经封装了数据库操作类，能够快捷地实现数据的增、删、改、查，但仍然需要自己组合数据，创建 SQL 语句。

在项目中，通常把处理数据的类文件称为模型（Model）类，模型类的作用是根据业务逻辑针对某张表进行数据处理，而且模型类名通常直接反映了要操作的数据表。例如，empModel.class.php 文件就是针对 emp 表的数据处理，goodsModel.class.php 文件就是针对 goods 表的数据处理。而这些模型类文件有些功能是相同的，因此可以将这些相同的部分，抽取到同一个类文件中，这个类文件就被称为基础模型类。下面就来创建模型类与基础模型类。

2．设计思路

（1）创建 library 目录，将数据库操作类放入该目录中。

（2）创建 init.php 文件，实现自动加载和实例化模型类。

（3）在 library 目录下创建 Model.class.php 文件，获取数据库连接。

（4）设置 tableName 属性，用于保存获取的数据表名。

（5）编写获取查询字段的方法，用来保存指定字段以便查询。

（6）编写解析查询字段的方法，用来组合 select 语句的查询字段。

（7）编写查询方法，根据字段和表名生成相关 SQL 语句并执行。

（8）设置 data 属性，用来保存要添加的数据信息。

（9）编写解析数据的方法，用来组合 insert 语句的字段和数据部分。

（10）编写添加数据的方法，根据字段、数据和表名生成相关 SQL 语句并执行。

实现步骤

（1）准备相关文件

首先在当前目录下创建 library 目录，将【案例31】中封装好的数据库操作类放入其中。然后在当前目录下创建 init.php，该文件用来提供数据库连接的相关信息以及实现类的自动加载，具体代码如下：

```php
1 <?php
2 //声明文件解析的编码格式
3 header('content-type:text/html;charset=utf-8');
4 //数据库配置
5 $dbConfig = array(
6     'user' => 'root',
7     'pwd' => '123456',
8     'dbname' => 'itcast'
```

```
9  );
10  //使用__autoload()启动自动加载
11  function __autoload($className) {
12    require "./library/{$className}.class.php";
13  }
14  //定义model函数用来实例化模型类
15  function model($tableName) {
16    $model = $tableName . 'Model';
17    return new $model($tableName);
18  }
```

在上述代码中，第 5~9 行代码使用数组定义了数据库连接的相关信息。第 11~13 行代码实现了简单的自动加载，第 15~18 行代码封装了 model()函数，用来获取模型对象。以后项目中的其他 PHP 脚本都可以通过加载 init.php 文件来实现加载模型类。

（2）获取数据库连接

既然是操作数据库数据，模型类就需要获取到数据库的链接。因此基础模型类需要一个成员属性，用来保存数据库连接资源。考虑到基础模型类会被其他模型类继承，因此这个成员属性需要声明为 protected（受保护的）。下面就在 library 目录下创建基础模型类 model.class.php，具体代码如下：

```
1  <?php
2  class model{
3    //成员属性$db，用来保存数据库操作类的实例
4    protected $db;
5    //构造方法，用来获取数据库连接资源
6    public function __construct(){
7      //实例化数据库
8      $this->db = MySQLDB::getInstance($GLOBALS['dbConfig']);
9    }
10 }
```

在上述代码中，第 4 行代码声明了$db 属性，该属性用来保存数据库连接资源。第 6~9 行代码声明构造方法，该构造方法用来获取数据库连接资源，并赋值给$db 属性。需要注意的是，要使用$GLOBALS 把 init.php 中保存数据库连接信息的数组变成全局变量。

（3）获取数据表名

由于不同模型类操作的数据表不一样，因此需要根据实例化的模型来确定数据表名。有了表名，在组合 SQL 语句时才可以指定要操作的数据表。修改 model.class.php 文件，具体代码如下：

```
1    protected $tableName;  //表名
2    public function __construct($tableName){
3      //实例化数据库
4      $this->db = MySQLDB::getInstance($GLOBALS['dbConfig']);
5      //获取表名
6      $this->tableName = $tableName;
7    }
```

在上述代码中，第 1 行代码向 model 类中添加了一个成员属性$tableName，该属性用来保存当前实例化的模型要操作的数据表名。第 2~7 行代码是构造函数，在构造函数中添加形式参数$tableName，表示实例化 model 类需要输入表名数据，第 6 行代码根据输入的表名为 $tableName 属性赋值。

（4）编写获取查询字段的方法

模型类的作用是对数据进行增、删、改、查操作，下面先来实现最简单的查询功能。我们都知道最简单的查询语句是"select * from table_name"，但有时还需要我们根据指定字段进行查询。为了做到可以根据指定字段查询，在 model 类中还需要添加一个方法 field()，具体代码如下：

```
1    protected $fields; //查询字段信息（查询用）
2    //指定待查询的字段
3    public function field($fields){
4        $this->fields = $fields;
5        return $this;
6    }
```

在上述代码中，第 1 行代码向 model 类中定义了一个成员属性$fields，该属性用来保存用户输入的查询字段信息。第 3~6 行代码定义了 field()方法，该方法的作用是把调用方法时传递的参数信息赋值给$fields 属性。

（5）编写解析查询字段的方法

获取到了要查询的字段信息，还需要对其进行解析，让它符合 select 语句的语法格式。修改 model.class.php 文件，添加解析字段的方法 parseFields()，具体代码如下：

```
1  //解析字段（查询用）
2  //将 $this->fields 转换为逗号拼接的 SQL 字段部分
3  private function parseFields(){
4      if(is_string($this->fields)){
5          $this->fields = explode(',',$this->fields);
6      }
7      foreach($this->fields as $k => $v){
8          $this->fields[$k] = "`$v`";
9      }
10     return implode(',',$this->fields);
11 }
```

在上述代码中，第 4 行代码首先判断$fields 属性的值是否是字符串，如果是字符串则把该字符串使用"逗号"分割成数组。第 7~9 行代码使用 foreach 语句遍历数组，将数组信息按照 select 语句中查询字段的语法格式进行重新组合，最后在第 10 行代码把字段数组使用"逗号"连接成字符串并返回。

（6）编写查询方法

指定查询字段的方法编写完成之后，我们来完成查询方法的编写。修改 model.class.php 文件，添加 select()方法，具体代码如下：

```
1  //查询数据
2  //如果没有指定$this->fields,则查询所有字段
3  public function select(){
4      //拼接 SQL 语句
5      if(empty($this->fields)){
6          $sql = "select * from $this->tableName";
7      }else{
8          $fields = $this->parseFields();
9          $sql = "select $fields from $this->tableName";
10         //清除本次的字段
11         $this->fields = null;
12     }
```

```
13      return $this->db->fetchAll($sql);
14 }
```

在上述代码中，第 5 行代码首先判断$fields 属性是否为空。当$fields 属性为空，就说明并没有调用 field()方法指定查询字段。因此就执行第 6 行代码，该代码用于组合 select 查询语句并查询所有字段，其中表名是通过$tableName 属性获的。

如果$fields 属性不为空，则执行第 8 行代码，调用 parseFields()方法对$fields 的值进行解析并赋值给变量$fields。然后执行第 9 行代码，该代码根据指定字段组合 select 语句。需要注意的是，在完成 select 语句组合后，需要清除$fields 属性，否则下次执行 select()方法时，即使没有执行 field()方法，也会根据上次输入的查询字段进行组合 select 语句。

最后执行第 13 行代码，通过调用数据库操作类的 fetchAll()方法，执行 select 语句获取查询结果。

（7）创建 student 模型类

下面在 library 目录下创建 studentModel.class.php，继承基础模型类。通过 student 模型类实现对 student 表的查询操作，用来测试基础模型类的功能，具体代码如下：

```php
1 <?php
2 //studentModel 类，用来对 student 表进行数据操作
3 class studentModel extends model{
4
5 }
```

以上就是 student 模型类的全部代码，其中不需要任何方法，只需要继承 model 类即可。接着在项目根目录下创建 index.php 文件，使用 require 载入 init.php 文件，并实例化 studentModel 类，获取 student 表的数据，具体代码如下：

```php
1 <?php
2 //载入 init.php 文件
3 require './init.php';
4 //调用 model()函数，传入要操作的数据表名以获取对应模型类对象
5 $student = model('student');
6 //通过$student 对象调用 field()方法指定查询的字段，调用 select()方法执行查询
7 $data = $student->field('name,birthday')->select();
8 //输出查询的数据结果
9 var_dump($data);
```

打开浏览器，访问 index.php 文件，运行结果如图 6-12 所示。

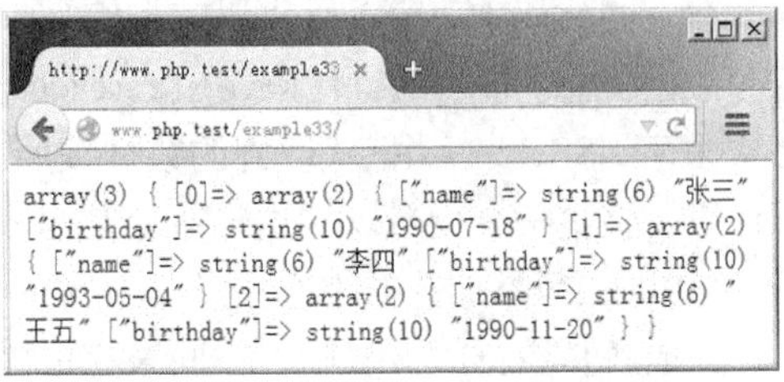

从图 6-12 可以看到，student 模型类已经从 student 表中获取到了相关数据。而 student 模型类本身并没有编写任何方法，查询功能的实现都是通过继承获取到了 model 类的成员，最后调用 model 类的成员方法完成的。

图 6-12　student 模型类获取数据

（8）添加属性保存添加数据信息

完成查询方法后，下面来完成数据添加方法。说到数据添加，首先需要获取数据。因此在 model 类中设置一个$data 属性来保存要添加的数据信息，代码如下：

```php
    protected $data = array(); //数据数组（添加、修改用）
```

考虑到继承性，$data 属性需要使用 protected 关键字进行声明。此时就会产生一个问题，protected 关键字声明过的成员属性在类外无法被访问，我们该如何把数据保存到$data 属性中

呢。下面向大家介绍两个魔术方法：__set()，__get()。

__set()方法：该方法用于为私有成员属性设置值，有两个参数，第 1 个参数为设置值的属性名，第 2 个参数是要给属性设置的值，没有返回值。这个方法不需要我们手动去调用，当遇到不能访问的成员属性时，该方法就会被自动调用。本类中__set()方法如下：

```
1  //设置模型中的数据
2  public function __set($name,$value) {
3      $this->data[$name] = $value;
4  }
```

在上述代码中，就是对__set()方法的使用。需要注意的是，我们需要在该方法中限定能够操作的成员属性，如第 3 行代码所示。

__get()方法：该方法用于获取私有成员属性的值，有 1 个参数$name 用于传入需要获取的成员属性，返回获取的属性值，这个方法同样不需要手动调用。本类中__get()方法如下：

```
1  //获取模型中的数据
2  public function __get($name) {
3      return isset($this->data[$name]) ? $this->data[$name] : null;
4  }
```

与__set()方法相同，我们需要在方法中限定能够访问的成员属性，如第 3 行代码所示。

（9）编写解析数据的方法

获取到了要保存的数据信息，还需要对其进行解析。让它符合 insert 语句的语法格式。修改 model.class.php 文件，添加解析字段的方法 parseData()，具体代码如下：

```
1  //解析数据（添加用）
2  private function parseData(){
3      $field = $value = array();
4      foreach($this->data as $k=>$v){
5          $field[] = "`$k`";
6          $value[] = "'".$this->db->escapeString($v)."'";
7      }
8      return array(
9          'field' => implode(',',$field),
10         'value' => implode(',',$value),
11     );
12 }
```

在上述代码中，第 3 行代码首先定义临时变量$filed 用来保存字段信息，变量$value 用来保存数据信息。第 4~7 行代码使用 foreach 遍历$data 属性，把获取到的字段按照 insert 的语法格式保存到$field 中，把获取到的数据按照 insert 的语法格式保存到$value 中。最后在第 8~10 行代码，将这两个变量以"逗号"分割组成字符串。

（10）编写添加数据的方法

完成解析数据的方法后，下面来完成添加数据的方法。修改 model.class.php 文件，添加 add()方法，具体代码如下：

```
1  //添加数据，如果传递$data 参数，则覆盖模型本身的数据
2  public function add($data = array()) {
3      //合并数组
4      $this->data = array_merge($this->data,$data);
5      //解析 $data 属性中的数据
6      $data = $this->parseData();
7      //清除模型中的数据
```

```
8       $this->data = array();
9       //拼接 SQL
10      $sql = "insert into $this->tableName ({$data['field']}) values({$data['value']})";
11      //返回执行结果
12      if ($this->db->query($sql)) {
13          //当添加成功时，返回最后被添加的数据 id
14          return $this->db->lastInsertId();
15      }
16      return false;
17  }
```

在上述代码中，首先在第 4 行代码中将传入数据与成员属性数据合并，然后通过第 6 行调用 parseData()方法对数据进行解析，以符合 insert 语句的语法格式。之后在第 8 行对$data属性进行清空操作。最后拼接 insert 语句，并在第 12 行代码执行数据库操作类的 query 方法进行添加。如果添加成功则执行第 14 行代码返回已添加的数据 ID，如果失败则返回 false。

（11）验证数据添加方法

验证步骤十分简单，可以手动创建一个学生数据，调用 model 类的 add()方法。如果执行成功会返回被添加的数据 ID，再根据这个 ID 查询到这个学生的信息并输出到页面中。

由于 model 类中并没有根据 ID 获取数据的方法，因此可以在 studentModel 类中进行扩展，添加一个 getById()方法完成根据 ID 获取学生信息的功能，具体代码如下：

```
1  <?php
2  final class studentModel extends model{
3      //该方法会根据传递的 ID 获取相关数据
4      public function getById($id){
5          //编写根据 id 获取数据的 SQL 语句
6          $sql = "select * from $this->tableName where id = $id";
7          //执行数据库操作类的 fetchRow 获取数据
8          if($data = $this->db->fetchRow($sql)){
9              //方法执行成功，返回数据
10             return $data;
11         }
12         //方法执行失败，返回 false
13         return false;
14     }
15 }
```

上述代码中，第 4~14 行代码实现了根据 ID 获取数据的方法。其中第 6 行代码根据传递的参数 ID 编写了一个 SQL 查询语句，并在第 8 行代码调用数据库操作类的 fetchRow()方法执行该 SQL 语句。最后判断查询语句是否执行成功，如果成功则执行第 10 行代码，返回查询结果。

接下来编写 index.php 文件，创建学生数据，并执行 model 类的 add()方法进行添加。具体代码如下：

```
1  <?php
2  //载入 init.php 文件
3  require './init.php';
4  //调用 model()函数，传入要操作的数据表名以获取对应模型类对象
5  $student = model('student');
6  //以下演示两种创建数据的方式
7  $student->name = '小红';   //通过对象属性保存学生数据
8  $studentData = array(      //通过传递数组保存学生数据
9      'gender' => '女',
```

```
10       'birthday' => '1990-08-21'
11   );
12   //调用 add()方法，并接收方法返回值
13   if ($studentId = $student->add($studentData)) {
14       //如果返回了新添加的学生 ID，则根据 ID 获取学生信息
15       $studentInfo = $student->getById($studentId);
16       echo '<pre>';
17       //打印输出学生信息
18       var_dump($studentInfo);
19   }
```

上述代码中，第 7~11 行代码创建了一个学生数据，在第 13 行代码调用 add()方法并将学生数据传递进去，执行成功则返回被添加数据的 ID 值。并在第 15 行代码调用 getById()方法，根据返回的 ID 值获取学生数据，最后使用第 18 行代码把学生数据输出到页面中。

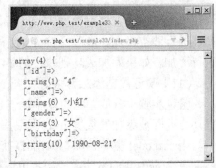

图 6-13　验证 add()方法

打开浏览器，访问 index.php 文件，运行结果如图 6-13 所示。

以上就实现了基础模型类查询和添加功能的编写，删除与修改功能与之类似，因此不再演示，有兴趣的读者可以自行实现。

知识点讲解

1．继承

继承性是面向对象的 3 大特征之一，继承的实现非常简单，在编写一个类文件的时候使用 extends 关键字来继承另一个类即可，示例代码如下：

```php
<?php
class child extends parent{
}
```

被继承类是当前类的父类（parent），当前类是被继承类的子类（child）。子类在继承父类时，会继承父类的所有公共成员和受保护的成员，而不会继承父类的私有成员。所以我们编写的 studentModel 类中即使没有任何成员，也通过继承得到了数据的查询和添加数据的能力。

2．多态

多态指的是同一操作作用于不同的对象，会产生不同的执行结果。在 PHP 中可以通过重写来实现多态效果，重写的过程很简单，只需要在子类中同样添加这个方法，并对方法体进行重新实现即可。示例代码如下：

```php
//父类文件: parent.class.php
<?php
class parent{
    protected function call(){
        echo '这里是父类!';
    }
}
//子类文件: chlid.class.php
```

```php
<?php
class child extends parent{
    protected function call(){
        echo '这里是子类';
    }
}
```

需要注意的是，方法重写需要符合两个要求：

（1）方法的参数数量必须一致；

（2）子类的方法的访问级别应该等于或弱于父类中的被重写的方法的访问级别。

3．final 关键字

如果我们不希望某个类被继承，只能被实例化，就可以通过 final 关键字来声明，示例代码如下：

```php
//定义 child 类，继承 parent 类
final class child extends parent{
    //本类不能被继承，只能被实例化
}
```

当一个类被继承时，所包含的 final 方法不能被子类重写。这样可以限制要求在子类中一定会存在某个功能一样的方法。示例代码如下：

```php
//定义 parent 类
class parent{
    final protected function call(){
        echo '该方法使用 final 关键字声明，不能被子类重写。';
    }
}
```

4．魔术方法

PHP 中有很多两个下画线开头的方法，如前面介绍的__construct()、__autoload()、__get()和__set()等，这些方法被称为魔术方法。魔术方法有一个特点就是不需要手动调用，在某一时刻会自动执行，为程序的开发带来了极大的便利。

接下来针对本案例用到的__get()和__set()方法进行详解介绍。

（1）__get()

这个方法用来获取私有成员属性值，通过参数传入需要获取的成员属性的名称，即可获取属性值。该方法会在获取不存在的或被访问修饰符限制访问的成员属性时自动调用，因为私有属性已经被封装，不能直接获取值（如"echo $p1->name"这样直接获取是错误的），但是如果定义了__get($name)方法，在获取"$p1->name"时，会将属性名"name"传给参数$name，然后我们就可以在__get()方法中获取到该私有属性并返回。

（2）__set()

这个方法用来为私有成员属性设置属性值，有两个参数，第 1 个参数为属性名，第 2 个参数是要给属性设置的值。这个方法同样是自动调用的。当需要在外部设置私有成员属性的值时（如$p1->name='张三'），通过定义__set($name, $value)方法可以获取属性名"name"和属性值"张三"，分别保存在参数$name 和$value 中。然后通过__set()方法为私有属性设置属性值。

6.7 【案例34】抽象类与接口

案例分析

1．需求分析

在项目开发中，通常类的基础属性和方法都是由项目负责人进行编写的。其他人在编写相关类的时候，都需要通过继承这些类来获取基础属性和方法。虽然可以通过会议规定开发流程，但是如果能够从代码上来实现硬性控制更为方便。在 PHP 中可以通过 abstract 关键字声明抽象类，来实现上述需求。有时候我们希望一个类必须具有某些公共方法，此时就可以使用接口技术。接下来就通过两个简单的例子演示抽象类和接口的使用。

2．设计思路

（1）创建抽象类 goods 类，定义一个抽象方法和一个 final 方法。

（2）创建 book 类，继承 goods 类，实现 goods 类的抽象方法。

（3）创建 phone 类，继承 goods 类，实现 goods 类的抽象方法。

（4）定义接口，通过接口规定类必须要具有的公共方法。

（5）创建类文件，来实现接口。

实现步骤

（1）创建 goods 类

首先创建一个抽象类，在 PHP 中使用 abstract 来声明抽象类，具体代码如下：

```php
1  <?php
2  /**
3   * 定义商品类，使用 abstract 声明为抽象类
4   * 该类提供基础属性$name，$price，构造方法
5   */
6  abstract class goods{
7      public $name;    //商品名称
8      public $price;   //商品价格
9      //构造方法，初始化对象的$name 和$price 属性
10     public function __construct($name, $price) {
11         $this->name = $name;
12         $this->price = $price;
13     }
14     //限制非抽象子类都要实现 getName 的方法，但是可以不同
15     abstract protected function getName();
16     //要求每个子类都必须要有相同的返回原始价格的方法
17     final public function getPrice() {
18         return $this->price;
19     }
20 }
```

在上述代码中，通过 abstract 将 goods 类声明为抽象类，该类只能被继承不能被实例化。在第 7~8 行代码定义了两个基础属性，第 10~13 行代码定义了构造方法，在初始化对象时为属性赋值。在第 15 行代码中使用 abstract 声明了一个抽象方法 getName()，继承该类的非抽象

类都需要实现该方法，具体实现根据业务需求有所不同。第17~19行代码定义了一个 final 方法 getPrice()，final 关键字限制了子类必须存在该方法并且不能被重写。

（2）创建 book 类

下面定义 book 类，该类继承 goods 类。根据 goods 类的定义，book 类中只需要实现 getName() 方法即可，具体代码如下：

```php
1  <?php
2  header('content-type:text/html;charset=utf-8');
3  //载入 goods 类文件
4  require './goods.class.php';
5  //定义 book 类，继承 goods 类
6  class book extends goods{
7      //由于父类 getName 方法是抽象方法，因此在这里必须实现
8      public function getName(){
9          return '书名：《'.$this->name.'》';
10     }
11 }
12 //实例化 book 类，book 类继承了 goods 类，具有构造方法，需要传递相关参数
13 $book = new book('PHP 高级教程',45);
14 echo $book->getName();
15 echo '<hr>';
16 //父类 good 类中 getPrice 是 final 方法，无法被重写
17 echo $book->getPrice();
```

在上述代码中，第 8~10 行代码实现了 goods 类的抽象方法 getName()。第 13 行代码实例化了 book 对象，并传递了相关参数。第 14 行代码调用 getName()方法，第 17 行代码调用 getPrice()方法。

（3）创建 phone 类

下面定义 phone 类，与 book 类相同，具体代码如下：

```php
1  <?php
2  header('content-type:text/html;charset=utf-8');
3  //载入 goods 类文件
4  require './goods.class.php';
5  //定义 phone 类，继承 goods 类
6  class phone extends goods{
7      //由于父类 getName 方法是抽象方法，因此在这里必须实现
8      public function getName(){
9          return '手机型号为：'.$this->name; //实现与 book 类不同
10     }
11 }
12 //实例化 phone 类，phone 类继承了 goods 类，具有构造方法，需要传递相关参数
13 $p = new phone('MI4s',1999);
14 echo $p->getName();
15 echo '<hr>';
16 //父类 good 类中 getPrice 是 final 方法，无法被重写
17 echo $p->getPrice();
```

此时打开浏览器，访问 book.class.php 文件和 phone.class.php 文件，运行结果如图 6-14 所示。

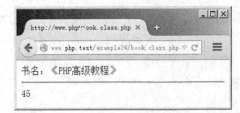 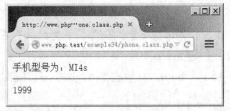

图6-14 继承抽象类

（4）定义接口

接口是一种特殊的结构，其内部由一些抽象的（没有实现部分）的公共方法组成。接口使用关键字 interface 来声明，下面创建 interface.php 文件，在其中定义接口，具体代码如下：

```php
1 <?php
2 //定义usb接口
3 interface usb{
4     public function connect();         //连接
5     public function transfer();        //传输数据
6     public function disconnect();      //断开连接
7 }
```

在上述代码中，第3~7行代码就通过 interface 关键字定义了一套 usb 接口。

（5）实现接口

在类中采用关键字 implements 来实现接口，下面创建一个 mp3 类，来实现上面定义的 usb 接口，具体代码如下：

```php
1 <?php
2 header('content-type:text/html;charset=utf-8');
3 //载入interface.php文件
4 require './interface.php';
5 //使用implements关键字实现usb接口
6 class mp3 implements usb{
7     public function connect(){
8         echo '开始连接<br>';
9     }
10     public function transfer() {
11         echo '开始传输....传输结束<br>';
12     }
13     public function disconnect() {
14         echo '断开<br>';
15     }
16 }
17 //实例化mp3对象
18 $mp3 = new mp3;
19 //调用接口方法connect()
20 $mp3->connect();
```

在上述代码中，定义了 mp3 类，该类使用 implements 关键字来实现 usb 接口。因此在该类中必须实现 usb 中的 connect()、transfer()以及 disconnect()3 个接口。如果没有实现这 3 个接口中的任何一个，系统都会报告错误，如图 6-15 所示。

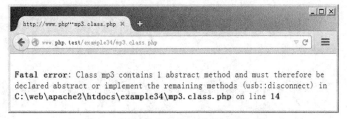

图 6-15 没有实现接口时的报错信息

知识点讲解

1．抽象类

抽象类不能直接被实例化，必须先继承该抽象类，然后再实例化子类。抽象类中至少要包含一个抽象方法。如果类方法被声明为抽象的，那么其中就不能包括具体的功能实现。继承一个抽象类的时候，子类必须实现抽象类中的所有抽象方法；另外，这些方法的访问权限必须和抽象类中一样（或者更为宽松）。如果抽象类中某个抽象方法被声明为 protected，那么子类中实现的方法就应该声明为 protected 或者 public，而不能定义为 private。

2．接口

我们可以通过 interface 来定义一个接口，就像定义一个标准的类一样，但其中定义所有的方法都是空的。接口中定义的所有方法都必须是 public，这是接口的特性。要实现一个接口，可以使用 implements 操作符。类中必须实现接口中定义的所有方法，否则会报一个 fatal 错误。如果要实现多个接口，可以用逗号来分隔多个接口的名称，示例代码如下：

```
//mp3 类实现 usb 接口和 player 接口
class mp3 implements usb,player{
    //需要实现 usb 和 player 接口的所有方法
}
```

思考题

在一个项目上线之后，当程序访问到一个不存在的方法时，服务器会报告一个错误信息，但这却不是我们希望看到的，因为服务器报告的错误信息会泄露网站的内部信息。PHP 就提供了一个魔术方法 __call()，来处理请求所有不存在的方法，请用 __call()实现一个简单的日志记录及友好提示。

扫描右方二维码，查看思考题答案！

PART 7

第 7 章
PDO 数据库抽象层

PDO 指的是 PHP 数据对象，即 PHP Data Object 的简称。它通过一种轻型、便利的 API 来统一操作各种数据库，目前支持的数据库包括 Firebird、FreeTDS、Interbase、MySQL、MS SQL Server、ODBC、Oracle、Postgre SQL、SQLite 和 Sybase，有效地解决了早期 PHP 版本中不同数据库扩展接口互不兼容的问题。本章将针对 PDO 数据库抽象层的使用进行详细的讲解。

7.1 【案例 35】PDO 基本使用

案例分析

1. 需求分析

PHP 支持的数据库类型较多，但在早期的 PHP 版本中，各种不同的数据库扩展互不兼容，每个扩展都有各自的操作函数，导致 PHP 的维护非常困难，可移植性也非常差。为了解决这一问题，PHP 开发了 PDO 数据库抽象层，当选择不同数据库时，只需修改 PDO 中的 DSN（数据源）即可。接下来通过一个展示书籍列表的简单案例来讲解 PDO 的基本使用。

2. 设计思路

（1）创建书籍信息表，该表用于保存书籍的详细信息。

（2）向书籍信息表中添加数据，用于测试数据信息展示功能。

（3）使用 PDO 方式连接数据库、选择数据库、设定字符集。

（4）编写 SQL 语句，查询出书籍信息表中所有的信息。

（5）执行 SQL 语句，并处理结果集。

（6）创建视图文件，将处理后的书籍信息展示到页面中。

实现步骤

（1）数据库设计

创建书籍信息表，用于保存书籍名称、作者和出版时间的信息。建表的 SQL 语句如下：

```
create table `books` (
    `book_id` int unsigned primary key auto_increment,
    `book_name` varchar(20) not null comment '书名',
    `book_author` varchar(15) comment '作者',
    `pub_time` varchar(10) comment '出版日期'
)charset = utf8;
```

（2）插入测试数据

在创建了书籍信息表 books 之后，需要向该表中插入几条测试数据，用来测试 PDO 操作 MySQL 数据库，是否能正确地展示书籍信息，插入数据的 SQL 语句如下：

```
insert into `books` values
(1,'PHP 程序设计基础教程','传智播客高教产品研发部','2014/08'),
(2,'PHP 程序设计高级教程','传智播客高教产品研发部','2015/01'),
(3,'C 语言开发入门教程','传智播客高教产品研发部','2014/09'),
(4,'Java 基础入门','传智播客高教产品研发部','2014/05');
```

（3）设置连接数据库的变量

在连接数据库时，我们首先要设置连接的数据库驱动名（即要连接的数据库服务器类型），如 mysql、oracle 等。然后设置数据库服务器主机名、端口号、需要选择的数据库、用户名、密码和设置的字符集。编写 PHP 文件 book.php，用于设置连接数据库的变量。实现代码如下：

```php
1  <?php
2  header('Content-Type:text/html;charset=utf-8');
3  //数据库服务器类型是 MySQL
4  $dbms = 'mysql';
5  //数据库服务器主机名、端口号、选择的数据库
6  $host = 'localhost';
7  $port = '3306';
8  $dbname = 'itcast';
9  //设定字符集
10 $charset = 'utf8';
11 //用户名和密码
12 $user = 'root';
13 $pwd = '123456';
14 $dsn = "$dbms:host=$host;port=$port;dbname=$dbname;charset=$charset";
```

上述第 14 行代码用于设置 PDO 连接数据库的 DSN 即数据源名称。DSN 中包含了 PDO 驱动名，数据库服务器的主机名、端口号、选择的数据库名称、设置的字符集。其中，需要注意的是，DSN 的书写格式为"驱动名:host=主机名;port=端口号;dbname=选择的数据库名称;charset=字符集"形式。

值得一提的是，只有 PHP 版本大于 5.3.6 时，才可以使用 DSN 中的 charset 属性设置字符集。

（4）PDO 连接数据库

使用 PDO 连接数据库，只需要实例化 PDO 类，同时传递数据库连接参数，例如，DSN、用户名、密码等即可。继续编辑 PHP 文件 book.php，实现使用 PDO 连接数据库。实现代码如下：

```
1 try{
2     //连接数据库、选择数据库、设定字符集
3     $pdo = new PDO($dsn,$user,$pwd);
4 }catch(PDOException $e){
5     //输出异常信息
6     echo $e->getMessage().'<br>';
7 }
```

上述第 3 行代码用于连接数据库，通过 try 包裹可能发生异常的代码，当 PDO 连接数据库发生错误时会抛出 PDOException 异常，利用 catch 进行异常处理。当 PDOException 发生异常时，调用 getMessage()方法可以查看错误信息。

另外，PDO 构造方法中的$dsn 表示数据源，$user 表示用户名，$pwd 表示密码，它还有第 4 个参数，用于表示一个具体驱动连接的选项（键值对数组），例如，可以通过第 4 个选项来设置字符集（如果 DSN 中已经设置了字符集则不需要在此处设置），示例代码如下：

```
$options = array(PDO::MYSQL_ATTR_INIT_COMMAND => 'SET NAMES \'UTF8\'');
$pdo = new PDO($dsn,$user,$pwd,$options);
```

（5）执行 SQL 语句

连接并选择数据库后，即可通过 PDO 类的 query()方法执行 SQL 语句，继续编辑 PHP 文件 book.php，用于执行 SQL 语句。实现代码如下：

```
1 ......
2 //执行 SQL 语句
3 $sql = 'select * from `books`';
4 $result = $pdo->query($sql);
5 ......
```

在上述代码中，执行 query()方法成功，则返回一个 PDOStatement 类的对象，失败则返回 false。

另外，值得一提的是，query()方法主要是用于有记录结果返回的操作，特别是 SELECT 操作。而 PDO 中另一个执行 SQL 语句的方法 exec()则主要是针对没有结果集合返回的操作，如 INSERT、UPDATE、DELETE 等操作，它用于执行一条 SQL 语句并返回执行后受影响的行数。读者可根据实际情况，具体选择合适的方法执行 SQL 语句。

（6）处理结果集

执行完 SQL 语句后，就可以使用获取到的 PDOStatement 类的对象调用 fetch()、fetchColumn()、fetchAll()等处理结果集的方法。下面以 fetch()方法为例讲解，继续编辑 PHP 文件 book.php，将从数据库中查询到的结果保存到指定数组中。实现代码如下：

```
1     //定义数组用于保存书籍信息
2     $book_info = array();
3     //遍历结果集，获取书籍的详细信息
4     while($row = $result->fetch()){
5         $book_info[] = $row;
6     }
```

由于不清楚结果集中的数据条数，因此使用 while 循环遍历结果集，并将其保存到 $book_info 数组中。

（7）展示书籍信息

载入 HTML 模板文件，以友好的格式展示书籍信息。实现代码如下：

```
1 //加载 HTML 模板文件
2 define('APP','itcast');
3 require('./book_html.php');
```

接下来编辑 PHP 文件 book_html.php，在该文件中使用 foreach 循环遍历书籍信息数组，关键代码如下：

```
1 <?php if(!defined('APP')) die('error!'); ?>
2 ……
3 <h2>书籍信息列表</h2>
4 <table>
5 <tr>
6     <td>书籍名称</td><td>作者</td><td>出版日期</td>
7 </tr>
8 <?php foreach($book_info as $row):?>
9 <tr>
10    <td><?php echo $row['book_name'];?></td>
11    <td><?php echo $row['book_author'];?></td>
12    <td><?php echo $row['pub_time'];?></td>
13</tr>
14<?php endforeach;?>
15</table>
16……
```

（8）查看运行结果

在浏览器中访问该 PHP 文件，运行效果如图 7-1 所示。

从图 7-1 所示的效果可以看出，使用 PDO 方式从数据库中获取书籍信息，并将其展示到页面中成功。

图 7-1　PDO 基本使用

知识点讲解

1. PDO 连接数据库

使用 PDO 扩展连接数据库，需要实例化 PDO 类，同时传递数据库连接参数，具体声明方式如下所示：

```
PDO::__construct ( string $dsn [, string $username [, string $password [,
array $driver_options ]]] )
```

在上述声明中，参数$dsn 用于表示数据源名称，包括 PDO 驱动名、主机名、端口号、数据库名称。其他都是可选参数，其中$username 表示$dsn 中数据库的用户名，$password 表示$dsn 中数据库的密码，而$driver_options 表示一个具体驱动连接的选项（键值对数组）。该函数执行成功时返回一个 PDO 对象，失败时则抛出一个 PDO 异常（PDOException）。

值得一提的是，PDO 驱动名就是连接的数据库服务器类型，例如，MySQL 数据库使用"mysql"表示，Oracle 数据库使用"oracle"表示。

2．执行 SQL 语句

PDO 中提供了 query()和 exec()方法，用于执行 SQL 语句，具体示例如下：

```php
//连接数据库
$pdo = new PDO('mysql:host=localhost;dbname=itcast;charset=utf8', 'root',
'123456');
//设置查询语句
$sql1 = 'select * from `books`';
var_dump($pdo->query($sql1));    //输出结果: object(PDOStatement)#2 (1) {……}
//设置插入语句
$sql2 = "insert into `books` (`book_name`, `book_author`) values('网页设计
与制作', '高教部') ";
var_dump($pdo->exec($sql2));     //输出结果: int(1)
```

从上述代码可知，执行 query()方法成功则返回 PDOStatement 类的对象，执行 exec()方法成功则返回受影响的行数。需要注意的是，exec()方法不会对一条 SELECT 语句返回结果，在程序要若要执行 SELECT 语句可以使用 query()方法。

3．处理结果集

PDO 中常用获取结果集的方式有 3 种：fetch()、fetchColumn()和 fetchAll()，下面分别详细介绍这 3 种方式的用法和区别。

（1）fetch()

PDO 中的 fetch()方法可以从结果集中获取下一行数据，其语法格式如下：

```
mixed PDOStatement::fetch ([ int $fetch_style [, int $cursor_orientation =
 PDO::FETCH_ORI_NEXT [, int $cursor_offset = 0 ]]] )
```

在上述语法中，所有参数都为可选参数，其中$fetch_style 参数用于控制结果集的返回方式，其值必须是 PDO::FETCH_*系列常量中的一个，其可选常量如表 7-1 所示。参数$cursor_orientation 是 PDOStatement 对象的一个滚动游标，可用于获取执行的一行，$cursor_offset 参数表示游标的偏移量。

表 7-1　PDO::FETCH_*系列常量

常量名	说明
PDO::FETCH_ASSOC	返回一个键为结果集字段名的关联数组
PDO::FETCH_BOTH（默认）	返回一个索引为结果集列名和以 0 开始的列号的数组
PDO::FETCH_BOUND	返回 true，分配结果集中的列值给 bindColumn()方法绑定的 PHP 变量
PDO::FETCH_CLASS	返回一个请求类的新实例,映射结果集中的列名到类中对应的属性名
PDO::FETCH_INTO	更新一个已存在的实例，映射结果集中的列到类中命名的属性
PDO::FETCH_LAZY	返回一个包含关联数组、数字索引数组和对象的结果
PDO::FETCH_NUM	返回一个索引以 0 开始的结果集列号的数组
PDO::FETCH_OBJ	返回一个属性名对应结果集列名的匿名对象

需要注意的是，fetchObject()方法是 fetch()使用 PDO::FETCH_CLASS 或 PDO::FETCH_OBJ 这两种数据返回方式的一种替代。

（2）fetchColumn()

PDO 中的 fetchColumn()方法用于获取结果集中单独一列，其语法格式如下：

```
string PDOStatement::fetchColumn ([ int $column_number = 0 ] )
```

在上述语法中，可选参数$column_number 用于设置行中列的索引号，该值从 0 开始。如果省略该参数，则获取第一列。该方法执行成功则返回单独的一列，否则返回 false。

（3）fetchAll()

若想要获取结果集中所有的行，则可以使用 PDO 提供的 fetchAll()方法，其语法格式如下：

```
array PDOStatement::fetchAll ([ int $fetch_style [, mixed $fetch_argument
[, array $ctor_args = array() ]]] )
```

在上述语法中，$fetch_style 参数用于控制结果集中数据的返回方式，默认值为 PDO::FETCH_BOTH，参数$fetch_argument 根据$fetch_style 参数的值的变化而有不同的意义，具体如表 7-2 所示。参数$ctor_args 用于表示当$fetch_style 参数的值为 PDO::FETCH_CLASS 时，自定义类的构造函数的参数。

表 7-2   fetch_argument 参数的意义

fetch_style 参数取值	fetch_argument 参数的意义
PDO::FETCH_COLUMN	返回指定以 0 开始索引的列
PDO::FETCH_CLASS	返回指定类的实例，映射每行的列到类中对应的属性名
PDO::FETCH_FUNC	将每行的列作为参数传递给指定的函数，并返回调用函数后的结果

7.2   【案例 36】预处理语句

案例分析

1．需求分析

PDO 中有一种预处理语句机制，可以理解为 SQL 的一种编译过的模板，当需要以不同参数多次重复进行相同的查询时，使用预处理语句可以避免重复地分析、编译、优化周期，从而节省资源，提高运行效率。同时，由于预处理语句实现了将 SQL 和数据的分离，因此可以防止 SQL 注入。下面演示 PDO 预处理语句的使用，向【案例 35】中的 books 数据表一次插入多条数据。

2．设计思路

（1）使用 prepare()方法准备预处理的插入语句。

（2）利用 bindParam()为预处理语句中的占位符绑定变量参数。

（3）使用 execute()方法执行预处理语句。

（4）使用 phpMyAdmin 查看数据库，检查插入数据是否成功。

实现步骤

（1）准备预处理 SQL 语句

所谓预处理语句，可以想象成一种编译过的待执行的 SQL 语句模板，在执行时，只需在服务器和客户端之间传输有变化的数据即可，以此可以避免重复分析与编译。接下来编写 PHP 文件 pretreatment.php，使用 prepare() 方法准备预处理语句。实现代码如下：

```php
1  <?php
2  header('Content-Type:text/html;charset=utf-8');
3  try{
4      //连接数据库
5      $pdo = new PDO('mysql:host=localhost;dbname=itcast;charset=utf8',
           'root','123456');
6      //预处理的 SQL 语句
7      $stmt = $pdo->prepare('insert into `books` (`book_name`, `book_author`)
        values(?,?)');
8  }catch(PDOException $e){
9      //输出异常信息
10     echo $e->getMessage().'<br>';
11 }
```

上述第 7 行代码中，prepare() 方法的参数就是预处理的 SQL 语句。其中，可以在 SQL 语句中添加占位符，当多次执行 SQL 语句时，只需要编译一次 SQL 语句，可以使用相同或不同的参数执行多次，节省了更多的资源，运行速度也更快。

PDO 中支持两种占位符，分别为问号占位符（?）和命名参数占位符（:参数名称），但是在使用时需要注意的是，同一条 SQL 语句中只能选择一种占位符使用。

（2）参数绑定

准备好预处理语句后，可以使用 bindParam() 方法为占位符绑定变量参数，用于在执行 SQL 语句时，根据实际需求为该变量赋值即可。其中，bindParam() 方法的第 1 个参数表示参数标识符，第 2 个参数用于表示参数标识符对应的变量名。

继续编辑 PHP 文件 pretreatment.php，用于为问号占位符绑定参数变量。实现代码如下：

```php
1  //为占位符绑定变量
2  $stmt->bindParam(1,$name);
3  $stmt->bindParam(2,$author);
```

从上述代码可以看出，使用 bindParam() 方法为问号占位符进行参数绑定时，第 1 个参数是以 1 开始的索引。如果占位符为命名参数占位符，则其第 1 个参数就为 ":参数名称"。具体示例如下：

```php
$stmt = $pdo->prepare('insert into 'books' (`book_name`, `book_author`)
values(:name,:author)');
//为命名参数占位符绑定变量
$stmt->bindParam(':name',$name);
$stmt->bindParam(':author',$author);
```

（3）执行预处理语句

假设 $data 数组中的数据为用户需要向数据库中插入的数据，接下来使用 foreach 语句依次为绑定变量 $name 和 $author 赋值，并使用 PDO 提供的 execute() 方法执行预处理语句。实现代码如下：

```
1  //准备数据
2  $data = array(
3      array('PHP 第一本教材','传智播客高教产品研发部'),
4      array('PHP 第二本教材','传智播客高教产品研发部'),
5      array('PHP 第三本教材','传智播客高教产品研发部'),
6      array('PHP 第四本教材','传智播客高教产品研发部'),
7      array('PHP 第五本教材','传智播客高教产品研发部')
8  );
9  foreach($data as $row){
10     //为绑定的变量赋值
11     $name = $row[0];
12     $author = $row[1];
13     //执行预处理语句
14     $stmt->execute();
15 }
```

在上述代码中，使用第 10~12 行代码用于为参数变量赋值，使用 14 行代码用于执行一条预处理语句。

值得一提的是，可以通过为 execute()方法传递数组类型的参数直接为预处理语句中的占位符赋值，其中，数组中元素的个数必须与占位符个数相同。例如，省略第（2）步，将上述第 10~14 行代码修改如下：

```
$stmt->execute($row);
```

通过以上代码可以同时完成为占位符赋值和执行预处理语句的功能。读者需要注意的是，当占位符为命名参数占位符时，execute()中需传递一个键与"：参数名称"相同的关联数组。

（4）查看运行结果

访问该 PHP 文件，打开 phpMyAdmin 数据库管理软件，查看数据表 books 中的数据，如图 7-2 所示。

从图 7-2 所示的效果可以看出，使用预处理语句向 books 数据表中插入多条数据成功。

book_id	book_name 书籍名称	book_author 作者	pub_time 出版时间
6	PHP第一本教材	传智播客高教产品研发部	NULL
7	PHP第二本教材	传智播客高教产品研发部	NULL
8	PHP第三本教材	传智播客高教产品研发部	NULL
9	PHP第四本教材	传智播客高教产品研发部	NULL
10	PHP第五本教材	传智播客高教产品研发部	NULL

图 7-2　预处理语句的使用

知识点讲解

1. prepare()方法

PDO 中提供了 prepare()方法执行预处理语句，它返回一个 PDOStatement 类对象，其语法格式如下：

```
PDOStatement PDO::prepare ( string $statement [, array $driver_options =
array() ] )
```

在上述声明中，参数$statement 表示预处理的 SQL 语句，在 SQL 语句中可以添加占位符，PDO 支持两种占位符，即问号占位符（？）和命名参数占位符（:参数名称），$driver_options 是可选参数，表示设置一个或多个 PDOStatement 对象的属性值。

值得一提的是，通过 query()方法返回的 PDOStatement 是一个结果集对象；而通过 prepare() 方法返回的 PDODStatement 是一个查询对象，本书使用"$stmt"来表示 prepare()方法返回的查询对象。

2．bindParam()方法

bindParam()方法可以将变量参数绑定到准备好的查询占位符上，其语法格式如下：

```
bool PDOStatement::bindParam ( mixed $parameter , mixed &$variable [, int
$data_type = PDO::PARAM_STR [, int $length [, mixed $driver_options ]]] )
```

在上述语法中，参数$parameter 用于表示参数标识符，$variable 用于表示参数标识符对应的变量名，可选参数$data_type 用于明确参数类型，其值使用 PDO::PARAM_*常量来表示，如表 7-3 所示，$length 是可选参数用于表示数据类型的长度。该方法执行成功时返回 true，执行失败则返回 false。

表 7-3　PDO::PARAM_*系列常量

常量名	说明
PDO::PARAM_NULL	代表 SQL 空数据类型
PDO::PARAM_INT	代表 SQL 整数数据类型
PDO::PARAM_STR	代表 SQL 字符串数据类型
PDO::PARAM_LOB	代表 SQL 中大对象数据类型
PDO::PARAM_BOOL	代表一个布尔值数据类型

3．execute()方法

execute()方法用于执行一条预处理语句，其语法格式如下：

```
bool PDOStatement::execute ([ array $input_parameters ] )
```

在上述声明中，可选参数$input_parameters 表示一个元素个数与预处理语句中占位符数量一样多的数组，用于为预处理语句中的占位符赋值。当占位符为问号占位符（？）时，需为execute()方法传递一个索引数组参数；当占位符为命名参数占位符（:参数名称）时，需为execute()方法传递一个关联数组参数。

7.3 【案例 37】PDO 错误处理机制

案例分析

1．需求分析

在使用 SQL 语句操作数据库时，难免会出现各种各样的错误，如语法错误、逻辑错误等。为此，PDO 提供了错误处理机制，能够捕获 SQL 语句中的错误，并提供了 3 种方案可以选择。接下来在案例中添加错误处理，来体验并了解 PDO 的错误处理机制。

2．设计思路

（1）连接数据库后，使用 PDO 默认处理错误的方式。

（2）使用预处理方式查询一个不存在的数据表。

（3）在执行完预处理语句后，输出一句话，观察运行结果。

（4）将错误处理方式修改为警告模式，观察并对比运行结果。

（5）将错误处理方式修改为异常模式，观察并对比运行结果。

实现步骤

（1）PDO 默认错误处理模式

PDO 中的错误处理，就是通过设置错误模式"PDO::ATTR_ERRMODE"的值来进行不同的处理。例如，将其值设为 PDO::ERRMODE_SILENT 时，表示 PDO 默认的错误处理模式，在错误发生时不进行任何操作，只简单地设置错误代码，程序员可通过 PDO 提供的 errorCode()和 errorInfo()这两个方法对 SQL 语句和数据库对象进行检查。

现假设使用预处理方式操作 itcast 数据库，并查询一个不存在的数据表 article，在执行完预处理语句后，输出语句"来传智播客学习……"。编辑 PHP 文件 dealError.php，使用默认错误处理模式。实现代码如下：

```php
1  <?php
2  //设置字符集
3  header('Content-Type:text/html;charset=utf-8');
4  try{
5      //连接数据库
6      $pdo = new PDO('mysql:host=localhost; dbname=itcast;charset=utf8',
           'root','123456');
7      //设置错误处理
8      $pdo->setAttribute(PDO::ATTR_ERRMODE,PDO::ERRMODE_SILENT);
9      //预处理 SQL 语句
10     $stmt = $pdo->prepare('select * from `article`');
11     //执行预处理语句
12     $stmt->execute();
13     echo '来传智播客学习……';
14     //获取错误码
15     $code = $stmt->errorCode();
16     //判断执行出错，输出相关信息
17     if(!empty($code)){
18         echo "<br>$code<br>";
19         print_r($stmt->errorInfo());
20     }
21  }catch(PDOException $e){
22      //输出异常信息
23      echo $e->getMessage().'<br>';
24  }
```

上述第 8 行代码中的 setAttribute()方法用于将错误模式属性"PDO::ATTR_ERRMODE"设为默认的错误模式，通常情况下省略此步骤。第 16~20 行代码用于判断，当执行 SQL 语句发生错误时，输出相应的错误信息。运行该 PHP 文件，结果如图 7-3 所示。

从图 7-3 可知，使用默认的错误处理模式时，当执行 SQL 语句出现错误，程序依然继续执行，不进行任何的处理，只能通过第 errorCode()和 errorInfo()方法获取执行 SQL 语句的错误信息。

（2）错误警告处理

修改上一步中的第 8 行代码，将错误模式设置为错误警告处理模式"PDO::ERRMODE _ WARNING"，具体代码如下：

```php
$pdo->setAttribute(PDO::ATTR_ERRMODE,PDO::ERRMODE_WARNING);
```

按照上述代码修改完成后，重新运行 dealError.php 文件，结果如图 7-4 所示。

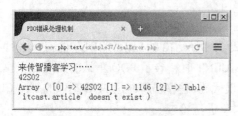

图 7-3　默认错误模式

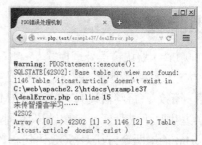

图 7-4　错误警告处理

对比图 7-3 与图 7-4 可以看出，使用"PDO::ERRMODE_WARNING"错误处理模式时，执行 SQL 语句出错，程序会发出一条警告信息，但不影响程序继续执行。

（3）错误异常处理

"PDO::ERRMODE_EXCEPTION"表示进行错误异常处理，即当使用 PDO 执行 SQL 语句出错时，可以使用 try…catch 捕捉到 PDOException 异常。接下来，按照以下代码修改第（1）步中的第 8 行代码：

```
$pdo->setAttribute(PDO::ATTR_ERRMODE,PDO::ERRMODE_EXCEPTION);
```

再次运行 dealError.php 文件，结果如图 7-5 所示。

从图 7-5 中可以看出，当将错误模式修改为"PDO::ERRMODE_EXCEPTION"时，程序一旦发生错误，在抛出异常后，就会停止执行以下的代码。

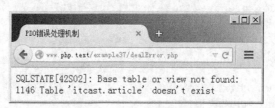

图 7-5　PDO 错误异常处理模式

知识点讲解

1. PDO 错误处理默认模式

"PDO::ERRMODE_SILENT"为 PDO 默认的错误处理模式。此模式在错误发生时不进行任何操作，只简单地设置错误代码，程序员可以通过 PDO 提供的 errorCode() 和 errorInfo() 这两个方法对语句和数据库对象进行检查。如果错误是由于调用语句对象 PDOStatement 而产生的，那么可以使用这个对象调用这两个方法；如果错误是由于调用数据库对象而产生的，那么可以使用数据库对象调用上述两个方法。

2. WARNING 模式

在项目的调试或测试期间，如果想要查看发生了什么问题且不中断应用程序的流程，可以将 PDO 的错误模式设置为"PDO::ERRMODE_WARNING"，当错误发生时，除了设置错误代码外，PDO 还会发出一条 E_WARNING 信息。

3. EXCEPTION 模式

PDO 中提供的"PDO::ERRMODE_EXCEPTION"错误模式，可以在错误发生时抛出相关异常。它在项目调试当中较为实用，可以快速地找到代码中问题的潜在区域，与其他发出警告的错误模式相比，用户可以自定义异常，而且检查每个数据库调用的返回值时，异常模式需要的代码更少。

7.4 【案例 38】文章管理系统

案例分析

1．需求分析

文章管理系统是一种可以在网站中发布文章，并能够进行修改、删除等管理操作的系统，提高了网站中文章的查找、查看和管理的效率。接下来，将使用 PDO 操作 MySQL 数据库的方式来存储文章相关信息，并结合前面学过的知识实现文章管理系统的开发。

2．设计思路

（1）封装 PDO 方式操作数据库类。

（2）设计数据表，分别保存文章分类和文章详细信息。

（3）实现文章分类的添加、展示、排序功能。

（4）使用在线编辑器发表和修改文章。

（5）分页展示所有文章，并可以编辑和查看具体的文章。

（6）实现文章与文章分类删除的功能。

实现步骤

1．封装 PDO 类

由于在文章管理系统中，需要经常操作数据库，因此为了提高开发效率、避免代码的重复书写，经常需要封装数据库操作类。同时在该类中可以使用单例模式的方式，使整个程序在运行期间针对该类只存在一个实例对象，避免资源的浪费。

（1）封装 PDO 数据库操作类

创建文件 lib\MySQLPDO.php，用于完成数据库的连接。实现代码如下：

```php
1  <?php
2  class MySQLPDO{
3      //数据库默认连接信息
4      private $dbConfig = array(
5          'db'    => 'mysql',          //数据库类型
6          'host' => 'localhost',       //服务器地址
7          'port' => '3306',            //端口
8          'user' => 'root',            //用户名
9          'pass' => '',                //密码
10         'charset' => 'utf8',         //字符集
11         'dbname' => '',              //默认数据库
12     );
13     private static $instance;        //单例模式 本类对象引用
14     private $db;                     //保存 PDO 实例
15     private $data = array();         //操作数据
16     /**
17      * 私有构造方法
18      * @param array $params 数据库连接信息
```

```
19        */
20     private function __construct($params){
21      $this->dbConfig = array_merge($this->dbConfig,$params); //初始化属性
22      $this->connect(); //连接服务器
23     }
24     /**
25      * 获得单例对象
26      * @param array $params 数据库连接信息
27      * @return object 单例的对象
28      */
29     public static function getInstance($params = array()){
30         if(!self::$instance instanceof self){
31             self::$instance = new self($params);
32         }
33         return self::$instance; //返回对象
34     }
35     //私有克隆
36    private function __clone() {}
37    //连接目标服务器
38    private function connect(){
39       //连接信息
40       $dsn = "{$this->dbConfig['db']}: host={$this-> dbConfig ['host']};
          port={$this->dbConfig['host']};dbname={$this->dbConfig['dbname']};
          charset={$this->dbConfig['charset']}";
41    try{
42       //实例化 PDO
43       $this->db = new PDO($dsn,$this->dbConfig['user'], $this->
                   dbConfig['pass']);
44    }catch (PDOException $e){
45       die("数据库连接失败"); //连接失败
46    }
47   }
48 }
```

上述第 13 行代码用于设置私有静态成员，保存实例化的对象。并通过第 30 行中的 instanceof 运算符判断该成员是否为当前类的实例，若是则直接返回，否则进行实例化。第 20~23 行代码和第 36 行代码用于私有化 MySQLPDO 类的构造方法和克隆方法，保证只能通过此类调用 getInstance()方法才能创建数据库对象。

值得一提的是，getInstance()方法的参数是数据库的连接信息，如果省略了这个参数，就会自动使用默认的连接信息$dbConfig。

（2）编写执行 SQL 语句的方法

继续编辑 lib\MySQLPDO.php，添加以下方法用于执行 SQL 语句。实现代码如下：

```
1 //通过预处理方式执行 SQL（$batch 表示是否批量处理）
2 public function query($sql,$batch=false){
3     //取出成员属性中的数据并清空
4     $data = $batch ? $this->data : array($this->data);
5     $this->data = array();
6     //通过预处理方式执行 SQL
7     $stmt = $this->db->prepare($sql);
8     foreach($data as $v){
9         if($stmt->execute($v)===false){
```

```
10              die("数据库操作失败");
11          }
12      }
13      return $stmt;
14 }
15 //保存操作数据（如果使用 SQL 模板则通过此方法传递数据）
16 public function data($data){
17      $this->data = $data;
18      return $this;   //返回对象自身用于连贯操作
19 }
```

上述第 2 行代码中，query()方法的第一个参数表示待执行的 SQL 语句或模板，第二个参数是批量操作的标识，默认为 false 表示不进行批量操作。第 3 行的代码用于判断当前是否为批量操作，若是则直接将 data 属性中的二维数组赋值给变量$data，否则将 data 属性转换为二维数组后再赋值给$data。第 16~19 行的 data()方法中的$data 参数表示预处理语句需要绑定的参数变量。

（3）编写处理结果集的方法

继续编辑 lib\MySQLPDO.php，添加以下方法用于取得一行结果和所有结果。实现代码如下：

```
1 //取得一行结果
2 public function fetchRow($sql){
3      return $this->query($sql)->fetch(PDO::FETCH_ASSOC);
4 }
5 //取得所有结果
6 public function fetchAll($sql){
7      return $this->query($sql)->fetchAll(PDO::FETCH_ASSOC);
8 }
```

上述第 2~4 行代码用于从结果集中获取一行结果，第 6~8 行代码用于取得所有结果，且这两个方法的返回值都为关联数组。

2．文章分类功能

（1）数据库设计

在 itcast 数据库中创建文章分类表，用于保存文章分类 ID、名称和排序信息。建表的 SQL 语句如下：

```
1 create table `cms_category` (
2      `id` int unsigned primary key auto_increment,
3      `name` varchar(255) not null  comment '分类名称',
4      `sort` int unsigned default 0 not null comment '排序'
5 )charset=utf8;
```

（2）添加文章分类表单模板

创建文件 view\category_list.php，用于实现文章分类表单。关键代码如下：

```
1 <form action="?a=category_add" method="post">
2      分类名称：<input type="text" name="name" />
3      <input type="submit" value="添加" />
4 </form>
```

上述第 1 行代码中传递的 GET 参数 a 用于标识该操作是添加文章分类功能。

（3）实现添加分类功能

由于添加文章分类、展示文章分类和对文章分类进行排序都需要实例化 MySQLPDO 类，为了避免编写重复的代码，现将此功能放在一个文件中，需要时载入此文件即可。

接下来编写 PHP 文件 init.php，用于为文章管理系统功能的开发做准备工作。实现代码如下：

```php
1  <?php
2  header("content-type:text/html;charset=utf-8");
3  //载入数据库操作文件
4  require('./MySQLPDO.class.php');
5  //配置数据库连接信息（读者需要根据自身环境修改此处配置）
6  $dbConfig = array('user'=>'root','pass'=>'123456','dbname'=>'itcast');
7  //实例化 MySQLPDO 类
8  $db = MySQLPDO::getInstance($dbConfig);
9  //保存错误信息
10 $error = array();
```

在上述代码中，第 6 行代码用于设置数据库连接信息，第 8 行用于实例化操作数据库的对象，第 10 行代码中$error 数组用于保存错误提示信息，将其统一显示到页面中。

下面编写 PHP 文件 category.php，用于初始化数据库，接收与处理传递的参数。实现代码如下：

```php
1  <?php
2  //初始化数据库操作类
3  require('./init.php');
4  //获取操作标识
5  $a = isset($_GET['a']) ? $_GET['a'] : '';
```

在上述代码中，第 3 行代码通过载入 init.php 文件初始化数据库，第 5 行代码用于获取表单中的操作标识信息，从而决定执行何种操作处理。

继续编辑 PHP 文件 category.php，用于实现文章分类的添加功能。实现代码如下：

```php
1  if($a == 'category_add'){
2      //对取得的分类名称进行安全过滤
3      $data['name'] = trim(htmlspecialchars($_POST['name']));
4      //判断分类名称是否为空
5      if($data['name'] === ''){
6          $error[] = '文章分类名称不能为空！';
7      }else{
8          //判断数据库中是否有同名的分类名称
9          $sql = "select `id` from `cms_category` where `name`=:name";
10         if($db->data($data)->fetchRow($sql)){
11             $error[] = '该文章分类名称已存在！';
12         }else{
13             //插入到数据库
14             $sql = "insert into `cms_category`(`name`) values (:name)";
15             $db->data($data)->query($sql);
16         }
17     }
18 }
```

上述第 1 行代码用于判断该操作是否是分类添加操作，第 3 行代码用于对用户输入的分类名称进行安全过滤，第 6 行代码用于将错误提示信息保存到$error 数组中，第 9~10 行代码用于判断数据库中是否有同名的分类名称，若有，则保存提示信息；若没有，则将该分类插入数据库中。

由于这里指定了文章管理系统的错误提示信息都放在$error 数组中，因此创建文件 view\header.php，用于展示错误提示信息，然后在 view\category_list.php 文件的开始位置引入即可。关键部分代码如下：

```
1  <!—文章系统头部信息-->
2  ......
3  <!--错误信息-->
4  <?php if(!empty($error)): ?>
5      <div><ul>
6          <?php foreach($error as $v): ?>
7          <li><?php echo $v; ?></li>
8          <?php endforeach; ?>
9      </ul></div>
10 <?php endif; ?>
```

在上述代码中，使用第 4 行代码判断是否有错误信息，若有，则循环输出；若没有，则不进行任何处理。

继续编辑 PHP 文件 category.php，用于加载 HTML 模板文件。实现代码如下：

```
1  define('APP','itcast');
2  require('./view/category_list.php');
```

在浏览器中运行该文件，当不填写任何内容就单击"添加"按钮时，就会出现如图 7-6 所示的提示。

从图 7-6 可知，当用户填写一个已经存在的分类名称时，就会在图 7-6 的提示信息中显示"该文章分类名称已存在!"。当用户正确添加一个分类名称时，即可到数据库中查看添加的分类信息。

图 7-6　添加文章分类

（4）获取文章分类信息

分类添加完成后，为了让读者在页面中就可以查看分类信息并对分类信息进行操作。接下来，继续编辑 PHP 文件 category.php，在加载 HTML 模板前添加以下代码，用于获取文章分类信息。具体如下：

```
1  $sql = 'select `id`, `name`, `sort` from `cms_category` order by `sort`';
2  $category = $db->fetchAll($sql);
```

上述第 1 行的 SQL 代码，根据 cms_category 数据表中的排序字段 "sort" 对查询出的分类信息进行升序排序。第 2 行代码，通过调用 MySQLPDO 类中自己定义的方法 fetchAll()，将获取的每条分类信息放入到二维关联数组中。

（5）展示文章分类信息

继续编辑 PHP 文件 view\category_list.php，实现文章分类信息的展示。关键代码如下：

```
1  <!--添加文章分类表单-->
2  ......
3  <!—展示文章分类信息-->
4  <form method="post" action="?a=category_sort">
5      <table>
6          <tr><td>排序</td><td>分类名称</td><td>操作</td></tr>
7          <?php foreach($category as $v):?>
8          <tr>
9              <td><input type="text" name="id[<?php echo $v['id'];?>]"
               value="<?php echo $v['sort'];?>"></td>
10             <td><?php echo $v['name'];?></td>
11             <td><a href="#">删除</a> | 编辑</td></tr>
12         <?php endforeach;?>
```

```
13      </table>
14      <div><input type="submit" value="保存排序" /></div>
15  </form>
```

在上述代码中,第 5~13 行代码用于展示文章分类
信息。其中,第 4 行的表单用于自行修改分类信息的
展示顺序,此功能将会在下一步骤中实现。

运行 category.php 文件,添加 6 条文章分类信息,
效果如图 7-7 所示。

从图 7-7 可知,文章分类信息已正确的显示。其中,
文章分类的删除涉及到这个分类下的文章信息,因此分
类删除的实现将在文章的删除中一起讲解。

(6)实现分类排序功能

从图 7-7 可以看出,每个分类的默认排序值为 0,

图 7-7 展示分类信息

若想要调整各个分类的展示顺序,可以修改排序值,保存排序,在 category.php 中就可以更新
分类数据表中每条信息的排序字段值,从而就可以实现分类排序的功能。继续编辑 category.php
文件,在获取文章分类信息上方添加以下代码,具体如下:

```
1  //添加文章分类
2  ......
3  //文章分类排序
4  elseif($a == 'category_sort'){
5      //获取提交的数组
6      $ids = isset($_POST['id']) ? (array)$_POST['id'] : array();
7      //转换为二维数组
8      $data = array();
9      foreach($ids as $k=>$v){
10         $data[] = array(
11             'id' => (int)$k,
12             'sort' => (int)$v
13         );
14     }
15     //批量保存
16     $sql = "update `cms_category` set `sort`=:sort where `id`=:id";
17     $db->data($data)->query($sql,true);
18  }
19  //获取文章分类列表信息
20  ......
```

上述第 4 行代码用于判断当前操作是否是分类
排序功能,第 6 行代码获取表单提交的分类排序数
组,并通过第 9~14 行代码将数组转换为数据库操作
的格式,最后通过第 16~17 行代码更新所有分类的
排序字段。

运行 category.php 文件,将图 7-7 中 "C/C++"
的排序值设为 1,"网页平面" 的排序值设为 2,保
存排序,效果如图 7-8 所示。

从图 7-8 可以看出,通过以上的修改方式可以

图 7-8 文章分类排序

很方便地调整所有分类显示的顺序。

3．发表文章功能

（1）数据库设计

在 itcast 数据库中创建文章数据表，用于保存文章标题、内容、作者、添加时间和所属分类 ID 信息。建表的 SQL 语句如下：

```
create table `cms_article`(
 `id` int unsigned primary key auto_increment,
 `title` varchar(255) not null comment '文章标题',
 `content` text not null comment '文章内容',
 `author` varchar(255) not null comment '作者',
 `addtime` timestamp default current_timestamp not null comment '添加时间',
 `cid` int unsigned not null comment '文章所属分类'
)charset=utf8;
```

（2）编写文章添加模板

文章管理系统在用户添加文章时，经常需要对文字进行排版，设置字体、字号、颜色等功能，甚至需要上传图片增加文章的可读性。为此，可以使用百度推出的一款免费的在线编辑器 UEditor。

通过访问官方网站（http://ueditor.baidu.com/）即可获取到 UEditor 插件。在官方网站中进入下载页面，然后选择 Mini 版中的 PHP 版本下载即可。

接下来，创建文件 view\article_add.php，在文章模板中添加 UEditor 插件，只需要将下载后的 UEditor 插件放到当前文件所在的 lib\umeditor 目录下，使用时，载入相关文件即可。关键代码如下：

```
1  <div>
2      <link href=". /lib/umeditor/themes/default/css/umeditor. min.
       css"rel="stylesheet" />
3      <script src="./lib/umeditor/third-party/jquery.min.js"></script>
4      <script src="./lib/umeditor/umeditor.config.js"></script>
5      <script src="./lib/umeditor/umeditor.min.js"></script>
6      <script src="./lib/umeditor/lang/zh-cn/zh-cn.js"></script>
7      <script>
8          $(function(){
9              UM.getEditor('myEditor');
10         });
11     </script>
12     <!--style 给定宽度可以影响编辑器的最终宽度-->
13     <script type="text/plain" id="myEditor" style="width:1025px; height:250px;"
       name="content">
14         <p>请在这里编写文章……</p>
15     </script>
16 </div>
```

在上述代码中，第 2 行代码载入了编辑器的样式文件，第 3 行代码载入了 jquery.min.js 文件，第 4 行代码载入了编辑器的配置文件，第 5 行代码载入了编辑器主文件，第 6 行代码载入了编辑器的中文语言文件。通过第 9 行的代码和第 12~15 行代码的<script>元素，就可以将编辑器显示到网页中。其中，第 13 行代码中的 name 属性定义的是编辑器的名称，用于在服务器端获取用户编辑的文章内容。

在浏览器中访问该 PHP 文件，运行结果如图 7-9 所示。

从图 7-9 可以看出，在该编辑器中，存在一些不需要的功能按钮如："表情"、"地图"、"预览"、"打印"、"草稿箱"，此编辑器中工具栏上的所有功能按钮和下拉菜单，都可以在 umeditor.config.js 文件中自定义。打开此文件，找到 toolbar（工具栏）配置，删除 "emotion"、"map"、"preview"、"print"、"drafts" 即可。

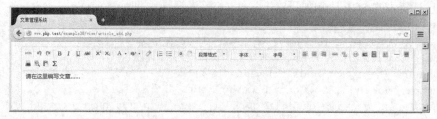

图 7-9　UEditor 在线编辑器

接着，继续编辑文件 view\article_add.php，在该编辑器上方添加文章的分类下拉列表，文章分类管理按钮，文章标题和作者，在编辑器的下方添加提交和取消按钮，用于实现文章添加表单。关键代码如下：

```
1  <form method="post">
2      文章分类: <select name="category">
3                  <option value=""></option>
4              </select>
5      <a href="category.php">分类管理</a>
6      标题: <input type="text" name="title" />
7      作者: <input type="text" name="author" />
8      //UEditor 在线编辑器载入代码（将前面的代码写在这里）
9      ……
10     <input type="submit" value="提交" />
11     <input type="button" value="取消" onclick="{if(confirm('确定要取消添加
       文章吗?')) { window.location.href='index.php';}return false;}" />
12 </form>
```

在上述代码中，第 2~4 行代码用于显示文章分类下拉列表，第 5 行代码用于对分类进行管理，第 6~7 行代码用于编辑文章的标题和作者。第 8~9 行代码用于载入在线编辑器。

（3）实现文章添加功能

首先，创建文件 article_add.php，用于获取所有的文章分类。实现代码如下：

```
1  <?php
2  //初始化数据库操作类
3  require('./init.php');
4  //取出文章分类
5  $sql = 'select `id`, `name` from `cms_category` order by `sort`';
6  $category = $db->fetchAll($sql);
7  //载入 HTML 模板文件
8  define('APP','itcast');
9  require(' ./view/article_add.php');
```

在上述代码中，取出所有文章分类后，修改 view\article_add.php 文件中第 3~5 行代码，循环输出文章分类信息。具体代码如下：

```
1  文章分类: <select name="category">
2      <?php foreach($category as $v):?>
3          <option value="<?php echo $v['id'];?>"><?php echo
           $v['name'];?></option>
```

```
4          <?php endforeach;?>
5          </select>
```

此时运行 PHP 文件 article_add.php，程序运行效果如图 7-10 所示。

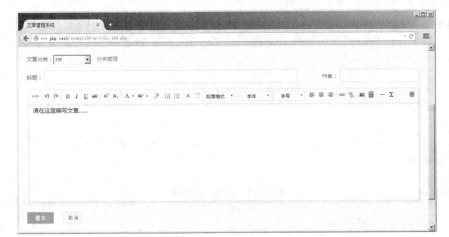

图 7-10　发表文章页面

接着，继续编辑 PHP 文件 article_add.php，用于处理用户提交的添加文章的信息。在载入 HTML 模板文件上方添加以下代码，具体如下：

```
1  if(!empty($_POST)){
2      //获取文章分类
3      $data['cid'] = isset($_POST['category']) ? abs(intval($_POST['category'])) : 0;
4      //获取文章标题
5      $data['title'] = isset($_POST['title']) ? trim(htmlspecialchars
       ($_POST['title'])) : '';
6      //获取作者
7      $data['author'] = isset($_POST['author']) ?
       trim(htmlspecialchars($_POST['author'])) : '';
8      //获取文章内容
9      $data['content'] = isset($_POST['content']) ? trim($_POST ['content']) : '';
10     if(empty($data['cid']) || empty($data['title']) || empty($data
       ['author'])){
11         $error[] = '文章分类、标题、作者不能为空！';
12     }else{
13         $sql = 'insert into `cms_article`(`title`, `content`, `author`,
              `addtime`,`cid`) values (:title,:content,:author,now(),:cid)';
14         $db->data($data)->query($sql);
15         //跳转到首页
16         header("location:index.php");
17     }
18 }
```

在上述代码中，第 1 行代码用于判断用户是否提交表单，第 2~9 行代码用于获取用户提交的文章信息，第 10 行代码用于判断文章分类、标题和作者是否为空，若为空，则将错误信息保存到$error 数组中，否则，将用户提交的文章信息插入数据库中。最后，第 16 行代码用于跳转到文章列表页面即文章管理系统的首页。

在浏览器中运行 article_add.php 文件，当不添加用户名称时，单击"提交"按钮，效果如图 7-11 所示。

从图 7-11 可知，只要文章分类、标题和作者有一个为空，都会出现错误提示。另外，当用户单击"取消"按钮时，会弹出一个提示对话框"确定要取消添加文章吗?"，若单击"确定"按钮，页面就会跳转到系统的首页，否则，返回该页面。

图 7-11　添加文章功能

4．文章列表与文章展示

（1）封装分页类

文章管理系统中通常有数百或上千的文章，为了提高查询效率和用户体验，通常使用分页的方式显示数据。接下来，编辑一个 PHP 文件 lib\page.class.php，用于封装分页类。实现代码如下：

```php
1  <?php
2  class Page{
3      private $total; //总共的记录数
4      private $pagesize; //每页显示的条数
5      private $current; //当前页
6      private $pagenum; //总的页数
7      /**
8       * 分页类构造方法
9       * @param $total int 总记录数
10      * @param $pagesize int 每页显示的条数
11      * @param $current int 当前页
12      */
13     public function __construct($total,$pagesize,$current){
14         $this->total = $total;
15         $this->pagesize = $pagesize;
16         $this->current = $current;
17         $this->pagenum = ceil( $this->total / $this->pagesize );
18     }
19     //获取 SQL 中的 limit 条件
20     public function getLimit(){
21         //计算 limit 条件
22         $lim = ($this->current -1) * $this->pagesize;
23         return $lim.','.$this->pagesize;
24     }
25     //获得 URL 参数，用于在生成分页链接时保存原有的 GET 参数
26     private function getUrlParams(){
27         //去掉 page 参数并重新生成 GET 参数字符串
28         $params = $_GET;
```

```
29            unset($params['page']);
30            return http_build_query($params);
31      }
32      //获取分页链接
33      public function showPage(){
34            //如果少于 1 页则不显示分页导航
35            if($this->pagenum<=1) return '';
36            //获取原来的 GET 参数
37            $url = $this->getUrlParams();
38            //拼接 URL 参数
39            $url = $url ? "?$url&page=" : "?page=";
40            //拼接"首页"
41            $first = '<a href="'.$url.'1">[首页]</a>';
42            //拼接"上一页"
43            $prev = ($this->current == 1) ? '[上一页]' :
                  '<a href="'.$url.($this->current-1).'">[上一页]</a>';
44            //拼接"下一页"
45            $next = ($this->current == $this->pagenum) ? '[下一页]' :
                  '<a href="'.$url.($this->current+1).'">[下一页]</a>';
46            //拼接"尾页"
47            $last = '<a href="'.$url.$this->pagenum.'">[尾页]</a>';
48            //组合最终样式
49            return "当前为 {$this->current}/{$this->pagenum}  {$first}  {$prev}
                  {$next}  {$last}";
50      }
51}
```

上述第 3~6 行代码为该类的私有属性，用于保存实例化该类时传递的总记录数、每页显示的记录数、当前页以及计算得到的总页数。第 20~24 行代码用于获取分页查询的条件，第 26~31 行代码用于返回 URL 地址中的 GET 参数值，第 32~51 行代码用于获取分页的链接样式。

（2）拼接查询条件

编写 PHP 文件 index.php，用于获取并处理文章查询条件。实现代码如下：

```
1 //获取要查询的分类 ID，0 表示全部
2 $cid = isset($_GET['cid']) ? intval($_GET['cid']) : 0;
3 //获取查询列表条件
4 $where = '';
5 if($cid)  $where = "where `cid`=$cid";
```

在上述代码中，第 2 行代码用于获取分类 ID，第 5 行代码用于判断分类 ID，当其不为 0 时，拼接查询条件，否则不拼接。

（3）分页查询

继续编辑 index.php，用于获取分页查询条件和分页链接样式。实现代码如下：

```
1 //初始化数据库操作类
2 require('./init.php');
3 //载入分页类
4 require('./lib/page.class.php');
5 //获取当前页码号
6 $page = isset($_GET['page']) ? intval($_GET['page']) :  1;
7 //拼接查询条件
8 ......
9 //获取总记录数
```

```
10 $sql = "select count(*) as total from `cms_article` $where";
11 $results = $db->fetchRow($sql);
12 $total = $results['total'];
13 //实例化分页类
14 $Page = new Page($total,2,$page); //Page(总页数，每页显示条数，当前页)
15 $limit = $Page->getLimit();           //获取分页链接条件
16 $page_html = $Page->showPage();    //获取分页 HTML 链接
```

上述第 4 行代码用于引入分页类，在第 14 行代码中实例化 **Page** 类，并为该类的构造函数传递参数，它的第 1 个参数为总记录数，第 2 个参数是每页显示的记录数，第 3 个参数表示当前页。其中，第 15 行代码中的 **getLimit()**方法用于获取分页查询的条件，第 16 行代码用于获取分页码值的 HTML 链接。

（4）获取文章列表

由于文章的内容很长，所以在列表中显示时，就需要对该内容进行截取。为此，可以使用 PHP 中提供的 **mb_substr()**函数方便快速地截取指定长度的中文和英文。但是，此函数在默认情况下不被支持，需要打开 **php.ini**，开启 ";extension=php_mbstring.dll" 扩展后，才可以使用。

继续编辑 PHP 文件 **index.php**，获取文章列表。实现代码如下：

```
1 //分页获取文章列表
2 $sql = "select `id`,`title`,`content`,`author`,`addtime`,`cid` from
        `cms_article` $where order by `addtime` desc limit $limit";
3 $articles = $db->fetchAll($sql);
4 //通过 mbstring 扩展截取文章内容作为摘要
5 foreach($articles as $k=>$v){
6     //mb_substr(内容, 开始位置, 截取长度, 字符集)
7     $articles[$k]['content'] =
        mb_substr(trim(strip_tags($v['content'])), 0,150, 'utf-8'). '…… ……';
8 }
```

在上述代码中，通过第 2~3 行代码获取所有符合条件的文章信息。使用第 5~8 行代码截取部分文章内容，并将其放入到数组中。其中，**mb_substr()**函数的第 1 个参数表示待截取的字符串，第 2 个参数表示开始的位置，第 3 个表示截取的字符长度（1 代表 1 个中文字符），第 4 个参数表示字符的编码。

（5）展示文章列表

继续编辑 PHP 文件 **index.php**，载入文章列表的 HTML 模板，实现代码如下：

```
1 define('APP','itcast');
2 require('./view/index_html.php');
```

接着，创建文件 view\index.php，用于展示文章列表，实现代码如下：

```
1 <ul>
2     <?php foreach($articles as $row):?>
3         <li><span><a href="article_show.php?id=<?php echo $row['id'];?>">
        <?php echo $row['title'];?></a></span>
4         <span><a href="article_edit.php?id=<?php echo $row['id'];?>">编辑
        </a> 
5         <a href="article_del.php?id=<?php echo $row['id'];?>"
        onclick="return confirm('确定要删除该文章吗？')">删除</a></span>
6         <p><?php echo $row['content'];?></p>
```

```
7       <p><a href="article_show.php?id=<?php echo $row['id'];?>">单击查看
        全文 &gt;&gt;</a></p>
8       <p>发表时间：<span><?php echo $row['addtime'];?> </span>
9       作者：<span><?php echo $row['author'];?> </span></p></li>
10    <?php endforeach;?>
11    <div><?php echo $page_html;?></div>
12 </ul>
```

在上述代码中，第 3 行代码用于展示文章的标题，第 6 行代码用于展示截取的部分文章内容，第 8 行和第 9 行代码用于展示文章的发表时间和作者。

在浏览器中运行 index.php，运行效果如图 7-12 所示。

从图 7-12 可以清晰地看出，文章列表每页显示 2 条记录，当前页为第 1 页时，上一页没有链接。

图 7-12 文章列表分页展示

（6）文章展示

当用户想要查看某一文章的具体内容时，可根据"单击查看全文"获取文章 ID 值，取出该文章的相关信息。编辑 PHP 文件 article_show.php，用于获取需要展示的文章详情。实现代码如下：

```
1  <?php
2  //初始化数据库操作类
3  require('./init.php');
4  //获取展示文章的 ID
5  $id = isset($_GET['id']) ? intval($_GET['id']) : 0;
6  //取出文章分类
7  $sql = 'select `id`,`name` from `cms_category` order by `sort` limit 10';
8  $category = $db->fetchAll($sql);
9  if($id){
10     //根据 ID 查询该文章
11     $sql = "select `title`,`content`,`author`,`addtime`,`cid` from
```

```
                    `cms_article` where `id` = $id";
12    $rst = $db->fetchRow($sql);
13    //获取分类名称
14    $sql = 'select `name` from `cms_category` where `id`='.$rst['cid'];
15    $cname = $db->fetchRow($sql);
16    $rst['cname'] = $cname['name'];
17    //加载 HTML 模板文件
18    define('APP','itcast');
19    require('./view/article_show.php');
20  }
```

在上述代码中，第 4 行代码获取展示文章的 ID，第 11~12 行代码获取展示文章的内容，第 14~15 行代码获取该文章所在的文章分类名称，第 18~19 行用于加载文章展示的 HTML 模板。

接下来，创建文件 view\article_show.php，展示文章。关键代码如下：

```
1  <div>
2      <h2><?php echo $rst['title'];?></h2>
3      <span>时间：<?php echo $rst['addtime'];?></span>
4      <span>分类：<?php echo $rst['cname'];?></span>
5      <span>作者：<?php echo $rst['author'];?></span>
6  </div>
7  <div><?php echo $rst['content'];?> </div>
```

在浏览器中运行 index.php，查看标题为 "PHP 的学习模式" 的全文，程序运行效果如图 7-13 所示。

图 7-13 文章展示

从图 7-13 可知，文章的标题、文章发表的时间、所属文章分类的名称、作者以及文章内容，都以友好的格式正确地显示在了展示区域。

5．编辑文章功能

（1）获取待编辑文章内容

一篇好的文章，并不是一蹴而就的，因此，作者经常需要对已完成的文章进行修改。

接下来，创建文件 article_edit.php，根据需要修改文章的 ID，从数据库中查询出该文章的所有内容信息。实现代码如下：

```
1  <?php
2  //初始化数据库操作类
```

```
3  require('./init.php');
4  //获取文章 ID
5  $id = isset($_GET['id']) ? intval($_GET['id']) :  0;
6  //取出文章分类
7  $sql = 'select `id`,`name` from `cms_category` order by `sort` limit 10';
8  $category = $db->fetchAll($sql);
9  if($id){
10     //根据 ID 查询该文章原有数据
11     $sql = "select `title`,`content`,`author`,`cid` from `cms_article`
               where `id`=$id";
12     $rst = $db->fetchRow($sql);
13     //加载 HTML 模板文件
14     define('APP','itcast');
15     require('./view/article_edit.php');
16  }
```

上述代码中，第 5 行代码用于获取待编辑的文章 ID，第 11~12 代码获取该文章的所有信息，第 14~15 行代码用于加载待编辑文章的 HTML 模板文件

（2）展示待编辑文章内容

创建文件 view\article_edit.php，用于编辑文章。关键部分代码如下：

```
1  <form method="post">
2      文章分类：<select name="category">
3      <?php foreach($category as $v):
4          if($v['id'] == $rst['cid']):  ?>
5              <option value="<?php echo $v['id'];?>" selected>
                 <?php echo $v['name'];?></option>
6          <?php else: ?>
7              <option value="<?php echo $v['id'];?>">
                 <?php echo $v ['name'];?></option>
8      <?php endif;endforeach;?>
9      </select>
10     <a href="category.php">分类管理</a>
11     标题：<input type="text" name="title" value="<?php echo $rst['title'];?>" />
12     作者：<input type="text" name="author" value="<?php echo $rst['author'];?>" />
13     //UEditor 在线编辑器载入代码（将文章原有内容显示在编辑器中）
14     ……
15     <script type="text/plain" id="myEditor" style="width:1025px; height:
       250px;" name="content">
16       <p><?php echo $rst['content'];?></p>
17     </script>
18     <input type="submit" value="提交" />
19     <input type="button" value="取消"  onclick="{if(confirm('确定要取消添加文章
       吗?')){ window.location.href='index.php';}return false;}" />
20  </form>
```

在上述代码中，第 4 行代码用于判断当前分类是否是该文章所在的分类，若是，将该分类设置为默认显示的分类名称。第 11~12 行代码用于显示文章的标题和作者，第 16 行代码用于显示文章的内容。

（3）处理编辑后的内容

修改文件 article_edit.php，在步骤一中第 10 行代码上方添加以下代码，用于处理用户修改文章后提交的内容。实现代码如下：

```
1   //处理表单
2   if(!empty($_POST)){
3       //获取文章分类
4       $data['cid'] = isset($_POST['category']) ? abs(intval($_POST
                    ['category'])) : 0;
5       //获取文章标题
6       $data['title']=isset($_POST['title'])?trim(
        htmlspecialchars($_POST['title'])):'';
7       //获取作者
8       $data['author'] = isset($_POST['author']) ?
        trim(htmlspecialchars($_POST['author'])) : '';
9       //获取文章内容
10      $data['content'] = isset($_POST['content']) ? trim($_POST ['content']) : '';
11      if(empty($data['cid']) || empty($data['title']) || empty($data
          ['author'])){
12          $error[] = '文章分类、标题、作者不能为空！';
13      }else{
14          $sql = "update `cms_article` set `title`=:title, `content`=: content,
            `author`=:author,`cid`=:cid where `id`=$id";
15          $db->data($data)->query($sql);
16          //跳转到首页
17          header("location:index.php");
18      }
19  }
```

在上述代码中，第 3~10 行代码用于获取表单提交的文章修改内容，第 11 行代码用于判断文章的分类、标题和作者是否为空，若为空，将错误信息放入$error 数组中；若不为空，利用第 14~15 行代码更新该文章的内容。

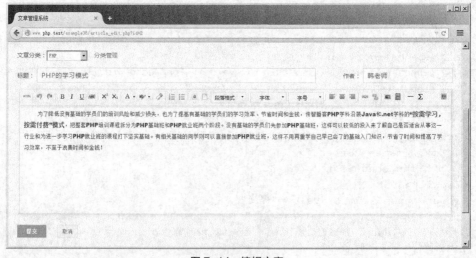

图 7-14　编辑文章

从图 7-14 中可以清晰地看出，已经正确地将该文章的相关信息显示到了编辑区域。当修改完成后，单击"提交"按钮即可保存，程序会自动返回到文章列表。

6．文章与分类删除

（1）删除文章

在文章管理系统中，当对发表的文章不满意的时候，可以对文章进行删除操作。

接下来，创建文件 article_del.php，用于删除文章。实现代码如下：

```php
1 <?php
2 //初始化数据库操作类
3 require('./init.php');
4 //获取删除文章分类 ID
5 $id = isset($_GET['id']) ? intval($_GET['id']) : 0;
6 if($id){
7     $sql = "delete from `cms_article` where `id` = $id";
8     $db->query($sql);
9     //跳转到首页
10    header('location:index.php');
11 }
```

在上述代码中，通过第 5 行代码用于获取待删除文章的 ID，第 7~8 行代码用于删除不需要的文章。删除成功后，利用第 10 行代码返回系统首页。

在浏览器中运行 index.php，单击标题为 "PHP 的学习模式" 的 "删除" 按钮，弹出如图 7-15 所示的提示框。

在图 7-15 所示窗口中，当单击 "确定" 按钮时，则删除该文章，并跳回系统首页；当单击 "取消" 按钮时，则返回系统首页，不做任何处理。

图 7-15　删除文章

（2）删除文章分类

若用户想要删除已添加的文章分类，需要修改展示文章分类页面 view\category_list.php 中的删除链接，具体如下：

```php
    <a href="?id=<?php echo $v['id'];?>&a=category_del" onclick="return confirm('确定要删除该文章分类吗？')">删除</a>
```

接着，继续编辑 PHP 文件 category.php，在分类排序下方添加以下代码，用于实现删除文章分类功能。实现代码如下：

```php
1 elseif($a == 'category_del'){
2     $id = isset($_GET['id']) ? intval($_GET['id']) : 0;
3     $sql = "select `id` from `cms_article` where `cid`=$id limit 1";
4     if($db->fetchRow($sql)){
5         $error[] = '该文章分类下有文章，不能删除！';
6     }else{
7         $sql = "delete from `cms_category` where `id`=$id";
8         $db->query($sql);
9     }
10 }
```

在上述代码中，第 1 行代码用于判断该操作是删除分类的功能，第 2 行代码用于获取待删除的分类 ID，第 3~4 行代码用于判断该分类下是否有文章，若有文章，则执行第 5 行代码，将提示信息放入 $error 数组中。否则执行第 7~8 行代码删除该文章分类。

思考题

商场打折促销，王六从李三的店里买了一台价值 5 899 元的电脑。

请利用 PDO 中的事务处理完成此操作。要求：

（1）在 itcast 数据库中，创建一个含有用户名和存款的数据表；

（2）使用 PDO 扩展方式操作 MySQL 数据库；

（3）在更新王六和李三的账户时进行 PDO 事务处理。

扫描右方二维码，查看思考题答案！

PART 8

第 8 章
ThinkPHP 框架

学习目标

- 熟悉 ThinkPHP 目录结构，做到了解目录功能。
- 掌握 ThinkPHP 配置，能够根据实际需求配置相关参数。
- 掌握 ThinkPHP 框架的基本使用，能够做到简单功能的开发。

ThinkPHP 是一个由国人开发的开源 PHP 框架，是为了简化企业级应用开发和敏捷 Web 应用开发而诞生的。本章将运用 ThinkPHP 开发学生管理系统，围绕 ThinkPHP 的使用进行详细讲解。

8.1 【案例 39】ThinkPHP 简单使用

案例分析

1. 需求分析

在开发一个 Web 项目的时候，项目负责人往往需要考虑很多事情。例如，开发时文件的命名规范、文件的存放规则，并提供各类基础功能类。这些准备工作是十分重要且消耗时间的，那么有什么办法可以帮助我们快速完成项目基础搭建呢？

实际上在 Web 项目中，可以通过 PHP 框架来解决这个问题。PHP 框架就是一种可以在项目开发过程中，提高开发效率，创建更为稳定的程序，并减少开发者重复编写代码的基础架构。这里我们就使用众多 PHP 框架中的一种——ThinkPHP 框架来演示 PHP 框架在项目中的使用。

2. 设计思路

（1）下载 ThinkPHP 框架包，选择当前官方最新发布的 ThinkPHP3.2.3 完整版。

（2）解压 ThinkPHP 框架包，了解其目录结构。

（3）在 Apache 服务器上部署 ThinkPHP 框架。

（4）运用 ThinkPHP 实现查看服务器信息的功能。

（5）编写 HTML 模板文件，用于展示服务器信息。

实现步骤

（1）下载 ThinkPHP 框架包

ThinkPHP 框架是一个快速、兼容而且简单的轻量级国产 PHP 开发框架，该框架在国内 Web 项目中十分常见。使用 ThinPHP 框架十分简单，首先需要在其官方网站（http://www.thinkphp.cn）下载框架包，这里我们选择当前发布的最新版本 ThinkPHP3.2.3 的完整版，如图 8-1 所示。

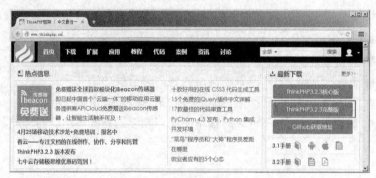

图 8-1　下载 ThinkPHP3.2.3

（2）解压 ThinkPHP 框架包

解压下载的 ThinkPHP 框架包，其目录结构如图 8-2 所示。

从图 8-2 中可以清晰地看出 ThinkPHP 框架的目录结构，其中 "index.php" 是项目的入口文件，"Application" 是应用目录，"Public" 是公共资源文件目录，"ThinkPHP" 是框架核心目录。需要注意的是，由于 ThinkPHP 框架采用单一入口模式进行访问，因此所有应用都是从入口文件 index.php 开始的。

（3）部署 ThinkPHP 框架

ThinkPHP 框架不需要安装，把解压后的文件拷贝到 Apache 目录的 htdocs 目录下即可使用。为方便讲解，在 htdocs 目录下创建 example39 目录，将 ThinkPHP 解压文件拷贝到该目录下。此时，ThinkPHP 框架部署完成。打开浏览器访问 "http://www.php.test/example39"，运行结果如图 8-3 所示。

图 8-2　ThinkPHP 解压后文件

图 8-3　ThinkPHP 框架部署成功

（4）了解 MVC 设计模式

ThinkPHP 框架遵循了 MVC 设计模式。MVC 设计模式将项目分为模型（Model）、视图（View）、控制器（Controller）3 个核心部件。其中，模型是指处理数据的部分，视图是指显示到浏览器中的网页，控制器是指处理用户交互的程序，用于根据用户请求，调用模型获取相应数据，并将结果显示到视图中。其工作流程如图 8-4 所示。

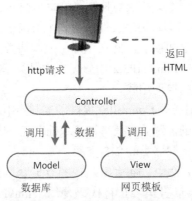

图 8-4　MVC 的工作流程

在 ThinkPHP 中，文件的创建是有特定规则的，Application 目录是所有应用的总目录，该目录中默认存在一个 Home 目录。通常我们将 Home 目录当作项目的前台目录，在该目录下主要存在 3 个子目录，具体如下。

● Controller 目录：该目录用来保存当前分组下的控制器类文件。
● Model 目录：该目录用来保存当前分组下的模型类文件。
● View 目录：该目录用来保存当前分组下的视图文件。

另外，当需要后台时，可以在 Application 目录下创建与前台目录结构相同的后台目录。

（5）在 ThinkPHP 中实现查看服务器信息功能

接下来演示 ThinkPHP 下的功能开发，首先修改 Application \ Home \ Controller \ Index Controller.class.php 文件的 index()方法，具体代码如下：

```php
1 <?php
2 //当前控制器的命名空间，对应 Application\Home\Controller 目录
3 namespace Home\Controller;
4 //引用的命名空间，对应 ThinkPHP\Library\Think 目录
5 use Think\Controller;
6 class IndexController extends Controller {
7     public function index(){
8         //获取服务器软件信息，并分割成数组
9         $version_arr = explode(' ', $_SERVER['SERVER_SOFTWARE']);
10        //从$version_arr 数组中获取 Apache 版本信息
11        $serverInfo['apache_version'] = $version_arr[0];
12        //从$version_arr 数组中获取系统版本信息
13        $serverInfo['server_version'] = $version_arr[1];
14        //从$version_arr 数组中获取 PHP 版本信息
15        $serverInfo['php_version'] = $version_arr[2];
16        //获取服务器当前时间
17        $serverInfo['server_time'] = date('Y-m-d H:i:s', time());
18        //获取当前脚本地址
19        $serverInfo['script_path'] = $_SERVER['SCRIPT_FILENAME'];
20        //使用 ThinkPHP 提供的 assign()方法向视图文件分配数据
21        $this->assign('serverInfo', $serverInfo);
22        //使用 ThinkPHP 提供的 display()方法调用视图页面
```

```
23        $this->display();
24    }
25 }
```

在上述代码中，第 3 行代码定义了当前控制器的命名空间。ThinkPHP 框架从 3.2 版本开始全面采用命名空间方式定义和加载类库文件，有效地解决了多个模块之间的冲突问题，并实现了更加高效的类库自动加载机制。因此在创建了控制器类文件之后，编辑控制器类文件的第 1 步是定义命名空间。在 ThinkPHP3.2 中只需要确保类库定义的命名空间路径与类库文件的目录一致，就可以实现类的自动加载。

ThinkPHP 框架的基础控制器类 Controller 提供了控制器中的许多基础操作，用户定义的控制器类可以通过继承这个基础控制器类获得许多基础功能。因此通过第 5 行代码，在定义控制器类之前，完成引入基础控制器类的命名空间。

在 Index 控制器的 index()方法中，通过第 9~19 行代码获取到服务器的几个基本信息并把其保存到 $serverInfo 数组中。通过第 21 行代码调用 ThinkPHP 提供的 assign()方法，把 $serverInfo 分配给视图文件。该方法需要传递两个参数，第 1 个参数表示要传入的数据在视图中的名称，第 2 个参数表示要传入的数据变量名。最后在第 23 行调用 ThinkPHP 提供的 display()方法，用来载入要显示的视图文件。该方法有一个可选参数，表示要载入的 HTML 模板文件，当不填写时，默认选择与当前控制器同名的 HTML 模板文件。

此时我们访问 ThinkPHP 提供的入口文件 index.php，运行结果如图 8-5 所示。

图 8-5　ThinkPHP 的友好错误提示

ThinkPHP 提供了十分友好的错误提示机制，能够大量节省开发阶段的错误调试时间。从图 8-5 的错误提示可以知道，错误的原因是要加载的模板文件不存在。解决办法就是按照提示的文件路径，创建相关文件。

（6）编写 HTML 模板文件

控制器类文件和模型类文件只需要在对应目录下直接创建即可，而 View 目录下创建模板文件，还需要根据控制器来创建子级目录。正如图 8-5 中的提示，我们要载入 Index 控制器的 index.html 模板文件，就需要在 View 目录下创建 Index 目录，该目录保存 Index 控制器相关的视图文件。

接下来在 "Application\Home\View\" 目录下创建 Index 目录，在此目录中编写 index.html 文件。此文件是 Index 控制器中的 index 方法对应的视图模板，具体代码如下：

```
1 <!doctype html>
2 <html>
3 <head>
4    <meta charset="utf-8">
5    <title>系统信息</title>
```

```
6  </head>
7  <body>
8      <h2>服务器信息列表</h2>
9      <table>
10         <tr><td>系统版本</td><td> {$serverInfo ['server_version']}</td></tr>
11         <tr><td>apache 版本</td><td> {$serverInfo ['apache_version']}
            </td></tr>
12         <tr><td>PHP 版本</td><td> {$serverInfo ['php_version']} </td> </tr>
13         <tr><td>脚本地址</td><td> {$serverInfo['script_path']} </td> </tr>
14         <tr><td>系统时间</td><td>{$serverInfo['server_time']} </td> </tr>
15     </table>
16  </body>
17  </html>
```

在上述代码中，第 9~15 行代码构成了一个 table 表格，其中第 10~14 行代码用来输出 $serverInfo 这个变量的具体数据。

注意：

输出变量数据的时候，采用了 ThinkPHP 框架提供的模板引擎语法。ThinkPHP 模板引擎，可以把页面中本来需要使用 PHP 语法的部分使用特定的标签结构代替。如输出一个变量时，原本需要使用 "<?php echo $变量名; ?>" 的方式，而使用 ThinkPHP 模板引擎之后，就可以简化成 "{$变量名}"。

ThinkPHP 模板引擎除了可以简化输出变量，还提供了许多其他标签结构，我们会在后面的章节中一一讲解。

此时再次访问 ThinkPHP 提供的入口文件 index.php，运行结果如图 8-6 所示。

图 8-6　服务器信息列表

知识点讲解

1. MVC 框架

MVC 是一个框架模式，它强制性地使应用程序的输入、处理和输出分开。MVC 将应用程序分成了 3 个核心部件：模型、视图、控制器，它们各自处理自己的任务。

（1）控制器

控制器接受用户的输入并调用模型和视图去完成用户的需求，所以当单击 Web 页面中的超链接和发送 HTML 表单时，控制器本身不输出任何东西和做任何处理。它只是接收请求并决定调用哪个模型去处理请求，然后再确定用哪个视图来显示返回的数据。

（2）模型

模型表示数据和业务规则。在 MVC 的 3 个部件中，模型拥有最多的处理任务。被模型返回的数据是中立的，就是说模型与数据格式无关，这样一个模型能为多个视图提供数据，由于应用于模型的代码只需写一次就可以被多个视图重用，所以减少了代码的重复性。

（3）视图

视图是用户看到并与之交互的界面，模型获取的数据最终通过视图展现给用户。

2．ThinkPHP 目录结构

我们已经知道 Application 是应用目录，保存了所有的应用文件，该目录的结构大致如表8-1 所示。

表 8-1 应用目录结构

文件路径	文件描述
\Application\Common	应用公共模块
\Application\Common\Common	应用公共函数目录，为 Application 目录下的所有模块提供公共函数
\Application\Common\Conf	应用公共配置文件目录，为 Application 目录下的所有模块提供公共配置
\Application\Home	ThinkPHP 框架默认生成的 Home 模块
\Application\Home\Conf	模块配置文件目录，为 Home 模块提供配置信息
\Application\Home\Common	模块函数公共目录，为 Home 模块提供公共函数
\Application\Home\Controller	模块控制器目录
\Application\Home\Model	模块模型目录
\Application\Home\View	模块视图目录
\Application\Runtime	运行时目录
\Application\Runtime\Cache	模板缓存目录
\Application\Runtime\Date	数据目录
\Application\Runtime\Logs	日志目录
\Application\Runtime\Temp	缓存目录

而 ThinkPHP 框架的核心文件都在 ThinkPHP 下，框架核心目录 ThinkPHP 的结构如表8-2 所示。

表 8-2 框架核心目录结构

文件路径	文件描述
\ThinkPHP\Common	核心公共函数目录
\ThinkPHP\Conf	核心配置目录
\ThinkPHP\Lang	核心语言包目录
\ThinkPHP\Library	核心类库目录
\ThinkPHP\Library\Think	核心 ThinkPHP 类库包目录
\ThinkPHP\Library\Behavior	行为类库目录
\ThinkPHP\Library\Org	Org 类库包目录

文件路径	文件描述
\ThinkPHP\Library\Vendor	第三方类库目录
\ThinkPHP\Mode	框架应用模式目录
\ThinkPHP\Tpl	系统模板目录
\ThinkPHP\ThinkPHP.php	ThinkPHP 框架入口文件

表 8-2 中，\ThinkPHP\Conf 目录是 ThinkPHP 的核心配置目录，其中包含了 ThinkPHP 惯例配置文件，该文件中包含数据库连接信息、ThinkPHP 默认设定、URL 访问模式等默认配置。

\ThinkPHP\Library\Think 是核心 ThinkPHP 类库包目录，其中包含了 App.class.php（应用程序类）、Controller.class.php（控制器基类）、Model.class.php（模型基类）、View.class.php（视图基类）等 ThinkPHP 运行所需的基础类文件。

\ThinkPHP\Library\Vendor 是第三方类库目录，其中包含了许多第三方提供的功能类文件，如 Smarty 模板引擎。

3．ThinkPHP 基本使用

（1）assign()

ThinkPHP 框架默认开启了模板引擎，在开启模板引擎的情况下，变量都需要使用 assign() 方法将变量分配给视图文件。示例代码如下：

```
$this->assign('name',$name);
```

从上述代码可知，assign() 方法的第 1 个参数表示数据在视图中的名称，第 2 个参数表示要传递的数据。由于 ThinkPHP 框架采用面向对象编程，因此还可以使用为对象属性赋值的方式，示例代码如下：

```
$this->name=$name;
```

需要注意的是，assign() 方法必须在 display() 方法前调用，分配的变量数据才能显示到视图中。

（2）display()

ThinkPHP 使用 display() 方法来显示视图，display() 方法有 3 种形式，如表 8-3 所示。

表 8-3　display 的 3 种形式

用法	示例	描述
不带任何参数	$this->display()	系统会自动定位当前操作的模板文件
[模块@][控制器:][操作]	$this->display("Admin@Index:index")	表示会输出 Admin 模块下的 View 目录下的 Index 目录下的 index.html 文件
完整的模板文件名	$this->display("./Temp/Public/index.html")	表示输出项目根目录下的 Temp 目录下的 Public 目录下的 index.html 文件，注意使用这种方式一定要加上视图文件后缀

（3）显示变量

在使用 assign() 方法为视图变量赋值后，就可以在视图文件中输出变量了。输出变量可以使用 PHP 原生语法，例如：

```
<?php echo $name; ?>
```

也可以使用标签语法输出变量，因为 ThinkPHP 默认情况下提供了类似 Smarty 的模板引擎技术 ThinkTemplate，该模板引擎输出变量的语法如下：

```
{$name}
```

ThinkTemplate 模板标签默认的开始标记是 "{"，结束标记是 "}"。当然也可以通过配置文件对其进行修改，例如：

```
'TMPL_L_DELIM'=>'<{',
'TMPL_R_DELIM'=>'}>',
```

此时变量输出标签就变成了：

```
<{$name}>
```

8.2 【案例 40】管理员登录

案例分析

1. 需求分析

在学生管理系统中，首先需要实现一个管理员登录功能。该功能是为了防止没有权限的人任意登录学生管理系统进行操作。下面就使用 ThinkPHP 框架对这一功能进行快速开发。

2. 设计思路

（1）创建管理员表，插入管理员信息。

（2）在配置文件配置数据库连接信息。

（3）创建 Admin 模块用于开发后台功能。

（4）在 Admin 模块中创建后台登录控制器，编写 index()方法。

（5）编写 login()方法，该方法用来验证管理员是否合法。

（6）编写 login.html 视图文件，该文件提供管理员登录表单。

实现步骤

（1）创建管理员表，插入管理员信息

为实现管理员登录功能，需要在数据库中创建一个管理员表。该表用来保存管理员登录用户名、管理员登录密码等信息。当管理员登录时，通过查询该表来确定管理员是否合法。下面在 itcast 数据库下，创建管理员表，具体 SQL 语句如下：

```
create table `stu_admin` (
  `aid` int unsigned primary key auto_increment comment '管理员id',
  `aname` varchar(20) not null comment '管理员登录名',
  `apwd` char(32) not null comment '管理员密码'
)charset=utf8;
```

上述代码创建了一张名为 stu_admin 的管理员表，该表拥有 3 个字段，首先是保存管理员 ID 的 aid 字段，然后是保存管理员登录名的 aname 字段，最后是保存管理员密码的 apwd 字段。

完成管理员表的创建后，需要向表中插入一条管理员信息，以验证管理员登录功能，插入语句如下：

```
insert into stu_admin values(null,'admin',md5('123456'));
```

上述代码向 stu_admin 表插入了一条管理员数据，管理员登录名为 admin，管理员密码为 123456，并使用 MD5 进行加密。

（2）配置数据库连接信息

管理员登录功能的核心，就是通过收集用户输入的管理员信息，将其与管理员表中的管理员数据进行比对。因此我们需要操作数据库，从管理员表中取出相关数据。ThinkPHP 框架对数据库操作进行了封装，我们可以使用 ThinkPHP 提供的相关函数快捷地操作数据库。不过在此之前，需要先配置数据库的相关信息，ThinkPHP 框架可以通过修改配置文件来完成此项任务。

在 ThinkPHP 中，Application\Common\Conf 目录下的 config.php 文件被称为应用配置文件，该文件的配置对 Application 目录下的所有程序起效。不论是前台（Home）还是后台（Admin）都需要对数据库进行操作，因此需要把数据库连接信息配置到 Application\ Common\ Conf\ config.php 文件中。ThinkPHP 的配置文件使用标准的 PHP 关联数组，通过键值对的方式改变配置信息，一个简单的 config.php 配置文件代码格式如下：

```php
<?php
return array(
        '配置项1'=>'配置值1',
        '配置项2'=>'配置值2',
        ....
);
```

下面来修改 Application\Common\Conf\config.php 配置文件，具体代码如下：

```php
1  <?php
2  return array(
3          //'配置项'=>'配置值'
4          'DB_TYPE'         => 'mysql',       //数据库类型
5          'DB_HOST'         => 'localhost',   //服务器地址
6          'DB_NAME'         => 'itcast',      //数据库名
7          'DB_USER'         => 'root',        //用户名
8          'DB_PWD'          => '123456',      //密码
9          'DB_PORT'         => '3306',        //端口
10         'DB_PREFIX'       => 'stu_',        //数据库表前缀
11         'DB_CHARSET'      => 'utf8',        //数据库编码默认采用utf8
12 );
```

上述代码就是对数据库的简单配置，其中第 4~11 行代码是完成数据库连接需要的主要参数。其中第 10 行代码用来填写数据表前缀，该功能是考虑到在某些情况下，同一个数据库中存在不同项目的数据表，那么就要通过为表添加表前缀来区分所属项目。

（3）创建 Admin 模块

管理员登录功能属于项目的后台功能，因此需要在 Application 目录下的 Admin 模块下进行编写。而 ThinkPHP 默认并没有为我们创建 Admin 模块，所以我们需要自己手动创建 Admin 目录和其子目录，创建目录如图 8-7 所示。

图 8-7　Admin 模块

（4）创建后台登录控制器，编写 index()方法

接下来创建 Application\ Admin\ Controller\ IndexController.class.php 文件，编写 index()方法，具体代码如下：

```php
1  <?php
2  //当前控制器的命名空间，对应 Application\Admin\Controller 目录
3  namespace Admin\Controller;
4  //引入的命名空间
5  use Think\Controller;
6  class IndexController extends Controller{
7      public function index() {
8          if ($admin_name = session('admin_name')) {
9              $this->assign('admin_name', $admin_name);
10             $this->display();
11         } else {
12             $this->error('非法用户，请先登录！', U('login'));
13         }
14     }
15 }
```

上述代码就创建了 Admin 模块下的 Index 控制器，其中第 3 行代码表示当前控制器所属的命名空间，第 5 行代码表示要引入的命名空间。

第 7~14 行代码定义了 index()方法，当用户访问后台模块并且没有指定操作时，系统就会自动调用该方法。这个方法的作用就是，通过 Session 信息判断是否有用户登录，如果有用户登录，则显示视图文件 index.html；如果没有，则跳转到 index 控制器的 login()方法。

（5）编写视图文件 index.html

视图文件 index.html 用来显示登录者的用户名，具体代码如下所示：

```html
1  <!doctype html>
2  <html>
3  <head>
4      <meta charset="utf-8">
5      <title>学生管理系统</title>
6  </head>
7  <body>
8      <h2>{$admin_name}，您好！欢迎使用学生管理系统.</h2>
9  </body>
10 </html>
```

（6）编写 login()方法

下面来完成验证管理员登录的核心步骤：login()方法，该方法提供管理员登录表单以及管理员合法性验证功能，具体代码如下：

```php
1  public function login(){
2      if(IS_POST){
3          $adminModel = M('admin');
4          $adminInfo = $adminModel->create();
5          $where = array(
6              'aname' => $adminInfo['aname'],
7          );
8          if($realPwd = $adminModel->where($where)->getField('apwd')){
9              if($realPwd == md5($adminInfo['apwd'])){
10                 session('admin_name',$adminInfo['aname']);
```

```
11                $this->success('用户合法, 登录中, 请稍候',U('index'));
12                return;
13            }
14        }
15        $this->error('用户名或密码不正确, 请重试! ');
16        return;
17    }
18    $this->display();
19 }
```

在上述代码中, 通过第 2 行代码判断是否有 POST 数据, 如果没有, 则执行第 18 行代码显示管理员登录表单。当有 POST 数据提交时, 使用 M()方法实例化模型类对象, 并指定要操作的数据表为 stu_admin 表。在获取了模型对象后, 通常使用 create()方法获取来自表单提交的数据。

接下来通过获取的管理员姓名, 组合查询条件。在 ThinkPHP 中, 模型类提供了指定查询条件的 where()方法, 该方法可以接收字符串参数和数组参数两种形式的数据。再通过 getField()方法指定要查询的字段值, 最终将属于该管理员姓名的登录密码返回。

最后把查询到的密码与用户输入的密码进行比较, 需要注意的是, 我们需要把用户输入的密码使用 MD5 进行加密。如果两者相等, 说明用户名密码合法, 那么就把该员工姓名添加到 Session 数组中, 并使用 ThinkPHP 提供的 success()方法跳转到 index()方法; 如果失败, 则使用 error()方法提示错误并跳转到上一页面。

注意:

前面提到 ThinkPHP 框架是一种 MVC 框架, 有关数据的操作都是通过模型来完成的。而 ThinkPHP 框架的 M()方法就能够帮助我们快速实例化模型对象。M()方法不论是否有参数, 实例化的都是 ThinkPHP 框架提供的基础模型类\Think\Model, 指定参数是为了告诉 ThinkPHP 下面要操作的表是哪个。

（7）编写 login.html 视图文件

最后我们需要编写登录的表单界面, 该界面为用户提供登录表单, 具体代码如下:

```
1  <!doctype html>
2  <html>
3  <head>
4      <meta charset="utf-8">
5      <title>管理员登录</title>
6  </head>
7  <body>
8  <form method="post">
9      <table>
10         <tr><td>用户名: </td><td><input type="text" name="aname" />
           </td></tr>
11         <tr><td>密 码: </td><td><input type="password" name="apwd" />
           </td></tr>
12         <tr><td colspan="2"><input type="submit" value="登录" />
           </td></tr>
13     </table>
14  </form>
15  </body>
16  </html>
```

上述代码组成了一个简单的表单界面, 其中第 10 行代码提供了一个文本框用来输入管理员登录名,第 11 行代码提供了一个密码框用来输入管理员登录密码。最后表单数据会以 POST 方式提交给 Index 控制器的 login()方法。

以上就是一个简单的管理员登录功能,下面打开浏览器访问 http://www.php.test/example40/index.php/Admin/Index/index,运行结果如图 8-8 所示。

由于我们并未登录,因此 index()方法为我们跳转到 login()方法显示登录表单。向表单中输入用户名和密码,结果如图 8-9 所示。

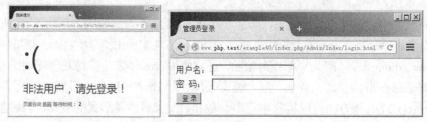

图 8-8　未登录时进行跳转

图 8-9　验证成功跳转

注意:

ThinkPHP 是一种单入口的程序,所有的操作都需要访问统一的入口 index.php。通过传递参数可以指定需要访问的模块、控制器和方法,例如,"/Admin/Index/index"表示访问 Admin 模块 Index 控制器 index 方法。

知识点讲解

1. 配置文件

ThinkPHP 框架采用多个配置文件目录的方式,来协同控制框架的相关功能,其中主要配置文件的说明如表 8-4 所示。

表 8-4　ThinkPHP 主要配置文件说明

配置	文件路径	说明
惯例配置	\ThinkPHP\Conf\convention.php	按照大多数的使用对常用参数进行了默认配置
应用配置	\Application\Common\Conf\config.php	应用配置文件也就是调用所有模块之前都会首先加载的公共配置文件,提供对应用的基础配置
调试配置	\Application\Common\Conf\debug.php \Application\Common\Conf\debug.php	如果开启调试模式,会自动加载框架的调试配置(ThinkPHP\Conf\debug.php)和应用调试配置(Application\Common\Conf\debug.php)
模块配置	\Application\当前模块\Conf\config.php	每个模块会自动加载自己的配置文件

ThinkPHP 的配置文件是自动加载的，配置文件之间的加载顺序为惯例配置→应用配置→调试配置→模块配置。由于后面的配置会覆盖之前的同名配置，所以配置的优先级从右到左依次递减。ThinkPHP 采用这种设计，是为了更好地提高项目配置灵活性，让不同模块能够根据各自需求进行不同配置。

2．常用配置

（1）数据库配置

由于\Application 下的所有应用都可能会使用数据库，因此将数据库配置保存到\Application\Common\Conf\ config.php 中，数据库的配置选项可以在惯例配置（\ThinkPHP\Conf\convention.php）中找到。

（2）默认访问配置

默认情况下，访问 ThinkPHP 的入口文件 index.php，总是会访问到 Home 模块下的 Index 控制器的 index 操作。这是在惯例配置文件中默认定义的，我们可以通过修改配置文件来改变默认访问的操作。

打开文件\Application\Common\Conf\config.php，具体修改代码如下：

```php
<?php
return array(
    'DEFAULT_MODULE'      => 'Admin',      //默认模块
    'DEFAULT_CONTROLLER'  => 'Login',      //默认控制器名称
    'DEFAULT_ACTION'      => 'checkLogin', //默认操作名称
);
```

此时访问入口文件 index.php，就会访问到 Admin 模块下的 Login 控制器的 checkLogin 操作。

（3）URL 访问模式配置

所谓 URL 访问模式，指的是以哪种形式的 URL 地址访问网站。ThinkPHP 支持的 URL 模式有 4 种，如表 8-5 所示。

表 8-5　URL 访问模式

URL 模式	URL_MODEL 设置	示例
普通模式	0	http://localhost/index.php?m=home&c=user&a=login
PATHINFO 模式	1	http://localhost/index.php/home/user/login
REWRITE 模式	2	http://localhost/home/user/login
兼容模式	3	http://localhost/index.php?s=/home/user/login

URL 访问模式的意义在于：可以通过 ThinPHP 提供的 U 方法自动生成指定统一格式的 URL 链接地址。

3．URL 生成

由于 ThinkPHP 提供了多种 URL 模式，为了使代码中的 URL 根据项目的实际需求而改变，ThinkPHP 框架提供了一个能够根据当前 URL 模式生成相应 URL 地址的函数：U 方法，其语法格式如下：

```
U('地址表达式',['参数'],['伪静态后缀'],['显示域名'])
```

一般仅需要填写第 1 个参数"地址表达式"即可，具体实例如下：

```
U('User/add');           //生成 User 控制器的 add 操作的 URL 地址
U('Blog/read?id=1');     //生成 Blog 控制器的 read 操作 并且 ID 为 1 的 URL 地址
U('Admin/User/select');  //生成 Admin 模块的 User 控制器的 select 操作的 URL 地址
```

从上述示例可知，当我们需要生成一个 URL 地址链接的时候，就使用 U 方法，填写相关地址参数即可。

4．跳转方法

在应用开发中，经常会遇到一些带有提示信息的跳转页面，如操作成功或者操作错误页面，并且自动跳转到另外一个目标页面。系统的\Think\Controller 类内置了两个跳转方法 success() 和 error()，用于页面跳转提示。

success() 方法用于在操作成功时的跳转，其中第 1 个参数表示提示信息，第 2 个参数表示跳转地址，第 3 个参数表示跳转时间，单位为秒。示例代码如下：

```
$this->success('用户登录操作成功,正在跳转,请稍候....',U('Admin/index'),5);
```

而 error() 方法用于在操作失败时的跳转，其参数和 success() 方法相同，当省略第 2 个参数（跳转地址）时，系统会自动返回到上一个访问的页面。示例代码如下：

```
$this->error('用户登录操作失败,正在返回,请稍候....');
```

5．判断请求类型

ThinkPHP 提供了判断请求类型的功能，一方面可以针对请求类型做出不同的逻辑处理，另外一方面，有些情况下需要验证安全性，过滤不安全的请求。ThinkPHP 内置的判断请求类型的常量如表 8-6 所示。

表 8-6 判断请求的常量

常量	描述
IS_GET	判断是否是 GET 方式提交
IS_POST	判断是否是 POST 方式提交
IS_PUT	判断是否是 PUT 方式提交
IS_DELETE	判断是否是 DELETE 方式提交
IS_AJAX	判断是否是 AJAX 提交
REQUEST_METHOD	当前提交类型

6．创建数据对象

在开发过程中，经常需要接收表单提交的数据，当表单提交的数据字段非常多的时候，使用 $_POST 接收表单数据是非常麻烦的，ThinkPHP 就提供了一个简单的解决办法：create 操作。该操作可以快速地创建数据对象，最典型的应用就是自动根据表单数据创建数据对象，这个优势在数据表的字段非常多的情况下尤其明显。

7．session 操作

ThinkPHP 提供了 session 管理和操作的完善支持，全部操作可以通过一个内置的 session 函数完成，该函数可以完成 session 的设置、获取、删除和管理操作。

使用 session 函数十分简单，设置 session 的语法如下：

```
session('name','value');   //设置session
```

从 session 中取值的语法如下：

```
$value = session('name'); //获取session 数组中键名为name 的值
$value = session();        //获取所有的session
```

从 session 中删除某个值的语法如下：

```
session('name',null);      //删除session 数组中键名为name 的值
```

要删除所有的 session，可以使用如下代码：
```
session(null);                    //清空当前的session
```

8.3　【案例 41】创建专业和班级

案例分析

1．需求分析

在大学中，学生都是以班级为单位进行管理的，而班级又是以专业为单位进行管理。因此在学生管理系统中，首先需要创建相应专业和班级。

2．设计思路

（1）创建专业表 stu_major 及班级表 stu_class，并向表中插入测试数据。

（2）定义 Major 模型类以获取数据，该数据就是专业及班级信息数据。

（3）创建 Major 控制器，通过该控制器调用 Major 模型，获取专业及班级信息数据。

（4）创建视图文件，完成展示功能。

实现步骤

（1）创建专业表 stu_major

stu_major 数据表用来保存专业信息，大学生根据所选专业不同被划分到不同的班级，创建表的 SQL 语句如下：

```
create table `stu_major` (
  `major_id` int unsigned primary key auto_increment comment '专业id',
  `major_name` varchar(20) not null comment '专业名'
) charset=utf8;
```

上述 SQL 语句创建了一个简单的专业表，其中只有两个字段。major_id 表示专业 ID，该字段作为数据表的主键，major_name 表示专业名称。

在创建了专业表之后，向该表中插入测试数据，以供添加班级时选择专业，插入的 SQL 语句如下：

```
insert into `stu_major` values (1, '应用物理学');
insert into `stu_major` values (2, '电子信息科学与技术');
```

（2）创建班级表 stu_class

stu_class 表用来保存班级信息，通常大学中一个专业下会有多个班级，同一专业的学生会被分配到这些班级下，创建 stu_class 表的 SQL 语句如下：

```
create table `stu_class` (
  `class_id` int unsigned primary key auto_increment comment '班级id',
  `class_name` varchar(8) not null comment '班级名',
  `major_id` int unsigned not null comment '专业id'
) charset=utf8;
```

上述 SQL 语句创建了一个班级表，其中 class_id 字段表示班级 ID，该字段作为数据表的主键。class_name 表示班级名，major_id 表示专业 ID，通过该字段与 stu_major 建立联系。

在创建了班级表之后，向该表中插入测试数据，以供添加学生时选择班级，插入的 SQL 语句如下：

```
insert into `stu_class` values (1, '20150101', 1);
insert into `stu_class` values (2, '20150102', 1);
```

（3）定义模型类以获取数据

在完成专业表和班级表的创建后，让我们先来实现专业列表显示功能。该功能的主要作用是，将专业及专业所属的班级信息显示到页面中。由于专业和班级数据分别保存在两张表中，因此需要进行关联查询。在 ThinkPHP 中提供了一种快速实现关联操作的机制，称为关联模型。通过定义关联模型，可以便捷地实现两张表的关联操作。下面就来创建 stu_major 表的关联模型，具体代码如下：

```
1 <?php
2 //该模型类的命名空间，对应 Application\Admin\Model 目录
3 namespace Admin\Model;
4 //引入继承类的命名空间，对应 ThinkPHP\Library\Think\Model 目录
5 use Think\Model\RelationModel;
6 class MajorModel extends RelationModel {
7     //关联定义
8     protected $_link = array(
9             //表示与 class 表进行关联，与 class 表的关系是一对多
10            'Class' => self::HAS_MANY,
11    );
12 }
```

在上述代码中，第 3 行代码用来声明当前模型类的命名空间，由于该模型类在 Admin 模块的 Model 目录下，因此就是 "Admin\Model"。第 5 行代码用来引入要继承的父类的命名空间，在 ThinkPHP 中要支持关联模型操作，模型类必须继承 Think\Model\RelationModel 类。

第 6~12 行代码定义了 Major 模型类，该类继承 Think\Model\RelationModel 类。其中第 10 行代码就是一个简单的关联定义方式，要使用该方式需要数据表遵循 ThinkPHP 内部的数据库命名规范。

在这个关联定义中，"Class" 表示要关联的模型类名。self 表示当前模型类，也就是 Major 模型类。"HAS_MANY" 表示两者间的关系是一对多的关系。通过分析可以知道，一个专业下会有多个班级，因此专业和班级的关系应该是一对多的关系。

（4）修改配置文件，显示调试信息

ThinkPHP 提供的数据库操作方法本质也是执行 SQL 语句，只是 SQL 语句无需开发者进行编写，而是在调用相关方法时自动完成 SQL 语句的创建，并做安全处理。ThinkPHP 提供了一个内置调试工具 Trace，该工具可以实时显示当前页面的操作的请求信息、运行情况、SQL 执行、错误提示等，并支持自定义显示。开启 Trace 工具只需要对配置文件进行修改，由于该调试工具在项目前台文件及后台文件中都需要使用，因此需要在 Application\ Common\ Conf\ config.php 中进行修改。具体代码如下：

```
1 <?php
2     return array(
3         'SHOW_PAGE_TRACE' => true,
4     );
```

（5）创建控制器完成专业信息展示

下面创建 Major 控制器类 MajorController.class.php，通过该控制器调用 Major 模型获取专

```
1  <?php
2  //声明该控制器类的命名空间
3  namespace Admin\Controller;
4  //引入继承类的命名空间
5  use Think\Controller;
6  class MajorController extends Controller{
7      //展示专业和班级数据
8      public function showList(){
9          //实例化 Major 模型对象，使用 relation 方法进行关联操作
10         $major_info = D('major')->relation(true)->select();
11         //使用 assign()方法分配数据
12         $this->assign('major_info', $major_info);
13         //显示视图
14         $this->display();
15     }
16 }
```

在上述代码中，第 10 行代码通过 D()方法实例化模型类，然后通过关联模型获取专业及班级数据。

（6）创建公共视图文件

在编写视图页面时，网页的头部和尾部是公共部分，我们可以在模板中使用 ThinkPHP 提供的<include>标签将公共视图包含进来。接下来创建公共视图文件 header.html（头部文件）和 footer.html（尾部文件）。

创建 Application\Admin\View\Index\header.html，具体代码如下：

```
1  <!doctype html>
2  <html>
3  <head>
4    <meta charset="utf-8">
5    <title>学生管理系统</title>
6    <link href="__PUBLIC__/css/StudentStyle.css" rel="stylesheet">
7    <script src="__PUBLIC__/js/Common.js"></script>
8  </head>
9  <body>
10   <h1>学生管理系统</h1>
11   欢迎您！<a href="#">我的信息</a> <a href="#">密码修改</a> <a href="#">安全
     退出</a>
12   <strong>院系专业</strong>
13   <a href="__MODULE__/Major/showList">专业列表</a>
14   <a href="__MODULE__/Major/add">添加专业</a>
15   <strong>学生管理</strong>
16   <a href="__MODULE__/Student/showList">学生列表</a>
17   <a href="__MODULE__/Student/add">添加学生</a>
18   <strong>系统设置</strong> <a href="#">修改密码</a>
19   <strong>教学系统</strong>
```

在上述代码中，"__PUBLIC__"是一种在模板中使用的替换语法，表示 public 目录的路径，"__MODULE__"表示 Admin 模块的路径。

创建 Application\Admin\View\Index\footer.html，具体代码如下：

```
1  <div class="footer">
2      <!--在此处编写页面底部信息-->
```

```
3      </div>
4  </body>
5  </html>
```

经过划分上述两个文件，就将一个完整的 HTML 页面分成了头部和尾部两部分，而中间的部分就是随着访问的页面发生变化的内容，当在视图页面中引入时，可以使用如下代码：

```
<include file="Index/header" />   <!--引入头部文件-->
                                  <!-- 变化的内容 -->
<include file="Index/footer" />   <!--引入尾部文件-->
```

（7）创建视图文件，完成展示功能

数据获取及分配工作完成后，最后需要完成的就是视图文件。创建 Application\ Admin\ View\Major\show.html，视图文件主要代码如下：

```
1  <include file="Index/header" />
2  <table>
3      <tr><th>专业</th><th>班级</th><th>操作</th></tr>
4      <notempty name="major_info">
5          <foreach name="major_info" item="v">
6              <foreach name="v.Class" item="vv" key="k">
7                  <tr>
8                  <if condition="($k eq 0)">
9                      <td rowspan="{$v.Class|count}">{$v.major_name}</td>
10                 </if>
11                 <td><a href="__MODULE__/Student/showList/class_id/{$vv.
                       class_id}">{$vv.class_name}</a></td>
12                 <td><div>编辑 删除</div></td>
13                 </tr>
14          </foreach>
15      </foreach>
16      <else/>
17      <tr><td>查询的结果不存在！</td></tr>
18      </notempty>
19  </table>
20  <include file="Index/footer" />
```

在上述代码中，通过第 4 行代码的 notempty 标签来判断$major_info 变量是否存在，如果不存在，则执行第 16 行代码；如果存在，则执行第 5~15 行代码。

由于获取到的$major_info 变量是一个二维数组，因此需要通过两次 foreach 遍历。而 ThinkPHP 模板语法中的 foreach 标签提供了数组遍历功能，foreach 标签的 name 属性表示要遍历的数组名，item 可以看做遍历得到的数组元素。所以首先通过第 5~15 行代码组成的第 1 层遍历，获取到二维数组中的每个元素，这些元素还是数组。因此还需要通过第 6~14 行代码组成的第 2 层遍历，此时获取到的元素就是我们需要的数据了。

以上就完成了专业及班级显示功能的开发，下面打开浏览器，访问 http://www.php.test/ example41/index.php/Admin/Major/showList，运行结果如图 8-10 所示。

图 8-10 左图所示就是专业及班级列表，其中右下角的按钮就是 Trace 工具。单击该按钮，显示结果如图 8-10 右图所示，在 SQL 标签下可以查看已经执行的 SQL 语句。

图 8-10　专业信息列表

知识点讲解

1．实例化模型

ThinkPHP 中实例化模型有 3 种方式，如表 8-7 所示。

表 8-7　实例化模型的 3 种方式

方法	示例
D 方法	$model=D('User');
M 方法	$model=M('User');
直接实例化	$model=new \Home\Model\UserModel();

（1）D 方法实例化

D 方法的作用就是实例化一个模型类对象，该方法只有一个参数，参数值就是模型的名称。D 方法也可以不带参数直接使用，当不传递任何参数进行实例化时，得到的是 ThinkPHP 提供的基础模型类\Think\Model 的实例。当传递了模型名，而该模型类又存在的时候，实例化得到的就是这个模型类的实例。

（2）M 方法实例化

M 方法与 D 方法用法一样，所不同的是，M 方法不论是否有参数，实例化的都是 ThinkPHP 框架提供的基础模型类\Think\Model 的实例，实际上 D 方法在没有找到定义的模型类时，也会自动实例化基础模型类。因此在不涉及自定义模型操作的时候，建议使用 M 方法而不使用 D 方法。

（3）直接实例化

顾名思义，直接实例化就是和实例化其他类库文件一样实例化模型类，例如：

```
$Goods = new \Home\Model\GoodsModel(); //实例化 Home 模块下的 Goods 模型类
$User = new \Admin\Model\UserModel();  //实例化 Admin 模块下的 User 模型类
```

这样就可以获取到指定模型类的对象，并通过这个对象操作指定的数据表。

2．数据读取

读取数据表数据是项目中最常用的数据操作，在 ThinkPHP 中，find、select 以及 getField 操作都用于读取数据。

（1）find 操作

find 操作会在 SQL 语句最后添加一个限定条件"LIMIT 1"，表示仅取出一条数据，并且这条数据以一维数组的形式返回。

（2）select 操作

select 操作与 find 操作的区别就在于，select 操作生成的 SQL 语句中没有 LIMIT 语句，并且数据是以二维数组的形式返回，因此 select 操作能够获取多条数据。

（3）getField 操作

getField 操作是从数据表中读取指定字段，并以字符串的形式返回。读取字段值其实就是获取数据表中的某个列的多个或者单个数据。

3．关联模型

利用关联模型可以很轻松地完成数据表的关联 CURD 操作，目前支持的关联关系有 4 种，如表 8-8 所示。

表 8-8　关联关系说明

关联关系	说明
HAS_ONE	HAS_ONE 关联表示当前模型拥有一个子对象，如每个员工都有一个人事档案，这是一种一对一的关系
BELONGS_TO	BELONGS_TO 关联表示当前模型从属于另外一个父对象，如每个用户都属于一个部门，这也是一种一对一的关系
HAS_MANY	HAS_MANY 关联表示当前模型拥有多个子对象，如每个用户有多篇文章，这是一种一对多的关系
MANY_TO_MANY	MANY_TO_MANY 关联表示当前模型可以属于多个对象，而父对象则可能包含有多个子对象，通常两者之间需要一个中间表类约束和关联。如每个用户可以属于多个组，每个组可以有多个用户，这是一种多对多的关系

由于性能问题，新版取消了自动关联查询机制，而统一使用 relation 方法进行关联操作，relation 方法不但可以启用关联还可以控制局部关联操作。

4．ThinkPHP 模板标签

（1）\<notempty>

notempty 标签用来判断模板变量是否为空值，只有当变量非空时，才执行\<notempty>中的代码。相当于 PHP 中的"!empty()"。notempty 标签格式如下：

```
<notempty name="username">username 不为空</notempty>
```

需要注意的是，name 属性表示模板变量名，但不需要"$"符号。与 notempty 标签相对的还有 empty 标签。

（2）\<foreach>

foreach 标签通常用于查询数据集（select 方法）的结果输出，通常模型的 select 方法返回的结果是一个二维数组，可以直接使用 foreach 标签进行输出。

（3）\<if>

if 标签用来在视图文件中替代 PHP 中的 if 判断语句，语法格式如下：

```
<if condition="$num eq 100">
{$name}等于100
<else />
```

```
{$name}不等于100
</if>
```
上述代码对应 PHP 代码如下：
```
if($name == 100){
    echo "{$name}等于100";
}else{
    echo "{$name}不等于100";
}
```
在 if 标签中，通过 condition 属性的表达式来进行判断，可以支持 eq、lt、gt 等判断表达式，但是不支持带有 ">"、"<" 等符号的用法，因为会混淆模板解析。

5．ThinkPHP 模板替换

在视图文件，链接是必不可少的组成部分。而链接地址通常都比较长，ThinkPHP 就提供了一些特殊字符，用以代替链接中的部分地址，特殊字符及替换规则如表 8-9 所示。

表 8-9　特殊字符及替换规则

特殊字符	替换描述
__ROOT__	会替换成当前网站的地址（不含域名）
__APP__	会替换成当前应用的 URL 地址（不含域名）
__MODULE__	会替换成当前模块的 URL 地址（不含域名）
__CONTROLLER__	会替换成当前控制器的 URL 地址（不含域名）
__ACTION__	会替换成当前操作的 URL 地址（不含域名）
__SELF__	会替换成当前的页面 URL
__PUBLIC__	会被替换成当前网站的公共目录，通常是/Public/

需要注意的是，特殊字符替换操作仅针对内置的模板引擎有效，并且这些特殊字符严格区分大小写。

8.4　【案例 42】学生列表功能

案例分析

1．需求分析

完成专业及班级管理功能后，下面就需要完成学生列表功能。学生列表功能主要是根据不同班级，把这个班的全部学生的基本信息以列表的形式展示到页面中，方便查看。下面就来完成学生列表功能。

2．设计思路

（1）创建学生表，向学生表插入数据，用来测试学生列表功能。

（2）获取专业班级信息，确定当前选择的班级。

（3）根据当前选择的班级，获取班级所属的学生信息。

（4）在视图页面中以下拉菜单形式显示专业班级。

（5）在视图页面中以列表形式显示学生信息。

实现步骤

（1）创建学生表 stu_student，并插入测试数据

要完成学生列表功能，首先需要获取学生数据。因此需要创建一个学生表，来保存学生数据。创建 stu_student 表的 SQL 语句如下：

```
create table `stu_student` (
  `student_id` int unsigned primary key auto_increment,
  `student_number` int unsigned unique key,
  `student_name` varchar(20) not null,
  `student_birthday` date not null,
  `student_gender` enum('女','男') not null default '男',
  `class_id` int unsigned not null
) charset=utf8;
```

上述 SQL 语句创建了一个学生表，其中 student_id 表示学生 ID，这是学生的唯一标识。student_number 表示学生学号，该字段使用 unique key 进行唯一性约束。student_name 表示学生姓名，student_birthday 表示学生出生日期，采用 date 类型进行保存。student_gender 表示学生性别，采用 enum 枚举类型，仅有两个值 "男"、"女"，并设置默认值为 "男"。class_id 表示学生所属班级，就是通过该字段与班级表建立联系。

接下来向学生表添加测试数据，插入的 SQL 语句如下：

```
insert into `stu_student` values
(1,'2015010101', '张三', '1990-7-18', '男',1),
(2,'2015010102', '李四', '1993-5-4', '女',1),
(3,'2015010201', '王五', '1990-11-20', '男',2);
```

（2）创建 Student 控制器，编写学生信息展示功能

学生都是以班级为单位的，要显示学生信息，首先需要确定班级。因此需要知道查询的学生所属的班级 ID，再根据班级 ID 获取到学生信息。下面就创建\Application\ Admin\Controller\StudentController.class.php 文件，编写 showList()方法，具体代码如下：

```php
1  <?php
2  //声明该模型类的命名空间
3  namespace Admin\Controller;
4  //引入继承类的命名空间
5  use Think\Controller;
6  class StudentController extends Controller {
7      //学生列表展示功能
8      public function showList() {
9          //实例化 student 模型对象
10         $model = M('student');
11         //使用 I 方法接收参数 class_id，当没有收到时使用默认值 1
12         $class_id = I(param.class_id', 1);
13         //以数组的形式组合查询条件
14         $where = array('class_id' => $class_id);
15         //通过模型类获取指定班级 ID 的学生信息
16         $student_info = $model->where($where)->select();
17         //把班级 ID 分配到视图页面
18         $this->assign('class_id', $class_id);
19         //把学生信息分配到视图页面
20         $this->assign('student_info', $student_info);
21         //实例化 Major 模型对象，使用 relation 方法进行关联操作
```

```
22        $major_info = D('major')->relation(true)->select();
23        //把专业及班级信息分配到视图页面
24        $this->assign('major_info', $major_info);
25        //显示视图
26        $this->display();
27    }
28 }
```

在上述代码中，第 10 行代码用来实例化 student 模型对象，第 12 行代码使用 ThinkPHP 提供的 I 方法获取传递的班级 ID，如果没有传递则使用默认值 1。第 14 行代码组合了查询条件，再通过第 16 行代码调用模型对象的 where()方法和 select()方法获取学生信息，最后在第 18 行代码将学生信息分配到视图页面。

我们希望在学生信息列表中，添加快速修改功能。当学生信息修改完成后跳转回当前页面，因此在第 20 行代码中将班级 ID 分配到视图页面。同时我们还希望能够切换班级查看其他班级的学生信息，所以需要获取专业和班级信息，因此在第 22 行代码通过 Major 的关联模型获取数据，并在第 24 行代码把专业及班级信息分配到视图页面。

（3）创建视图文件，用来展现学生信息

```
1  <include file="Index/header" /><form method="post">
2     请选择班级: <select name="class_id">
3        <foreach name="major_info" item="v">
4           <foreach name="v.Class" item="vv">
5              <option value="{$vv.class_id}"
                 <eq name="class_id" value="$vv.class_id">selected</eq>>
                 {$v.major_name}{$vv.class_name}</option>
6           </foreach>
7        </foreach>
8     </select>
9     <input type="submit" value="确定" class="input2" />
10 </form>
11 </div>
12 <table width="100%" border="0" cellspacing="0" cellpadding="0">
13 <tr style="height: 25px" align="center">
14    <th scope="col">学号</th><th scope="col">姓名</th><th scope="col">年龄
      </th><th scope="col">性别</th><th scope="col">操作</th>
15 </tr>
16 <notempty name="student_info">
17    <foreach name="student_info" item="v">
18       <tr align="center">
19          <td>{$v.student_number}</td>
20          <td>{$v.student_name}</td>
21          <td>{$v.student_birthday}</td>
22          <td>{$v.student_gender}</td>
23          <td><div align="center">
24           <a href="#">编辑</a>  <a href="#">删除</a>
25          </div></td>
26       </tr>
27    </foreach>
28    <else/>
29 <tr align="center"><td colspan="5">查询的结果不存在! </td></tr>
```

```
30 </notempty>
31 </table><include file="Index/footer" />
```

上述代码中，第 3~7 行代码组成了选择班级的下拉菜单。通过两个 foreach 标签的嵌套，得到"专业名"+"班级名"的下拉菜单，并使用 eq 标签判断当前选择的班级是哪一个，使用"selected"让其默认被选中。第 12~29 行代码就组成了学生信息列表，其中使用 notempty 标签判断学生信息是否存在，如果不存在，则执行第 27 行代码，如果存在，则执行第 17~27 行代码遍历输出学生信息。

以上就完成了学生列表，下面打开浏览器，访问 http://www.php.test/example42/index.php/Admin/Student/showList，运行结果如图 8-11 所示。

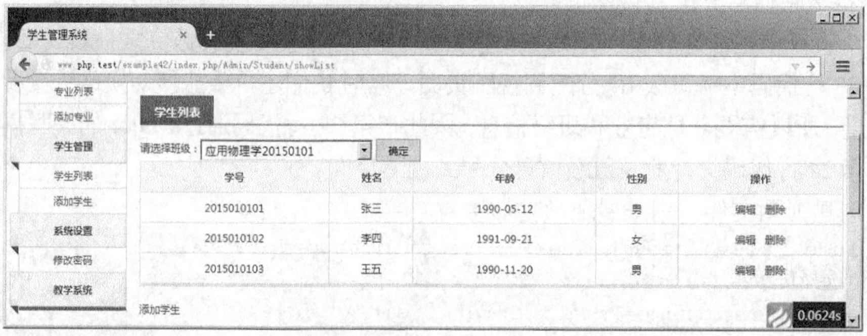

图 8-11　学生信息列表

知识点讲解

1．输入过滤

在多数情况下，网站系统的漏洞主要来自于对用户输入内容的检查不严格，所以对输入数据的过滤势在必行。ThinkPHP 提供了 I 方法用于安全地获取用户输入的数据，并能够针对不同的应用需求设置不同的过滤函数。其语法格式如下：

```
I('变量类型.变量名',['默认值'],['过滤方法'])
```

在上述语法格式中，变量类型是指请求方式或者输入类型，具体如表 8-10 所示。变量类型不区分大小写，变量名严格区分大小写。"默认值"和"过滤方法"均为可选参数，"默认值"的默认值为空字符串，"过滤方法"的默认值为 htmlspecialchars，可通过"DEFAULT_FILTER"配置项修改。

表 8-10　I 方法的变量类型

变量类型	含义
get	获取 GET 参数
post	获取 POST 参数
param	自动判断请求类型获取 GET 或 POST 参数
request	获取 $_REQUEST 参数
session	获取 $_SESSION 参数
cookie	获取 $_COOKIE 参数
server	获取 $_SERVER 参数
globals	获取 $GLOBALS 参数
path	获取 PATHINFO 模式的 URL 参数

为了使读者更好地学习 I 方法的使用，接下来演示几种 I 方法的使用示例。

（1）获取 GET 变量：

```
//使用 I 方法实现
echo I('get.name');
//使用原生语法实现
echo isset($_GET['name']) ? htmlspecialchars($_GET['name']) : '';
```

在上述代码中，I 方法和原生语法都完成了同样的操作，即获取$_GET 数组中的 name 元素，并进行 HTML 实体转义处理，当 name 元素不存在时返回空字符串。

（2）获取 GET 变量并指定默认值：

```
//使用 I 方法实现
echo I('get.id',0);
echo I('get.name','guest');
//使用原生语法实现：
echo isset($_GET['id']) ? htmlspecialchars($_GET['id']) : 0;
echo isset($_GET['name']) ? htmlspecialchars($_GET['name']) : 'guest';
```

在上述代码中，当$_GET 数组中的 ID 元素不存在时，返回 0；当$_GET 数组中的 name 元素不存在时，返回 "guest"。

（3）获取 GET 变量并指定过滤参数：

```
//使用 I 方法实现
echo I('get.name','','trim');
echo I('get.name','','trim,htmlspecialchars');
//使用原生语法实现：
echo isset($_GET['name']) ? trim($_GET['name']) : '';
echo isset($_GET['name']) ? htmlspecialchars(trim($_GET['name'])) : '';
```

在上述代码中，I 方法可以使用多个过滤方法，将方法名用逗号隔开即可。ThinkPHP 会按前后顺序依次调用过滤方法对变量进行处理。

（4）配置默认过滤方法：

需要在配置文件中添加配置项：

```
'DEFAULT_FILTER' => 'trim,htmlspecialchars',
```

然后在调用 I 方法时即可省略过滤方法。

```
//使用 I 方法实现
echo I('get.name');
//使用原生语法实现：
echo isset($_GET['name']) ? htmlspecialchars(trim($_GET['name'])) : '';
```

（5）不使用任何过滤方法：

```
//使用 I 方法实现
echo I('get.name','','');
echo I('get.name','',false);
//使用原生语法实现
echo isset($_GET['name']) ? $_GET['name'] : '';
```

在上述代码中，当 I 方法的过滤参数设置为空字符串或 false 时，程序将不进行任何过滤。

（6）获取整个$_GET 数组：

```
//使用 I 方法实现
I('get.','','trim');
//使用原生语法实现
array_map('trim',$_GET);
```

在上述代码中，使用 "get."（省略变量名）可以获取整个$_GET 数组。数组中的每个元素都会经过过滤方法的处理。

（7）自动判断请求类型并获取变量：

```
//使用 I 方法实现
I('param.name','','trim');
I('name','','trim');
//使用原生语法实现
if(!empty($_POST)){
    echo isset($_POST['name']) ? trim($_GET['POST']) : '';
}else if(!empty($_GET)){
    echo isset($_GET['name']) ? trim($_GET['name']) : '';
}
```

在上述代码中，"param"是 ThinkPHP 特有的自动判断当前请求类型的变量获取方式。由于 param 是 I 方法默认获取的变量类型，因此"I('param.name')"可以简写为"I('name')"。

2．跨控制器调用

所谓跨控制器调用，指的是在一个控制器中调用另一个控制器的某个方法。在 ThinkPHP 中有 3 种方式实现跨控制器调用：直接实例化、A 方法实例化、R 方法实例化。

（1）直接实例化

直接实例化就是通过 new 关键字实例化相关控制器，例如：

```
$goods=new GoodsController();  //直接实例化 Goods 控制器类
$info=$goods->info();              //调用 Goods 控制器类的 info()方法
```

需要注意的是，如果实例化的控制器与当前控制器不在同一目录下，需要指定命名空间。例如，要实例化 Admin 模块下的 User 控制器，代码如下：

```
$goods=new \Admin\Controller\UserController();
```

（2）A 方法实例化

ThinkPHP 提供了 A 方法实例化其他控制器，使用方法如下：

```
$goods=A('Goods');       //A 方法实例化 GoodsController 类
$info=$goods->info();  //调用 Goods 控制器类的 info()方法
```

从上述代码可以看出，A 方法相对直接实例化的方式简洁很多，仅需要传入控制器名即可。A 方法同样可以实例化其他模块下的控制器，例如：

```
$goods=A('Admin/Goods');
$goods->info();
```

（3）R 方法实例化

R 方法的使用与 A 方法基本一致，唯一不同的是，R 方法可以在实例化控制器的时候把操作方法一并传递过去，如此就省略了调用操作方法的步骤，例如：

```
$info=R('Admin/Goods/info');
```

3．比较标签

比较标签用于简单的变量比较，基本语法如下：

```
<比较标签 name="变量" value="值">
内容
</比较标签>
```

上述语法的含义是，当 name 属性中表示的变量其值与 value 中的值相同时，执行"内容"。

8.5 【案例 43】学生添加功能

案例分析

1．需求分析

实现了学生查看功能，还需要实现学生添加功能，该功能主要实现向指定班级添加学生信息。下面就来实现学生添加功能。

2．设计思路

（1）修改视图文件，增加"添加学生"超链接。

（2）修改 Student 控制器，添加 add()方法，该方法用来实现学生添加功能。

（3）创建视图文件 add.html，该文件用来提供学生添加表单。

实现步骤

（1）修改视图页面，增加"添加学生"超链接

在学生列表页增加"添加学生"超链接，修改代码如下所示：

```
1 <table width="100%" border="0">
2 <!-- 学生列表部分 -->
3 </table>
4 <div><a href="__CONTROLLER__/add/class_id/{$class_id}">添加学生</a> </div>
```

在上述代码中，第 4 行代码就在学生列表下创建了"添加学生"超链接。由于该视图文件属于 Student 目录，因此只需要使用"__CONTROLLER__"来表示 Student 控制器即可。在链接的最后携带当前学生列表所属的班级 ID，以便添加学生时确定其班级。

（2）修改 Student 控制器，添加 add()方法

add()方法主要实现两大功能，一是在没有 POST 数据提交时显示添加表单页面，一是在有 POST 数据提交时处理提交数据。具体代码如下所示：

```
1 public function add() {
2     //获取学生所属班级 ID
3     $class_id = I('get.class_id');
4     //判断是否有 POST 表单提交
5     if (IS_POST) {
6         //实例化 Studnet 模型类
7         $model = M('student');
8         //获取要添加的学生信息
9         $model->create();
10        //执行模型类的 add()方法，完成数据添加
11        if ($model->add()) {
12            //当添加成功后，提示信息并跳转到学生所属的学生列表页
13            $this->success('学生添加成功,正在跳转,请稍候!', U ("showList? class
                          _id={$class_id}"));
14            return;
15        }
16        //添加失败,则返回到上一页面
17        $this->error('学生添加失败,请重新输入! ');
18        return;
```

```
19        }
20        //实例化 Major 模型对象，使用 relation 方法进行关联操作
21        $major_info = D('major')->relation(true)->select();
22        //将专业班级信息分配到视图页面中
23        $this->assign('major_info', $major_info);
24        //将班级 ID 分配到视图页面中
25        $this->assign('class_id', $class_id);
26        //显示视图文件
27        $this->display();
28   }
```

在上述代码中，首先通过第 3 行代码的 I 方法获取到学生所属的班级 ID。然后在第 5 行代码判断是否有 POST 请求，如果没有，则执行第 20~27 行代码。其中第 21 行代码用来获取所有的专业及班级信息，第 23 行代码将专业及班级信息分配到视图页面中。第 25 行代码将获取到的班级 ID 分配到视图页面，最后执行第 27 行代码显示视图页面。

当有 POST 数据提交时，执行第 6~18 行代码。首先通过第 7 行代码，获取 Student 模型类的实例。然后执行第 9 行代码，使用模型类的 create()方法获取表单数据。最后执行第 11 行代码，使用模型类的 add()方法，将获取的学生信息添加到数据库中。当添加成功时，执行第 13 行代码，提示添加成功并跳转到学生所属的班级列表；当执行失败时，提示添加失败并跳转到上一页面。

（3）创建添加学生的表单页面

最后需要完成的就是添加学生的表单页面 add.html，该页面路径为\Application\Admin\View\Student，具体代码如下所示：

```
1  <include file="Index/header" /><form method="post">
2     <table>
3        <tr><th>学号: </th>
4        <td><input type="text" name="student_number"></td></tr>
5        <tr><th>姓名: </th>
6        <td><input type="text" name="student_name"></tr>
7        <tr><th>出生年月: </th>
8        <td><input type="text" name="student_birthday"></td></tr>
9        <tr><th>性别: </th>
10       <td><select name="student_gender">
11          <option value="男">男</option><option value="女">女</option>
12       </select></td></tr>
13       <tr><th>所属班级: </th>
14       <td><select name="class_id">
15       <foreach name="major_info" item="v">
16         <foreach name="v.Class" item="vv">
17          <option value="{$vv.class_id}" <eq name="class_id" value =
    "$vv.class_id">selected</eq>>{$v.major_name}{$vv.class_name}</option>
18         </foreach>
19       </foreach></select></td></tr>
20       <tr><td><input type="submit" value="确认输入">
21       <input type="reset" value="重新填写"></td></tr>
22    </table>
23 </form> <include file="Index/footer" />
```

在上述代码中，第 2~22 行代码组成了一个添加学生的表单页面。其中第 15~19 行代码对获取到的专业和班级信息进行遍历，并以下拉菜单的形式显示到页面中以供选择。

以上就完成了学生添加功能，下面打开浏览器，访问 http://www.php.test/example43/index.php/Admin/Student/add，并向表单输入一条学生信息，学号：2015010110，姓名：王五，出生年月：1996-09-18，性别：男，所属班级：应用物理学 20150101，结果如图 8-12 所示。

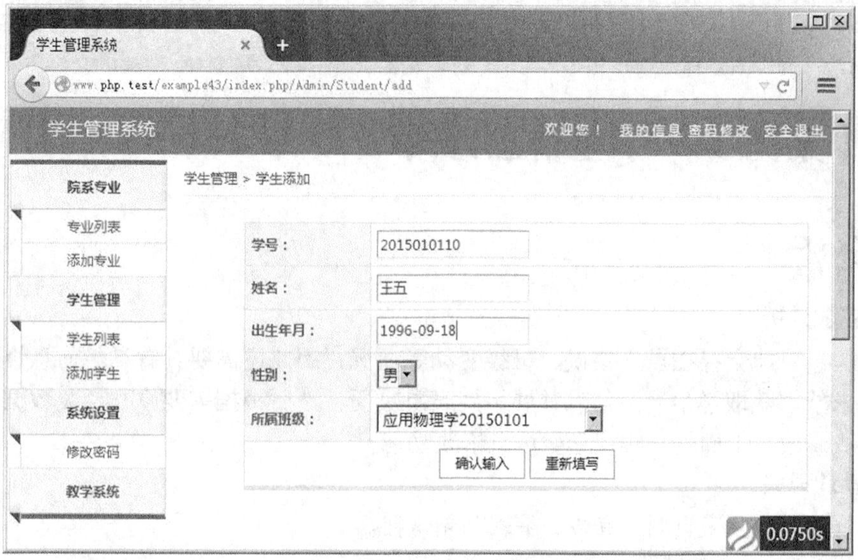

图 8-12　学生添加页面

单击"确认输入"按钮添加学生数据，当学生添加成功后，会提示相关信息并跳转到学生所属的班级列表结果，如图 8-13 所示。

图 8-13　添加成功

知识点讲解

1．添加数据

ThinkPHP 的数据写入使用 add 操作，使用示例如下：

```
$User = M('User'); // 实例化 User 对象
$data['name'] = 'ThinkPHP';
$data['email'] = 'ThinkPHP@gmail.com';
$User->add($data);
```

需要注意的是，在使用 add 操作前如果有 create 操作，add 操作可以不需要参数，否则必须传入要添加的数据作为参数。如果$data 中写入了数据表中不存在的字段数据，则会被直接过滤。

2. 批量添加数据

如果要一次添加多条数据，ThinkPHP 还提供了 addAll 操作，使用示例如下：

```
// 批量添加数据
$dataList[] = array('name'=>'thinkphp','email'=>'thinkphp@gamil.com');
$dataList[] = array('name'=>'onethink','email'=>'onethink@gamil.com');
$User->addAll($dataList);
```

8.6 【案例 44】学生信息修改

案例分析

1. 需求分析

学生信息可能会存在录入错误、班级变动等情况，因此还需要具有学生信息修改功能。该功能要求能够获取学生当前信息并展示到表单页面，然后根据需要修改相关数据，最后提交数据完成修改。下面就来实现学生信息修改功能。

2. 设计思路

（1）修改学生列表页面，完成"编辑"超链接。

（2）修改 student 控制器，增加 update()方法。

（3）编写 update.html 文件。

实现步骤

（1）修改学生列表页面，完成"编辑"超链接

要实现学生信息修改功能，首先需要确定被修改的学生。而在学生列表页面已经获取到了学生的全部信息，包括学生 ID。因此可以修改学生列表页面"编辑"超链接，将该链接指向 Student 控制器的 update()方法，并把学生 ID 以 GET 参数传递给该方法。具体代码如下：

```
1 <td>
2     <a href="__CONTROLLER__/update/student_id/{$v.student_id}">编辑</a>
3     <a href="#">删除</a>
4 </td>
```

在上述代码中，第 2 行代码就是"编辑"超链接的 URL 地址组成。由于该页面属于 Student 控制器，因此使用"__CONTROLLER__"代替控制器部分，"update"表示要调用的方法，"student_id/{$v.student_id}"表示传递的学生 ID。

（2）修改 Student 控制器，增加 update()方法

在完成了学生列表页面的"编辑"超链接后，就需要在 Student 控制器中实现 update()方法，来完成学生数据的更新。具体代码如下：

```
1 public function update() {
2     //获取 Student 模型类对象
3     $model = M('student');
4     //组合查询条件
5     $where = array(
6         'student_id' => I('get.student_id'),
7     );
```

```
8      //判断是否有 POST 数据, 如果有则说明需要进行数据更新
9      if (IS_POST) {
10         //使用 create 方法获取表单数据
11         $student_info = $model->create();
12         //使用 save 方法进行数据更新
13         if ($model->save()!==false) {
14             //更新成功, 则提示相关信息并跳转到当前学生所属班级的学生列表页
15             $this->success('学生信息更新成功, 正在跳转, 请稍候! ',
                        U("showList?class_id={$student_info['class_id']}"));
16             return;
17         }
18         //更新失败, 提示相关信息并跳转到上一页面
19         $this->error('学生信息更新失败, 请重新输入! ');
20         return;
21     }
22     //根据查询条件获取学生信息, 由于是单条数据, 因此使用 find 方法
23     $student_info = $model->where($where)->find();
24     //判断该学生是否存在, 如果不存在则提示错误信息并返回上一页面
25     if(!isset($student_info)){
26         $this->error('查询的学生信息不存在, 请重新选择! ');
27         return;
28     }
29     //获取专业及班级信息
30     $major_info = D('major')->relation(true)->select();
31     //将学生信息分配到视图页面
32     $this->assign('student_info', $student_info);
33     //将专业和班级信息分配到视图页面
34     $this->assign('major_info', $major_info);
35     //显示视图
36     $this->display();
37 }
```

在上述代码中, 首先通过第 3 行代码获取 Student 模型的对象, 然后通过第 5~7 行代码组合查询条件。接着判断是否有 POST 数据提交, 当有 POST 数据提交就表示有学生数据需要更新。此时执行 10~20 行代码, 首先通过第 11 行代码的 create()方法获取更新后的表单数据, 然后使用 save()方法更新该学生数据, 并根据执行结果判断是否更新成功。

如果没有 POST 数据提交, 则实行第 23~36 行代码。首先通过第 23 行代码, 获取要更新的学生数据。然后在第 25 行代码判断查询的学生信息是否存在, 如果不存在, 则提示错误信息并返回上一页面; 如果存在, 则执行第 30 行代码。最后将获取的专业班级信息, 以及要修改的学生信息分配到视图页面。

（3）编写 update.html 文件

update()方法完成后, 就需要编写提供更新表单的视图页面 update.html, 具体代码如下:

```
1 <include file="Index/header" /><form method="post">
2    <input type="hidden" name="student_id" value="{$student_info. student_id}"/>
3    <table>
4       <tr><th>学号: </th>
5       <td><input value="{$student_info.student_number}" type="text"
                        name="student_number"></td></tr>
6       <tr><th>姓名: </th>
7       <td><input value="{$student_info.student_name}" type="text"
```

```
                                       name="student_name"></td></tr>
8       <tr><th>出生年月: </th>
9       <td><input value="{$student_info.student_birthday}" type="text"
                                       name="student_birthday"></td></tr>
10      <tr><th>性别: </th>
11      <td><select name="student_gender">
12      <option value="男" <eq name="student_info.student_gender"
                           value="男">selected</eq> >男</option>
13      <option value="女" <eq name="student_info.student_gender"
                           value="女">selected</eq> >女</option>
14      </select></td></tr>
15      <tr><th>所属班级: </th>
16      <td><select name="class_id" onblur="">
17      <foreach name="major_info" item="v">
18         <foreach name="v.Class" item="vv">
19           <option value="{$vv.class_id}" <eq name="student_info.
             class_id" value="$vv.class_id">selected</eq>>
             {$v. major_name}{$vv. class_name} </option>
20         </foreach>
21      </foreach></select></td></tr>
22      <tr><td><input type="submit" value="确认更新"> 
        <input type="reset" value="重新填写" class="input2"></td></tr>
23    </table>
24 </form> <include file="Index/footer" />
```

以上就完成了学生信息修改功能，下面打开浏览器，访问 http://www.php.test / example44/ index.php/Admin/Student/showList?class_id=1，运行结果如图 8-14 所示。

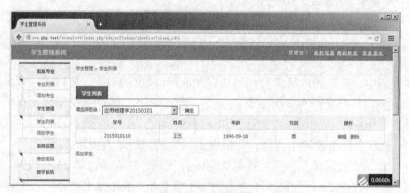

图 8-14　学生列表

单击"王五"这名学生后面的"编辑"操作，运行结果如图 8-15 所示。

图 8-15　学生修改页面

对"王五"这名同学进行修改，并单击"确认更新"按钮，结果如图 8-16 所示。

图 8-16　修改信息及显示结果

知识点讲解

1. 修改数据

ThinkPHP 同样提供了数据更新的方法：save()。

save()方法需要传入一个数组参数，数组的键表示要修改的数据字段名，值表示要修改的数据。也可以把要修改的数据赋值给模型对象，这样就不需要为 save()方法传入参数了。

save()方法的返回值是数据表中受影响的行数，如果返回 false 表示更新失败，因此一定要使用恒等来判断是否更新成功。

需要注意的是，为了保证数据库的安全，避免出错而更新整个数据表，在没有任何更新条件的情况下，数据对象本身也不包含主键字段的话，save()方法不会更新任何记录。

2. 模型的连贯操作

什么是连贯操作? 举个简单的例子，假设现在有一个 User 表，详细字段如表 8-11 所示。

表 8-11　User 表结构

字段名	字段类型	字段说明
id	int	主键、int 类型、自增
username	varchar(20)	可变长度字符串、非空
createtime	char(10)	定长字符串、非空
gender	enum('男', '女')	枚举类型、非空

如果要从中查询所有性别为"男"的记录，并希望查询结果按照用户创建时间进行排序，就可以这样编写代码：

```
$model = M('user');
$model->where("gender='男'")->order('createtime')->select();
```

其中，where、oreder 被称为连贯操作，并且连贯操作的调用顺序并没有先后。值得一提的是，select 操作并不属于连贯操作。

注意：

where 操作定义的是 SQL 语句的筛选条件，其参数除了可以使用上述字符串条件的形式，还可以使用数组条件的形式。数组条件形式是 ThinkPHP 推荐使用的形式，因为它在处理多个筛选条件时非常方便，而且还可以对条件数据进行安全性的处理。

ThinkPHP 的连贯操作还有很多，如表 8-12 所示。

表 8-12　系统支持的连贯操作

连贯操作	作用	支持的参数类型
where*	用于查询或者更新条件的定义	字符串、数组和对象
table	用于定义要操作的数据表名称	字符串和数组
alias	用于给当前数据表定义别名	字符串
data	用于新增或者更新数据之前的数据对象赋值	数组和对象
field	用于定义要查询的字段（支持字段排除）	字符串和数组
order	用于对结果排序	字符串和数组
limit	用于限制查询结果数量	字符串和数字
page	用于查询分页	字符串和数字
group	用于对查询的 group 支持	字符串
having	用于对查询的 having 支持	字符串
join*	用于对查询的 join 支持	字符串和数组
union*	用于对查询的 union 支持	字符串、数组和对象
distinct	用于查询的 distinct 支持	布尔值
cache	用于查询缓存	支持多个参数
relation	用于关联查询（需要关联模型支持）	字符串
result	用于返回数据转换	字符串
validate	用于数据自动验证	数组
auto	用于数据自动完成	数组
filter	用于数据过滤	字符串
scope*	用于命名范围	字符串、数组
bind*	用于数据绑定操作	数组或多个参数
token	用于令牌验证	布尔值
comment	用于 SQL 注释	字符串

注意：

在表 8-12 中，连贯操作带*标识的标识支持多次调用，但是字符串条件的 where 操作只支持一次。

连贯操作可以有效地提高数据存取的代码清晰度和开发效率，并且支持所有的 CURD 操作。有关连贯操作的更多使用请参考 ThinkPHP 官方手册。

8.7　【案例 45】学生删除功能

案例分析

1．需求分析

当一个学生信息由于某些原因需要被注销时，就需要学生删除功能。该功能的作用是，根据指定 ID 删除相应学生数据。下面就来实现学生删除功能。

2. 设计思路

（1）修改学生列表页面，完成"编辑"超链接。

（2）修改 student 控制器，增加 delete()方法。

实现步骤

（1）修改学生列表页面，完成"编辑"超链接

与学生修改功能类似，要完成学生删除功能，首先需要获取被删除的学生 ID。因此，同样需要修改学生列表页面的"删除"超链接，将该链接指向 student 控制器的 delete()方法，并把学生 ID 以 GET 参数传递给该方法。具体代码如下：

```
1  <td>
2      <a href="__CONTROLLER__/update/student_id/{$v.student_id}">编辑</a>
3      <a href="__CONTROLLER__/delete/student_id/{$v.student_id}/ class_
       id/{$v.class_id}" onclick="javascript:if(confirm('确定要删除此信息吗?
       ')) {return true;}return false;">删除</a>
4  </td>
```

在上述代码中，第 3 行代码就是"删除"超链接的 URL 地址组成。同样使用"__CONTROLLER__"代替控制器部分，"delete"表示要调用的方法，"student_id/{$v.student_id}"表示传递的学生 ID。由于数据删除是十分危险的操作，因此为了避免误操作，为该链接添加一个 onclick 事件。当单击"删除"超链接时，首先弹出确认删除的对话框，单击"是"才执行删除操作，单击"否"则返回，不进行任何操作。

（2）修改 student 控制器，增加 delete()方法。

在完成了学生列表页面的"删除"超链接后，就需要在 Student 控制器中实现 delete()方法，来完成学生数据的删除操作。具体代码如下：

```
1  public function delete() {
2      //获取 Student 模型对象
3      $model = M('student');
4      //组合删除条件
5      $where = array(
6          'student_id' => I('get.student_id'),
7      );
8      //获取班级 ID，用于删除成功时跳转
9      $class_id = I('class_id');
10     //使用 delete 方法进行数据删除
11     $res = $model->where($where)->delete();
12     //判断删除是否成功，当返回值为 false 时，表示删除失败
13     if ($res === false) {
14         $this->error('删除失败，正在返回，请稍候！');
15         return;
16     //当返回值为 0 时，表示要删除的数据不存在
17     } elseif ($res === 0) {
18         $this->error('要删除的学生信息不存在，重新选择！');
19         return;
20     }
21     //不为 false 0 则表示删除成功，跳转到被删除的学生所属班级的学生列表页
22     $this->success('删除成功，正在跳转，请稍候！', U("showList?class_id=
```

```
        {$class_id}"));
23      return;
24  }
```

在上述代码中，首先通过第 3 行代码获取 Student 模型的对象，然后通过第 5~7 行代码组合查询条件。接着通过 I 方法获取当前要删除的学生所属的班级 ID，该 ID 在删除成功并跳转页面时提供参数，以跳转到该班级对应的学生列表下。之后执行第 11 行代码，使用 delete() 方法执行删除操作。最后判断执行结果，提示相应信息并跳转到指定页面。

以上就完成了学生删除功能，下面打开浏览器，访问 http://www.php.test/example45/index. php/Admin/Student/showList?class_id=1，运行结果如图 8-17 所示。

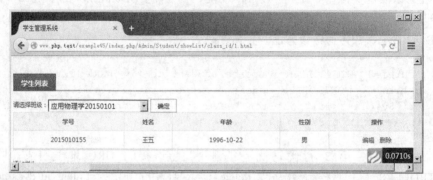

图 8-17　学生列表

单击"删除"操作，删除"王五"这位同学的信息，运行结果如图 8-18 所示。

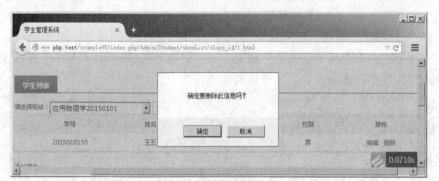

图 8-18　提示删除窗口

单击"确定"按钮，运行结果如图 8-19 所示。

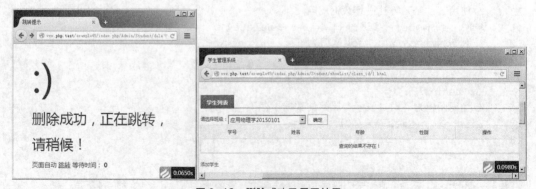

图 8-19　删除成功及显示结果

知识点讲解

删除数据

ThinkPHP 提供的数据删除方法是 delete 操作，delete 操作可以删除单个数据，也可以删除多个数据，这取决于删除条件，例如：

```
$model = M('message');                    //实例化 Model 对象
$model->where('id=5')->delete();          //删除 ID 为 5 的用户数据
$model->delete('1,2,5');                  //删除主键为 1、2 和 5 的用户数据
$model->where('status=0')->delete();      //删除所有 status 字段值为 0 的用户数据
```

delete 操作的返回值是删除的记录数，如果删除失败则返回 false，如果没有删除任何数据则返回 0。

思考题

本章介绍的关联模型，是在数据表完全遵循 ThinkPHP 命名规则的情况下进行的简单定义。如果数据表并不是按照 ThinkPHP 的命名规则，那么关联模型还需要更为复杂的定义，请参考 ThinkPHP 手册描述，设计两张表并进行关联定义。

扫描右方二维码，查看思考题答案！

PART 9

第 9 章
项目实战
——电子商务网站

学习目标

● 掌握电子商务网站的需求分析，学会数据库的设计。
● 熟练使用 ThinkPHP 框架进行项目布局。
● 掌握商品分类、商品管理、回收站功能模块的实现。
● 掌握会员中心、商品展示、购物车功能模块的实现。

随着近年来 Internet 的不断发展，电子商务已关系到经济结构、产业升级和国家整体经济竞争力。其中，利用电子商务网站购物更是在日常生活中随处可见。在深入学习了前面章节的知识后，相信初学者已经熟练掌握了 PHP 语言和 ThinkPHP 框架。本章将通过电子商务网站的开发实战，将前面所学的知识融会贯通，使读者真正掌握 PHP 网站开发技术，积累开发经验。

9.1 准备工作

在实际项目的开发过程中，往往需要经过需求分析、系统分析、数据库设计等准备工作，然后进行代码编写。本节将针对项目开发的准备工作进行详细的讲解。

9.1.1 需求分析

在 Internet 不断发展的今天，网络使世界变得越来越小，信息传播得越来越快，内容越来越丰富，而电子商务的出现更是实现了人们对时尚和个性的追求，可以不受时间和空间的限制，随时随地在网上进行交易，同时减少了商品流通的中间环节，节省了大量的开支，从而也大大降低了商品流通和交易的成本。

通过实际情况的调查，要求电子商务网站"传智商城"具有以下功能。

● 界面设计美观大方、方便、快捷、操作灵活。
● 要求网站后台具有管理员登录、退出以及验证码功能。
● 网站后台能够对商品、商品分类进行管理。

- 管理商品时，可以进行添加、修改及放入回收站操作。
- 对加入回收站的商品能够执行还原及删除操作。
- 要求网站前台具有商品列表、精品推荐、购物车等功能。
- 要求网站前台可以进行用户注册和登录，能够保存用户收货地址。

9.1.2 系统分析

1．开发环境

根据用户的需求和实际的考察与分析，确定商城的开发环境，具体如下。

（1）服务器：从稳定性、广泛性及安全性方面综合考虑，采用市场主流的 Web 服务器软件——Apache 服务器。

（2）数据库：采用最受欢迎的开源数据库管理系统，被誉为 PHP"最佳搭档"的 MySQL 数据库服务器。

（3）开发框架：选用具有快速、兼容、开源等特点的国产轻量级 PHP 开发框架——ThinkPHP。

2．功能结构

商城分为前台模块和后台模块。下面分别给出前、后台的功能结构图，具体分别如图 9-1 和图 9-2 所示。

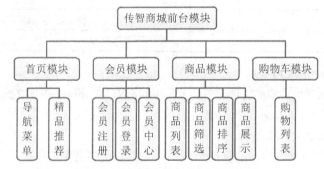

图 9-1 传智商城前台模块功能结构图

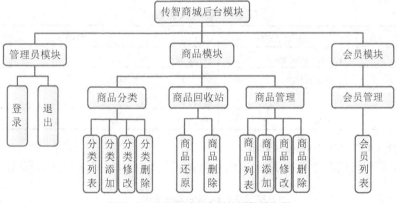

图 9-2 传智商城后台模块功能结构图

3．目录结构

为了方便以后的开发工作、规范项目整体架构，在开发之前，创建好相关的功能目录。由于本商城采用 ThinkPHP 框架，所以目录较多，下面介绍本商城的目录结构，具体如表 9-1 所示。

表 9-1　传智商城目录结构图

文件路径	文件描述
\index.php	入口文件
\.htaccess	分布式配置文件
\Application\Common\Common\	应用公共文件目录
\Application\Common\Conf\	应用公共配置文件目录
\Application\Admin\Conf\	后台配置目录
\Application\Admin\Controller\	后台控制器目录
\Application\Admin\Model\	后台模型目录
\Application\Admin\View\	后台视图目录
\Application\Home\Conf\	前台配置目录
\Application\Home\Controller\	前台控制器目录
\Application\Home\Model\	前台模型目录
\Application\Home\View\	前台视图目录
\Application\Runtime\	应用运行时目录
\ThinkPHP\	框架目录
\Public\	公共文件目录（包含 css、image、js 文件）
\Public\Uploads	上传文件保存目录

9.1.3　数据库设计

数据库的设计对项目功能的实现起着至关重要的作用。接下来，根据之前的需求分析及系统分析，创建一个名为 itcast_shop 的数据库，需要为"传智商城"设计的数据表具体如下所示。

1．shop_admin（管理员表）

管理员表用于保存网站后台的管理员账号，为了防止明文存储密码带来安全隐患，应对密码进行加密处理，其结构如表 9-2 所示。

表 9-2　管理员表结构

字段名	数据类型	描述
id	tinyint unsigned	主键 ID，自动增长
username	varchar(10)	用户名，唯一约束
password	char(32)	加密后的密码
salt	char(6)	密钥

2．shop_category（商品分类表）

商品分类表用于保存商品的类别，并且可以有子分类，其结构如表 9-3 所示。

表 9-3　商品分类表结构

字段名	数据类型	描述
id	int unsigned	主键 ID，自动增长
name	varchar(20)	商品分类名称
pid	int unsigned	父分类 ID

3．shop_goods（商品表）

商品表用于保存商品的详细信息，如商品名称、价格等，其结构如表 9-4 所示。

表 9-4　商品表结构

字段名	数据类型	描述
id	int unsigned	主键 ID，自动增长
category_id	int unsigned	所属分类 ID
sn	varchar(10)	商品编号
name	varchar(40)	商品名称
price	decimal(10,2)	商品价格
stock	int unsigned	库存量
thumb	varchar(150)	商品预览图
on_sale	enum('yes','no')	是否上架
recommend	enum('yes','no')	是否为推荐商品
add_time	timestamp	商品添加时间
desc	text	商品描述
recycle	enum('yes','no')	是否删除

4．shop_user（会员信息表）

会员信息表主要用于管理传智商城会员注册的相关信息，其结构具体如表 9-5 所示。

表 9-5　会员信息表结构

字段名	数据类型	描述
id	int unsigned	主键 ID，自动增长
username	varchar(20)	会员名称，唯一约束
password	char(32)	会员登录密码
salt	char(6)	密钥
reg_time	timestamp	注册时间，默认当前时间
phone	char(11)	联系电话，默认为空
email	varchar(30)	电子邮件地址，默认为空
consignee	varchar(20)	收件人，默认为空
address	varchar(255)	收货地址，默认为空

5．shop_shopcart（购物车表）

购物车表主要用于管理会员添加到购物车中的商品信息，其结构具体如表 9-6 所示。

表 9-6　购物车表结构

字段名	数据类型	描述
id	int unsigned	主键 ID，自动增长
user_id	int unsigned	购买者 ID，即会员 ID
add_time	timestamp	加入购物车时间
goods_id	int unsigned	购买的商品 ID
num	tinyint unsigned	购买的商品数量

9.1.4 开发前准备

项目分析完成后,进入到项目开发阶段。在具体功能模块开发之前,按照如下步骤对项目进行基本的配置和页面样式布局工作。

(1)配置 www.shop.com 虚拟主机。

编辑 Apache 配置文件 httpd-vhosts.conf,具体配置如下:

```
<VirtualHost *:80>
DocumentRoot "C:/web/www.shop.com"
ServerName www.shop.com
<Directory "C:/web/www.shop.com">
    Allow from all
    AllowOverride All
</Directory>
</VirtualHost>
```

上述配置为 Apache 添加了一个 www.shop.com 的虚拟主机,并配置为允许所有 IP 访问、启用分布式配置文件。然后编辑 hosts 文件,添加解析记录:

```
127.0.0.1 www.shop.com
```

(2)部署 ThinkPHP 框架。

将开发框架 ThinkPHP 3.2.3 完整版放入项目目录中,并通过 http://www.shop.com 进行访问。

(3)准备网页模板文件。

读者可通过登录博学谷网站,下载本书的配套源代码,获取本项目中用到的 HTML 模板、CSS 样式、JS 和图片等文件。

(4)准备项目的配置文件。

打开文件 Application\Common\Conf\config.php,具体代码如下:

```php
1  <?php
2  return array(
3      //数据库配置
4      'DB_TYPE' => 'mysql',          //数据库类型
5      'DB_HOST' => 'localhost',      //服务器地址
6      'DB_NAME' => 'itcast_shop',    //数据库名
7      'DB_USER' => 'root',           //用户名
8      'DB_PWD' => '123456',          //密码
9      'DB_PORT' => '3306',           //端口
10     'DB_PREFIX' => 'shop_',        //数据库表前缀
11     'DB_CHARSET' => 'utf8',        //数据库编码
12     //模块
13     'MODULE_ALLOW_LIST' => array('Home', 'Admin'),
14     'DEFAULT_MODULE' => 'Home',
15     //布局
16     'LAYOUT_ON' => true,
17     'LAYOUT_NAME' => 'layout',
18     //其它配置
19     'URL_MODEL' => 2,        //URL 模式: Rewrite
20     'TOKEN_ON' => true,      //开启表单令牌
21     'DEFAULT_FILTER' => 'htmlspecialchars,trim', //默认过滤函数
22     'SHOW_PAGE_TRACE' => true, //显示调试信息
23  );
```

上述配置中，第 19 行代码将 ThinkPHP 的 URL 模式配置为 Rewrite 模式，第 20 行代码开启了表单令牌。

Rewrite 是一种 URL 重写模式，通常用于将网站伪静态化以提高 SEO 效果，还可以使 URL 变得简洁。需要注意的是，该模式需要 Apache 开启 rewrite 模块。编辑 httpd.conf，取消如下配置的注释即可：

```
LoadModule rewrite_module modules/mod_rewrite.so
```

表单令牌是 ThinkPHP 中的表单安全防护机制，它可以防止表单被恶意提交，增强网站的安全性。在开启表单令牌后，还需要行为绑定。创建文件 Application\Common\Conf\tags.php，具体代码如下：

```
1 <?php
2 return array(
3     //表单令牌行为绑定
4     'view_filter' => array('Behavior\TokenBuildBehavior'),
5 );
```

当表单令牌开启时，ThinkPHP 会自动为项目中的表单添加一个 name 为 "__hash__" 的隐藏域保存令牌，当调用模型的 create()方法时会自动验证令牌是否正确。

（5）配置各模块的 Session 前缀。

Session 前缀可以避免网站中的不同项目、不同模块读取 Session 时发生潜在的命名冲突问题，也可以隔离前台、后台的 Session 以增加程序的稳定性。在模块的配置文件中添加以下代码即可：

```
1 <?php
2 return array(
3     //Session 前缀
4     'SESSION_PREFIX' => 'itcast_shop_admin',   //admin 表示 Admin 模块
5 );
```

（6）创建公共控制器，用于定义公共方法和检查用户登录。

创建前台公共控制器 Application\Home\Controller\CommonController.class.php，具体代码如下：

```
1 <?php
2 namespace Home\Controller;
3 use Think\Controller;
4 class CommonController extends Controller {
5 }
```

创建后，其他控制器直接继承公共控制器即可。如 Index 控制器，修改代码如下：

```
1 <?php
2 namespace Home\Controller;
3 class IndexController extends CommonController {   //继承公共控制器
4 }
```

读者可以通过同样的方式创建后台（Admin 模块）的公用控制器。

（7）准备前台和后台的 layout 布局页面。

布局文件位于 Application\模块名\View\layout.html，读者可将本书配套源代码中的 HTML 模板修改成 layout 布局文件，在布局页面中需要变化的位置上添加 "{__CONTENT__}" 即可。另外，当有特殊页面不需要布局时，可以在该页面的开始位置添加 "{__NOLAYOUT__}"。

9.2　后台模块开发

9.2.1　后台管理员模块

后台管理员是登录商城后台进行管理的人员，出于安全方面考虑，在其登录商城后台时需要进行登录验证，接下来对后台管理员模块进行开发，具体实现步骤如下。

（1）为 shop_admin 表添加管理员数据。

假设管理员的用户名为 admin，密码为 123456，密钥（salt）为"ItcAst"，通过如下 SQL 语句可以为项目添加管理员数据：

```
insert into `shop_admin` (`id`, `username`, `password`, `salt`)
values(1,'admin',md5(concat(md5('123456'),'ItcAst')),'ItcAst');
```

在上述 SQL 语句中，密码字段中的 concat()用于连接两个字符串，此处的密码加密方式相当于 PHP 中的 MD5(md5($password).$salt)算法，其中 salt 字段用于提升密码安全，读者可以随意进行设置。

（2）在后台模块的公共控制器中，实现在后台的每个控制器实例化时检查用户是否登录。

打开文件 Application\Admin\Controller\CommonController.class.php，具体代码如下：

```php
1  <?php
2  namespace Admin\Controller;
3  use Think\Controller;
4  //后台公共控制器
5  class CommonController extends Controller{
6      public function __construct() {
7          parent::__construct(); //先执行父类构造方法
8          $this->checkUser();    //登录检查
9          //已经登录，为模板分配用户名变量
10         $this->assign('admin_name',session('userinfo.name'));
11     }
12     //检查用户是否已经登录
13     private function checkUser(){
14         if(!session('?userinfo')){  //未登录，请先登录
15             $this->redirect('Login/index');
16         }
17     }
18 }
```

上述代码在控制器实例化时调用 checkUser()方法判断用户是否登录。如果 Session 中存在 userinfo 时，表示用户已经登录，然后取出 userinfo 中的用户名信息，分配到视图中显示。

（3）创建 Login 控制器，实现用户登录、退出和验证码功能。

创建文件 Application\Admin\Controller\LoginController.class.php，具体代码如下：

```php
1  <?php
2  namespace Admin\Controller;
3  use Think\Controller;
4  //后台用户登录
5  class LoginController extends Controller {
6      //登录页
7      public function index() {
8          if(IS_POST){
9              //检查验证码
```

```
10          if(false === $this->checkVerify(I('post.verify'))){
11              $this->error('验证码错误',U('Login/index'));
12          }
13          $Admin = D('Admin');        //实例化模型
14          if(!$Admin->create()){
15              $this->error('登录失败:'.$Admin->getError(), U('Login/
                    index'));
16          }
17          //检查用户名密码
18          $username = $Admin->username; //获取用户名
19          if($Admin->checkLogin()){
20              //登录成功,将用户名保存到Session
21              session('userinfo',array('name'=>$username));
22              $this->redirect('Index/index');
23          }
24          $this->error('登录失败:用户名或密码错误。',U('Login/index'));
25      }
26      $this->display();
27  }
28  //生成验证码
29  public function getVerify() {
30      $Verify = new \Think\Verify();
31      $Verify->entry();
32  }
33  //检查验证码
34  private function checkVerify($code, $id = '') {
35      $Verify = new \Think\Verify();
36      return $Verify->check($code, $id);
37  }
38  //退出系统
39  public function logout(){
40      session(null); //清空后台所有会话
41      $this->redirect('Login/index');
42  }
43  }
```

在上述代码中,第 29~37 行代码通过 ThinkPHP 内置的验证码类生成验证码图像和检查验证码,在检查用户输入的验证码时,通过第 10~12 行代码将表单中的 verify 字段传递给 checkVerify()方法进行验证。第 19 行代码调用了 Admin 模型中的 checkLogin()方法检查用户名和密码,该方法将在后面定义。

在 ThinkPHP 中,"new \Think\Verify()"是通过命名空间实例化的一种方式,用于实例化"ThinkPHP\Library\Think"目录下的 Verify.class.php,该目录下的其他类也可以通过这种方式实例化。

(4)创建 Admin 模型,实现表单验证和 checkLogin()方法。

创建文件 Application\Admin\Model\AdminModel.class.php,具体代码如下:

```
1 <?php
2 namespace Admin\Model;
3 use Think\Model;
4 //后台用户登录
5 class adminModel extends Model {
6     //自动验证
7     protected $_validate = array(
```

```
8          array('username','/^\w{4,10}$/','用户名不合法 (4~10位, 英文、数字、下划线)',1),
9          array('password','/^\w{6,12}$/','密码不合法 (6~12位, 英文、数字、下划线)',1),
10   );
11   //判断管理员用户名和密码
12   public function checkLogin(){
13       //当执行 create()方法后, $this->data 就保存了从表单提交过来的数据
14       $username = $this->data['username']; //表单提交的用户名
15       $password = $this->data['password']; //表单提交的密码
16       $data = $this->field('password,salt')->where(array('username' =>
17   $username))->find();     //根据用户名查询密码
17       if($data){ //判断密码
18           return $data['password'] == $this->password($password, $data['salt']);
19       }
20       return false;
21   }
22   //密码加密函数
23   private function password($password,$salt){
24       return md5(md5($password).$salt);
25   }
26 }
```

在上述代码中，第 7~10 行代码定义了自动验证规则的二维数组，第 1 个元素表示验证字段，第 2 个元素表示验证规则，第 3 个元素表示验证失败时的错误信息，第 4 个参数表示验证条件，其中验证条件有多个可选值，此处的 1 是类常量 self::MUST_VALIDATE 的值，表示该字段必须验证。定义好自动验证规则后，当调用模型的 create()方法时会自动进行验证。

（5）创建用户登录视图页面，展示用户登录表单。

创建文件 Application\Admin\View\Login\index.html，其关键位置的代码如下：

```
1 {__NOLAYOUT__}
2 <form method="post">
3     用户名: <input type="text" name="username" required />
4     密码: <input type="password" name="password" required />
5     验证码: <input type="text" name="verify" required />
6     <img src="{:U('Login/getVerify')}" />
7     <input type="submit" value="登录" />
8 </form>
```

上述代码创建了用户登录表单，表单中有 "username"、"password"、"verify" 3 个字段，验证码图像的地址使用 U()函数自动生成。在 ThinkPHP 中，"{:U()}"是模板语法，相当于"<?php echo U(); ?>"。

（6）创建 Index 控制器，实现后台首页功能。

当用户登录成功后就会跳转到后台首页，网站的后台首页一般显示网站的基本信息、服务器环境等。因篇幅有限，这里不再进行代码展示，读者可通过本书配套源代码获取这部分内容。

（7）在浏览器中访问网站后台。

通过浏览器访问 "http://www.shop.com/Admin"，程序会检查到用户没有登录而自动跳转到用户登录页面，效果如图 9-3 所示。

（8）登录管理员账号。

当输入管理员的用户名、密码和验证码后，如果登录成功将自动跳转到后台首页，效果如图 9-4 所示。

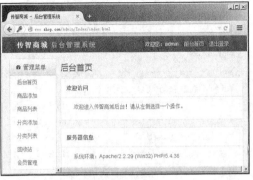

图 9-3　后台登录页面　　　　　　　图 9-4　后台首页

9.2.2　商品分类模块

商品分类模块主要用于管理商品的分类，可以对商品分类进行添加、修改、删除，以及添加子分类。下面就对商品分类模块的实现进行详细讲解。

（1）创建分类控制器，实现分类的查看功能。

创建文件 Application\Admin\Controller\CategoryController.class.php，具体代码如下：

```php
1 <?php
2 namespace Admin\Controller;
3 //商品分类控制器
4 class CategoryController extends CommonController {
5     //分类列表
6     public function index() {
7         $data = D('Category')->getList();   //获取分类数据
8         $this->assign('category',$data);
9         $this->display();
10    }
11 }
```

上述代码通过调用商品分类模型中的 getList()方法获取分类数据，然后将数据传递给模板。

（2）创建商品分类模型类，实现 getList()方法。

创建文件 Application\Admin\Model\CategoryModel.class.php，具体代码如下：

```php
1 <?php
2 namespace Admin\Model;
3 use Think\Model;
4 class CategoryModel extends Model {
5     private function getData(){   //查询分类数据
6         static $data = null;        //缓存查询结果
7         if(!$data) $data = $this->field('id,name,pid')->select();
8         return $data;
9     }
10    public function getList(){     //获得分类列表
11        category_list($this->getData(),$data);
12        return $data;
13    }
14 }
```

上述代码将商品表中的所有分类数据查询出来，然后通过 category_list()函数将分类按父子关系进行整理，最后该数组将以分层级的方式显示到分类列表中。其中 category_list()函数的第 2 个参数是引用传参，当该函数执行后，执行结果将保存在$data 中。

（3）创建公共函数库文件，编写 category_list()函数。

创建文件 Application\Common\Common\function.php，具体代码如下：

```
1  //获取一维数组分类列表
2  function category_list($data,&$rst,$pid=0,$level=0){
3      foreach($data as $v){
4          if($v['pid'] == $pid){
5              $v['level'] = $level; //保存分类级别
6              $rst[] = $v;            //保存符合条件的元素
7              category_list($data,$rst,$v['id'],$level+1); //递归
8          }
9      }
10 }
```

上述函数用于整理分类数组，通过递归的方式将分类按照父子关系重新组合，以便于输出。

（4）创建商品分类视图页面，展示商品分类列表。

创建文件 Application\Admin\View\Category\index.html，其关键位置的代码如下：

```
1  <table>
2      <tr><th>分类名称</th><th>操作</th></tr>
3      <foreach name="category" item="v">
4          <tr><td>{:str_repeat('— ',$v['level'])}{$v.name}</td>
5          <td><a href="{:U('Category/edit',array('id'=>$v['id']))}">修改</a>
6          <a href="#">删除</a></td></tr>
7      </foreach>
8  </table>
```

上述代码将分类数据通过<foreach>模板语法循环输出，其中 "{:str_repeat('—',$v['level'])}" 用于按照分类的层级在分类名前面填充 "—" 字符串。

（5）在浏览器中访问商品分类列表页面。

为了测试商品分类列表功能，读者需要先通过 SQL 语句为数据库添加商品分类数据，然后通过浏览器访问 "http://www.shop. com/ Admin/ Category"，其运行效果如图 9-5 所示。

图 9-5 商品分类列表

从图 9-5 中可以看出，"图书" 是顶级分类，该分类下有 "教育"、"IT" 两个分类，IT 分类下又有 "PHP"、"JAVA" 两个分类。子级分类显示在父级分类的下面，并且通过分类名前面的 "—" 表示层级关系。

（6）继续编写分类控制器，实现分类的添加功能。

打开文件 Application\Admin\Controller\CategoryController.class.php，具体代码如下：

```
1  //添加分类
2  public function add(){
3      $Category = D('Category');        //实例化模型
4      if(IS_POST){
5          if(!$Category->create()){    //创建数据对象
6              $this->error('添加失败: '.$Category->getError());
7          }
8          if(!$Category->add()){       //添加到数据库
9              $this->error('添加失败: 保存到数据库失败。');
10         }
11         //添加成功
12         if(isset($_POST['return'])) $this-> redirect ('Category/ index');
13         $this->assign('success',true);
14     }
15     $data = $Category->getList();    //获取分类数据
16     $this->assign('category',$data);
17     $this->display();
18 }
```

上述代码首先判断是否有表单通过 POST 方式提交，没有表单时显示分类添加页面，有表单提交时，通过调用模型的 create()方法创建数据，然后调用 add()方法保存到数据库中。

（7）继续编写商品分类模型类，实现表单的自动验证。

打开文件 Application\Admin\Model\CategoryModel.class.php，具体代码如下：

```
1  protected $_validate = array(  //自动验证
2      array('pid','require','父级分类不能为空',self::MUST_VALIDATE),
3      array('name','require','分类名不能为空',self::MUST_VALIDATE),
4  );
5  protected $_auto = array(       //自动完成
6      array('pid','max',self::MODEL_BOTH,'function',0),
7  );
```

上述代码用于判断表单中是否填写 pid 和 name 两个字段，并且 pid 字段最小为 0，不能为负数。其中第 6 行代码定义了自动完成规则，用于避免来自表单传入的 pid 为负数。

（8）创建分类添加功能的视图页面，展示分类添加表单。

创建文件 Application\Admin\View\Category\add.html，其关键位置的代码如下：

```
1  <present name="success"><div class="mssage">添加成功。</div></present>
2  <form method="post">
3      上级分类：<select name="pid"><option value="0">顶级分类</option>
4      <foreach name="category" item="v">
5          <option value="{$v.id}">{:str_repeat('− ',$v['level'])}{$v. name}</option>
6      </foreach></select>
7      分类名称: <input type="text" name="name">
8      <input type="submit" value="添加分类">
9      <input type="submit" value="添加并返回" name="return">
10 </form>
```

上述代码是分页添加的表单，在添加分类时可以通过<select>下拉菜单选择新添加分类的父级分类。在代码的第 1 行，通过<present>标签判断模板变量$success是否存在，如果存在，则提示"添加成功"。

（9）在浏览器中访问商品分类添加页面。

通过浏览器访问"http://www.shop.com/Admin/Category/add"，其运行效果如图9-6所示。

图9-6　商品分类添加

（10）继续编写分类控制器，实现分类的修改功能。

打开文件 Application\Admin\Controller\CategoryController.class.php，具体代码如下：

```
1  //修改分类
2  public function edit(){
3      $id = I('get.id/d',0);  //获取待修改的分类 ID，"/d"用于转换为整型
4      $Category = D('Category'); //实例化模型
5      if(IS_POST){
6          //检查父级分类是否合法
7          if(in_array(I('post.pid/d'),$Category->getSubIds($id))){
8              $this->error('不允许将父级分类修改为本身或子级分类。');
9          }
10         if(!$Category->create()){  //创建数据对象
11             $this->error('修改失败：'.$Category->getError());
12         }
13         //保存到数据库
14         if(false === $Category->where(array('id'=>$id))->save()){
15             $this->error('修改失败：保存到数据库失败。');
16         }
17         $this->redirect('Category/index'); //保存成功
18     }
19     //根据 ID 查询分类信息
20     $data = $Category->field('id, name, pid')->where(array('id'=> $id))->find();
21     if(!$data){
22         $this->error('修改失败：分类不存在');
23     }
24     $data['category'] = $Category->getList(); //分类列表
25     $this->assign($data);
26     $this->display();
27 }
```

在上述代码中，第7~9行代码用于检查父级分类是否合法，合法是指当修改分类的父级分类时，如果父级的分类ID是该分类本身或该分类的子级分类，那么数据将会出错。在第7行代码中，分类模型的 getSubIds() 方法用于查询某一分类 ID 的所有子级 ID，返回的数组结果中包含本身的 ID。

（11）继续编写商品分类模型类，实现 getSubIds() 方法。

打开文件 Application\Admin\Model\CategoryModel.class.php，具体代码如下：

```
1  //查找所有子孙分类
2  public function getSubIds($id){
3      $data = array($id); //将 ID 自身放入数组头部
4      category_child($this->getData(),$data,$id);
5      return $data;
6  }
```

上述代码通过 getSubIds()调用 category_child()函数实现了子孙分类 ID 的查找。

（12）编写公共函数库文件，实现 category_child()函数。

编辑文件 Application\Common\Common\function.php，具体代码如下：

```
1  //根据任意分类 ID 查找子孙分类 ID
2  function category_child($data,&$rst,$id=0){
3      foreach ($data as $v){
4          if($v['pid'] == $id){
5              $rst[] = (int)$v['id'];
6              category_child($data,$rst,$v['id']);
7          }
8      }
9  }
```

从上述代码中可以看出，category_child()函数的设计思路和前面写过的 category_list()函数类似，该函数用于获取子级分类的 ID 数组。

（13）创建分类修改功能的视图页面，展示分类修改表单。

创建文件 Application\Admin\View\Category\edit.html，其关键位置的代码如下：

```
1  <form method="post">
2      <input type="hidden" name="id" value="{$id}">
3      上级分类: <select name="pid"><option value="0">顶级分类</option>
4      <foreach name="category" item="v">
5       <option value="{$v.id}" <eq name="v.id" value="$pid">selected</eq>>
       {:str_repeat('- ', $v['level'])}{$v. name} </option>
6      </foreach></select>
7      分类名称: <input type="text" name="name" value="{$name}">
8      <input type="submit" value="修改分类">
9  </form>
```

在上述代码中，第 4~6 行代码在循环输出$category 中的分类时，通过<eq>标签对每一个分类进行了判断，如果该分类是当前修改的分类的父级，则将该分类设置为默认选中状态。

（14）在浏览器中访问商品分类修改页面。

通过浏览器访问"http://www.shop.com/Admin/Category"，然后选择某个分类进行修改，测试程序是否执行成功。

（15）继续编写分类控制器，实现分类的删除功能。

打开文件 Application\Admin\Controller\CategoryController.class.php，具体代码如下：

```
1  //删除分类
2  public function del(){
3      //阻止直接访问
4      if(!IS_POST) $this->error('删除失败：未选择分类');
5      $id = I('post.id/d',0);          //待删除分类 ID
6      $jump = U('Category/index'); //生成跳转地址
7      $Category = M('Category');       //实例化模型
8      //判断是否存在子分类
9      if($Category->where(array('pid'=>$id))->getField('id')){
```

```
10        $this->error('删除失败: 只允许删除最底层分类! ');
11      }
12      if(!$Category->autoCheckToken($_POST)){    //检查表单令牌
13          $this->error('表单已过期, 请重新提交',$jump);
14      }
15      if(!$Category->where(array('id'=>$id))->delete()){ //删除分类
16          $this->error('删除分类失败',$jump);
17      }
18      //将该分类下的商品设置为未分类
19      M('Goods') ->where(array('category_id' =>$id))-> save(array('category_id'=>0));
20      redirect($jump); //删除成功, 跳转到分类列表
21  }
```

在上述代码中, 第 8~11 行代码用于判断待删除商品是否为最底层分类, 防止中间层的分类被删除后产生断层。第 12~14 行代码用于检查表单令牌（由于没有使用 create()方法所以需要手动检查）, 第 19 行代码用于将该分类下的商品的分类 ID 修改为 0, 表示未分类。

（16）修改商品分类列表页面, 实现单击"删除"链接提交表单的功能。

打开文件 Application\Admin\View\Category\index.html, 为"删除"添加 data-id 属性, 如下所示:

```
<a href="#" class="act-del" data-id="{$v.id}" >删除</a>
```

然后在该页面中添加如下代码:

```
1 <form method="post" id="form">
2     <input type="hidden" name="id" id="target_id">
3 </form>
4 <script>
5     $(".act-del").click(function(){   //删除
6         if(confirm('确定要删除吗? （该分类下的商品将归于未分类）')){
7             $("#target_id").val($(this).attr("data-id"));
8             $("#form"). attr("action", "{:U('Category/del')}"). submit();
9         }
10    });
11 </script>
```

上述代码为页面添加了一个<form>表单, 表单中通过隐藏域保存待删除的分类 ID, 然后通过 jQuery 为"删除"链接添加了单击事件, 当单击时将该链接的"data-id"属性值赋给隐藏域"#target_id", 然后对表单执行提交操作, 提交的"action"目标地址通过{:U('Category/del')}生成, 经过这样的处理, 控制器中的 del()方法就可以收到待删除的分类 ID, 并且能够接受表单令牌的保护。

（17）在浏览器中访问分类列表页面, 测试分类删除功能。

通过浏览器访问"http://www.shop.com/Admin/Category", 然后选择某个分类进行删除, 测试程序是否执行成功。

9.2.3 商品管理模块

商品管理模块用于管理商品, 可以对商品进行添加、修改、删除、上下架等操作。接下来针对商品管理模块进行详细详解。

（1）创建商品控制器, 实现商品列表的展示功能。

创建文件 Application\Admin\Controller\GoodsController.class.php, 具体代码如下:

```
1 <?php
2 namespace Admin\Controller;
3 //商品控制器
```

```
4  class GoodsController extends CommonController {
5      //商品列表
6      public function index() {
7          $p = I('get.p/d',0);          //当前页码
8          $cid = I('get.cid/d',-1);  //分类ID（0表示未分类，-1表示全部分类）
9          $Goods = D('Goods');          //实例化商品模型
10         $Category = D('Category'); //实例化分类模型
11         //如果分类ID大于0，则取出所有子分类ID
12         $cids = ($cid>0) ? $Category->getSubIds($cid) : $cid;
13         //获取商品列表
14         $data['goods'] = $Goods->getList('goods',$cids,$p);
15         //防止空页被访问
16         if(empty($data['goods']['data']) && $p > 0){
17             $this->redirect('Goods/index',array('cid'=>$cid));
18         }
19         //查询分类列表
20         $data['category'] = $Category->getList();
21         $data['cid'] = $cid;
22         $data['p'] = $p;
23         $this->assign($data);
24         $this->display();
25     }
26 }
```

在上述代码中，第 14 行代码通过调用商品模型的 getList()方法获取商品数据，第 20 行代码通过调用分类模型的 getList()方法获取分类数据。在获取数据时，通过 cid 参数指定要显示的分类，当 cid 为 1 时，显示分类 ID 为 1 的所有商品，及其子分类中的商品；当 cid 为 0 时，显示未分类的商品；当 cid 为-1 时，显示全部商品。第 8 行代码将 cid 的默认值设置为-1，表示当 cid 参数不存在时，显示全部分类的商品。

（2）创建商品模型类，实现 getList()方法。

创建文件 Application\Admin\Model\GoodsModel.class.php，具体代码如下：

```
1  <?php
2  namespace Admin\Model;
3  use Think\Model;
4  class GoodsModel extends Model {
5      /**
6       * 商品列表
7       * @param string $type 数据用途（商品列表或回收站列表）
8       * @param array|int $cids 分类ID数组
9       * @param int $p 当前页码
10      * @return array 查询结果
11      */
12     public function getList($type='goods',$cids=0,$p=0){
13         //准备查询条件
14         $order = 'g.id desc';          //排序条件
15         $field = 'c.name as category_name,g. category_id,g. id,g.name,g. on_sale,
                    g.stock,g.recommend';
16         if($type=='goods'){            //商品列表页取数据时
17             $where = array('g.recycle' => 'no');
18         }elseif($type=='recycle'){    //商品回收站取数据时
19             $where = array('g.recycle' => 'yes');
```

```
20            }
21            //cids=0 查找未分类商品，cid>0 查找分类 ID 数组商品，cid<0 查找全部商品
22            if($cids == 0){        //查找未分类的商品
23                $where['g.category_id'] = 0;
24            }elseif($cids > 0){   //查找分类 ID 数组
25                $where['g.category_id'] = array('in',$cids);
26            }
27            //准备分页查询
28            $pagesize = C('USER_CONFIG.pagesize');        //每页显示商品数
29            $count = $this->alias('g')->where($where)->count();
30            $Page = new \Think\Page($count,$pagesize); //实例化分页类
31            $this->_customPage($Page);                        //定制分页类样式
32            //查询数据
33            $data = $this->alias('g')->join('__CATEGORY__ AS c ON c.id=g.
                    category_id','LEFT')->field($field)->where($where)
                    ->order($order)->page($p,$pagesize)->select();
34            //返回结果
35            return array(
36                'data' => $data,                    //商品列表数组
37                'pagelist' => $Page->show(),  //分页链接 HTML
38            );
39        }
40        //定制分页类样式
41        private function _customPage($Page){
42            $Page->lastSuffix = false;
43            $Page->setConfig('prev','上一页');
44            $Page->setConfig('next','下一页');
45            $Page->setConfig('first','首页');
46            $Page->setConfig('last','尾页');
47        }
48 }
```

在上述代码中，第 13~26 行代码用于准备查询条件，其中第 14 行代码表示根据商品 ID 降序排列，第 16~20 行代码考虑到了商品列表页和回收站列表页的不同查询条件，第 22~26 行代码根据 cid 的情况组合不同的 where 条件。第 27~31 行代码用于分页查询数据，通过 ThinkPHP 内置的分页类自动生成分页 HTML 链接，其中第 28 行代码用于在 Admin 模块的配置文件中读取每页显示的商品数量值。第 33 行代码通过连贯操作使用 LEFT JOIN 的方式查询了商品信息和商品的分类信息。

（3）在后台模块的配置文件中配置每页显示的记录数。

编辑文件 Application\Admin\Conf\config.php，具体代码如下：

```
1 //自定义配置
2 'USER_CONFIG' => array(
3     'pagesize' => 5, //每页显示的记录数
4 ),
```

以上代码配置了商品列表每页显示的商品数，获取设置时使用 C()函数即可。在编写商品模型类时，我们通过 "C('USER_CONFIG.pagesize')" 获取到了此处的设置。

（4）创建商品列表视图页面，展示商品列表。

创建文件 Application\Admin\View\Goods\index.html，其关键位置的代码如下：

```
1  <table>
2      <tr><th>商品分类</th><th>商品名称</th><th>库存</th>
3      <th>上架</th><th>推荐</th><th>操作</th></tr>
4      <foreach name="goods.data" item="v">
5          <tr><td><empty name="v.category_id">
6              <a href="{:U('Goods/index','cid=0')}">未分类</a>
7          <else/>
8              <a href="{:U('Goods/index', array('cid'=>$v['category_id']))}">
                {$v.category_name}</a>
9          </empty></td>
10         <td>{$v.name}</td><td>{$v.stock}</td>
11         <td><a href="#" data-id="{$v.id}" data-status="{$v.on_sale}">
12         <eq name="v.on_sale" value="yes">是<else/>否</eq></a></td>
13         <td><a href="#" data-id="{$v.id}" data-status="{$v.recommend}">
14         <eq name="v.recommend" value="yes">是<else/>否</eq></a></td>
15         <td><a href="{:U('Goods/edit', array('id'=>$v['id'], 'cid'=>$v['category_id'],
           'p'=>$p))}">修改</a>  <a href="#" data-id="{$v.id}">删除</a> </td></tr>
16     </foreach>
17  </table>
18 <div>{$goods.pagelist}</div>
```

上述代码实现了将商品数组的循环输出，每个商品的分类名称都会显示在列表中，当单击分类时查看该分类下的商品。第 18 行代码输出了商品列表的分页导航链接，当页数超过一页时就会显示。

（5）在浏览器中访问商品列表页面。

通过浏览器访问"http://www.shop.com/Admin/Goods"，其运行效果如图 9-7 所示。

图 9-7　商品列表

从图 9-7 中可以看出，商品列表功能成功展示了商品的列表，单击"选择商品分类"下拉列表可以按照分类查找商品，当没有传递 cid 或 cid 小于 0 时显示全部商品；当 cid 是 0 时显示未分类的商品；当 cid 不是最底层分类时，显示该分类及其所有子分类中的商品。

（6）继续编写商品控制器，实现商品的添加功能。

编辑文件 Application\Admin\Controller\GoodsController.class.php，具体代码如下：

```
1 //商品添加
2 public function add(){
```

```
3       $cid = I('get.cid/d',0);     //分类 ID
4       if($cid < 0) $cid = 0;        //防止分类 ID 为负数
5       $Category = D('Category'); //实例化分类模型
6       $Goods = D('Goods');          //实例化商品模型
7       if(IS_POST){
8           if(!$Goods->create()){   //创建数据对象
9               $this->error('添加商品失败: '.$Goods->getError());
10          }
11          //处理特殊字段
12          $Goods->category_id = $cid; //商品分类
13          $Goods->thumb = '';           //商品预览图
14          $Goods->desc = I('post.desc','','htmlpurifier'); //商品描述（过滤）
15          //如果有图片上传，则上传并生成预览图
16          if(!empty($_FILES['thumb']['tmp_name'])){
17              $rst = $Goods->uploadThumb();   //上传并生成预览图
18              if(!$rst['flag']){              //判断是否上传成功
19                  $this->error('上传图片失败: '.$rst['error']);
20              }
21              $Goods->thumb = $rst['path'];   //上传成功，保存文件路径
22          }
23          if(!$Goods->add()){   //添加到数据库
24              $this->error('添加商品失败! ');
25          }
26          //添加商品成功
27          if(isset($_POST['return'])) $this->redirect('Goods/index');
28          $this->assign('success',true);
29      }
30      //查询分类列表
31      $data['category'] = $Category->getList();
32      $data['cid'] = $cid;
33      $this->assign($data);
34      $this->display();
35  }
```

在上述代码中，当直接访问 add()方法时显示商品添加页面，当有表单提交时，对商品数据进行处理，最后添加到数据库中。其中，第 14 行代码通过 "htmlpurifier" 函数过滤表单中的"商品详情"数据，读者可通过本书配套源代码，在 Application\Common\Common\function.php 中查看该函数的代码，第 17 行代码通过调用商品模型中的 uploadThumb()方法上传商品预览图，该方法将在后面定义。

（7）创建商品添加视图页面，展示商品添加表单。

创建文件 Application\Admin\View\Goods\add.html，其关键位置的代码如下：

```
1  <form method="post" enctype="multipart/form-data">
2      商品名称: <input type="text" name="name">
3      商品编号: <input type="text" name="sn">
4      商品价格: <input type="text" name="price">
5      商品库存: <input type="text" name="stock">
6      是否上架: <select name="on_sale"><option value="yes" selected>是</option>
7      <option value="no">否</option></select>
8      首页推荐: <select name="recommend"><option value="yes">是</option>
9      <option value="no" selected>否</option></select>
10     上传图片: <input type="file" name="thumb">
```

```
11    <div class="editor">
12        <include file="Goods/_editor" />
13        <script type="text/plain" id="myEditor" name="desc">
14        <p>请在此处输入商品详情。</p></script>
15    </div>
16    <input type="submit" value="添加商品">
17    <input type="submit" value="添加并返回" name="return">
18 </form>
```

　　上述代码创建了添加商品的表单，其中第 12 行代码通过<include>标记用于引入在线编辑器视图文件。读者可通过本书配套源代码，查看 Application\Admin\View\Goods_editor.html 中对于在线编辑器的引入。

　　（8）编辑商品模型类，实现 uploadThumb()方法和表单自动验证。

　　编辑文件 Application\Admin\Model\GoodsModel.class.php，具体代码如下：

```
1  //表单字段过滤
2  protected $insertFields = 'sn,name,price,stock,on_sale,recommend';
3  protected $updateFields = 'sn,name,price,stock,on_sale,recommend';
4  //自动验证
5  protected $_validate = array(
6      array('name','1,40','商品名称不合法（1-40 个字符）',1,'length'),
7      array('sn','/^[0-9A-Za-z]{1,10}$/','商品编号不合法（1-10 个字符）',1),
8      array('on_sale',array('yes','no'),'on_sale 字段填写错误',1,'in'),
9      array('recommend',array('yes','no'),'recommend 字段填写错误',1,'in'),
10     array('price','0.01,100000','商品价格输入不合法（0.01~100000）',1, 'between'),
11     array('stock','0,900000','商品库存输入不合法',1,'between'),
12 );
13 //上传预览图文件并生成缩略图
14 //返回数组（flag=是否执行成功，error=失败时的错误信息，path=成功时的保存路径）
15 public function uploadThumb(){
16     //准备上传目录
17     $file['temp'] = './Public/Uploads/temp/';              //准备临时目录
18     file_exists($file['temp']) or mkdir($file['temp'],0777,true);
19     //上传文件
20     $Upload = new \Think\Upload(array(
21         'exts' => array('jpg','jpeg','png','gif'), //允许的文件后缀
22         'rootPath' => $file['temp'],                //文件保存路径
23         'autoSub' => false,                         //不生成子目录
24     ));
25     if(($rst = $Upload->upload())===false){
26         //上传失败时，返回错误信息
27         return array('flag'=>false,'error'=>$Upload->getError());
28     }
29     //准备生成缩略图
30     $file['name'] = $rst['thumb']['savename'];             //文件名
31     $file['save'] = date('Y-m/d/');                        //子目录
32     $file['path1'] = './Public/Uploads/big/'.$file['save'];   //大图路径
33     $file['path2'] = './Public/Uploads/small/'.$file['save']; //小图路径
34     //创建保存目录
35     file_exists($file['path1']) or mkdir($file['path1'],0777,true);
36     file_exists($file['path2']) or mkdir($file['path2'],0777,true);
37     //生成缩略图
```

```
38    $Image = new \Think\Image();                    //实例化图像处理类
39    $Image->open($file['temp'].$file['name']);  //打开文件
40    $Image->thumb(350,300,2)->save($file['path1'].$file['name']);
41    $Image->open($file['temp'].$file['name']);  //再次打开文件
42    $Image->thumb(220,220,2)->save($file['path2'].$file['name']);
43    unlink($file['temp'].$file['name']);            //删除临时文件
44    //返回文件路径
45    return array('flag'=>true,'path'=>$file['save'].$file['name']);
46 }
47 //插入数据前置操作
48 protected function _before_insert(&$data, $option){
49    $data['recycle'] = 'no';                        //新商品是未删除的
50    $data['add_time'] = date('Y-m-d H:i:s'); //新商品的添加时间
51    $data['price'] = (float)$data['price'];  //商品价格为浮点型
52 }
53 //更新数据前置操作
54 protected function _before_update(&$data, $option){
55 $data['price'] = (float)$data['price'];  //商品价格为浮点型
56 }
```

上述代码在商品模型中实现了表单过滤、表单验证、文件上传、缩略图生成等功能,其中文件上传是通过 ThinkPHP 内置的文件上传类实现的,图片生成缩略图是通过 ThinkPHP 内置图像处理类实现的,读者可以通过查阅 ThinkPHP 手册详细了解这些类的使用。

(9)在浏览器中访问商品添加页面。

通过浏览器访问"http://www.shop.com/Admin/Goods/add",其运行效果如图 9-8 所示。

图 9-8　商品添加页面

从图 9-8 中可以看出,当添加商品时,可以从下拉列表中选择商品分类。用户可以在该页面编辑商品信息,并可以上传图片、编写图文并茂的商品详情。

(10)实现商品修改功能。

在开发商品修改功能时,其基本思路与商品分类修改类似,这里就不再展示代码了。需要注意的是,在商品修改时可以更新商品预览图,在处理上传图片时,如果用户上传了新图片并保存成功，应该删除该商品原有的图片。我们可以在商品模型中定义一个方法用于删除商品原有的图片，如下所示：

```
1  //根据$where条件删除商品预览图文件
2  public function delThumbFile($where){
3      //取出原图文件名
4      $thumb = $this->where($where)->getField('thumb');
5      if(!$thumb) return ;   //商品图片不存在时直接返回
6      $path = "./Public/Uploads/big/$thumb";      //准备大图目录
7      if(is_file($path)) unlink($path);           //删除大图文件
8      $path = "./Public/Uploads/small/$thumb";    //准备小图目录
9      if(is_file($path)) unlink($path);           //删除小图文件
10 }
```

上述代码通过$where条件到商品表中查找商品并取出 thumb 字段，然后将该字段拼接到完整路径中，对大图和小图进行删除。

（11）实现商品删除功能。

开发商品删除功能的基本思路与分类删除类似，这里就不再展示代码了。需要注意的是，此处的删除商品并不是真正意义上的删除，而是将该商品的 recycle 字段设置为 yes（表示将商品删除到回收站中）。编辑商品控制器，其关键代码如下所示：

```
1      //将商品放入回收站
2      if(false === $Goods->where(array('id'=>$id))->save(array('recycle'=>'yes'))){
3          $this->error('删除商品失败',$jump);
4      }
```

在上述代码中，$id 表示待删除的商品的 ID，"save(array('recycle'=>'yes'))" 表示将该商品的 recycle 字段修改为 "yes"。

9.2.4 回收站模块

在开发商品管理模块时，商品的删除是通过更改 recycle 字段的值实现的，管理员可以通过该字段查看被放入回收站中的商品，并且可以对商品进行恢复或彻底删除等操作。下面讲解回收站模块的功能实现。

（1）查看回收站中的商品。

显示回收站商品列表的功能，和商品管理模块显示商品列表的功能类似。在商品模型类中，我们定义的 getList()方法已经为回收站展示商品取好了数据，在控制器中直接调用即可，其代码如下：

```
1      //查询商品列表
2      $data['goods'] = $Goods->getList('recycle',-1,$p);
```

上述代码中，getList()的第 1 个参数表示取出回收站商品列表，第 2 个参数表示取出全部分类下的商品，第 3 个参数是当前页码。

（2）创建商品回收站视图页面，展示回收站商品列表。

商品回收站视图页面与商品列表页面类似，这里就不再展示代码。

（3）在浏览器中访问商品回收站页面。

通过浏览器访问 "http://www.shop.com/Admin/Recycle"，其运行效果如图 9-9 所示。

图9-9　商品回收站

（4）实现商品恢复功能。

商品恢复功能的实现非常简单，将指定 ID 的商品的 recycle 字段设置为 no 即可，关键代码如下：

```
1    //将商品取消删除
2    if(false === $Goods->where (array('id'=>$id))-> save(array('recycle'=>'no'))){
3        $this->error('恢复商品失败',$jump);
4    }
```

（5）实现商品彻底删除功能。

在回收站中执行的删除操作，就是将商品彻底删除。彻底删除商品时，需要先取出商品的预览图记录，将图片文件删除，然后再删除该条商品的记录。关键代码如下：

```
1    //准备 where 条件
2    $where = array('id'=>$id,'recycle'=>'yes');
3    //删除商品图片
4    $Goods->delThumbFile($where);
5    //删除商品数据
6    $Goods->where($where)->delete();
```

在上述代码中，商品模型中的 delThumbFile()方法用于删除商品图片，在前面步骤中已经定义好，此处直接调用即可。

9.3　前台模块开发

9.3.1　前台首页模块

前台首页模块就是网站的首页，在传智商城项目中，网站的首页效果如图 9-10 所示。

从图 9-10 中可以看出，商城首页共分为顶部菜单、主导航、商品分类列表、焦点图、新闻动态、精品推荐等模块，接下来针对其中最具有代表型的商品分类列表和精品推荐功能进行讲解。

图 9-10　商城首页

（1）编辑前台首页控制器，取出用于首页显示的数据。

编辑文件 Application\Home\Controller\IndexController.class.php，具体代码如下：

```php
1 <?php
2 namespace Home\Controller;
3 //前台主页控制器
4 class IndexController extends CommonController {
5     //首页
6     public function index(){
7         $data['category'] = D('Category')->getTree(); //获得分类列表
8         //准备查询条件（推荐商品、已上架、不在回收站中）
9         $where = array('recommend'=>'yes', 'on_sale'=>'yes', 'recycle'=>'no');
10        //取出商品ID、商品名、商品价格、商品图片
11        $data['best'] = M('Goods')->field('id, name,price, thumb')->where($where)
           ->limit(6)->select();
12        $this->assign($data);
13        $this->display();
14    }
15 }
```

在上述代码中，第 7 行代码通过调用分类模型的 getTree() 方法获取分类列表，第 9~11 行代码取出了用于在首页精品推荐处显示的商品。

（2）创建分类模型，实现 getTree() 方法。

创建文件 Application\Home\Model\CategoryModel.class.php，具体代码如下：

```php
1 <?php
2 namespace Home\Model;
3 use Think\Model;
4 class CategoryModel extends Model {
5     //查询分类数据
6     private function getData(){
7         static $data = null;  //缓存查询结果
8         if(!$data) $data = $this->field('id,name,pid')->select();
9         return $data;
10    }
```

```
11    //获得分类列表
12    public function getTree($level=3){
13        return category_tree($this->getData(),0,$level);
14    }
15 }
```

在上述代码中，第 13 行代码通过调用 category_tree()函数，将从数据库查询出的分类数组进行整理。

（3）编写公共函数库文件，实现 category_tree()函数。

编辑文件 Application\Common\Common\function.php，具体代码如下：

```
1  //按父子关系转换分类为多维数组
2  function category_tree($data,$pid=0,$level=0){
3      $temp = $rst = array();
4      foreach($data as $v) $temp[$v['id']] = $v;
5      foreach($temp as $v){
6          if(isset($temp[$v['pid']])){
7              $temp[$v['pid']]['child'][] = &$temp[$v['id']];
8          }else{
9              $rst[] = &$temp[$v['id']];
10         }
11     }
12     return $rst;
13 }
```

上述代码用于将分类数据一维数组转换为多维数组，子分类将作为父分类的"child"数组元素。

（4）创建前台首页视图页面，展示分类列表和精品推荐商品。

创建文件 Application\Home\View\Index\index.html，其关键位置的代码如下：

```
1  <!-- 分类列表 -->
2  <volist name="category" id="v1" offset="0" length="8">
3      <a href="{:U('Index/find', array('cid'=>$v1['id']))}">{$v1. name}</a>
4      <present name="v1.child"><foreach name="v1.child" item="v2">
5          <dl><dt><a href="{:U('Index/find', array('cid'=>$v2['id']))} ">
           {$v2.name}</a>
6          </dt><dd><present name="v2.child"><foreach name="v2.child"
           item="v3">
7          <a href="{:U('Index/find', array('cid'=>$v3['id']))}">{$v3.
           name}</a></foreach>
8      </present></dd></dl></foreach></present>
9  </volist>
10 <!-- 推荐商品 -->
11 <foreach name="best" item="v"><ul>
12    <li><a href="{:U('Index/goods',array('id'=>$v['id']))}" target="_blank">
13    <empty name="v.thumb"><img src="__PUBLIC__/Common/img/preview.
       jpg"><else/><img
       src="__PUBLIC__/Uploads/small/{$v.thumb}"></empty></a></li>
14    <li class="goods"><a href="{:U('Index/goods', array('id'=>$v['id']))}"
       target="_blank">{$v.name}</a></li><li>￥{$v.price}</li>
15 </ul></foreach>
```

在上述代码中，第 2~9 行代码实现了分类列表的输出，层级最多到三维数组。第 11~15 行代码实现了推荐商品的输出，当商品预览图存在时，显示预览图，否则显示默认图片。

（5）在浏览器中访问网站首页。

通过浏览器访问"http://www.shop.com"，将鼠标放到某个分类上，其运行效果如图 9-11 所示。

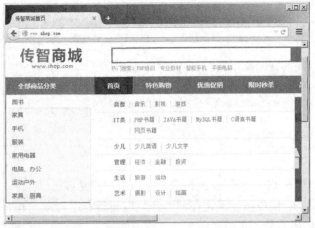

图 9-11   分类展示效果

从图 9-11 中可以看出，前台首页模块成功展示出了商品分类三级数组。

9.3.2   会员中心模块

会员中心模块包括用户注册、登录、管理收货地址等功能，接下来将针对这些功能进行讲解。

（1）创建用户控制器，实现用户注册功能。

创建文件 Application\Home\Controller\UserController.class.php，具体代码如下：

```php
1  <?php
2  namespace Home\Controller;
3  //用户控制器
4  class UserController extends CommonController {
5      //通过构造方法限制用户必须登录
6      public function __construct() {
7          parent::__construct();
8          //指定不需要检查登录的方法列表
9          $allow = array('login','getverify','getVerify','register');
10         if($this->userinfo === false && !in_array(ACTION_NAME, $allow)){
11             $this->error('请先登录。',U('User/login'));
12         }
13     }
14     //用户注册
15     public function register(){
16         if(IS_POST){
17             if(false===$this->checkVerify(I('post.verify'))){ //检查验证码
18                 $this->error('验证码错误',U('User/register'));
19             }
20             $User = D('User');  //实例化模型
21             //判断用户名是否已经存在
22             if($User->where(array('username'=>I('post. username')))->
                    getField('id')){
23                 $this->error('注册失败：用户名已经存在。');
24             }
```

```
25          if(!$User->create()){              //创建数据对象
26              $this->error('注册失败: '.$User->getError(), U('User/register'));
27          }
28          $username = $User->username; //取出用户名
29          if(!$id = $User->add()){            //添加数据并取出新用户 ID
30              $this->error('注册失败: 保存到数据库失败。',U('User/ register'));
31          }
32          //注册成功后自动登录
33          session('userinfo',array('id'=>$id,'name'=>$username));
34          $this->redirect('Index/index');
35      }
36      $this->display();
37  }
38 }
```

在上述代码中，第 6~13 行代码通过构造方法检查用户是否已经登录，其中$this->userinfo
保存了用户登录的信息，该成员变量是在前台公共控制器中定义的，保存了 Session 中的用户
信息。第 15~37 行代码定义了用户注册方法，该方法首先检查用户名是否已经存在，如果不
存在，则可以注册，注册成功后将用户名和用户的 ID 保存到 Session 中。用于生成验证码的
getVerify()方法和检查验证码的 checkVerify()方法与后台用户登录时的方法相同，这里就不再
展示代码。

（2）创建用户模型，实现用户注册表单的验证和密码的加密功能。

创建文件 Application\Home\Model\UserModel.class.php，具体代码如下：

```
1  <?php
2  namespace Home\Model;
3  use Think\Model;
4  class UserModel extends Model{
5      protected $insertFields = 'username,password';
6      protected $updateFields = 'phone,email,consignee,address';
7      protected $_validate = array(
8          //注册时验证（1 表示 self::MODEL_INSERT）
9          array('username','2,20','用户名位数不合法（2~20 位）',1,'length', 1),
10         array('username','/^[\w\x{4e00}-\x{9fa5}]+$/u','用户名只能是汉字、字
                    母、数字、下划线。',1,'regex',1),
11         array('password','6,20','密码位数不合法（6~20 位）',1,'length',1),
12         array('password','/^\w+$/','密码只能是字母、数字、下划线。',1, 'regex',1),
13     );
14     //密码加密函数
15     private function password($pwd,$salt){
16         return md5(md5($pwd).$salt);
17     }
18     //插入数据前的回调方法
19     protected function _before_insert(&$data,$option) {
20         $data['salt'] = substr(uniqid(), -6);
21         $data['password'] = $this->password($data['password'], $data ['salt']);
22     }
23 }
```

上述代码实现了用户注册时的表单验证，并在新增数据时对密码进行了加密处理。

（3）创建用户注册视图文件，展示用户注册表单。

创建文件 Application\Home\View\User\register.html，其关键位置的代码如下：

```
1 <form method="post">
2    用户名: <input type="text" name="username" required />
3    密码: <input type="password" name="password" required />
4    确认密码: <input type="password" required />
5    验证码: <input type="text" name="verify" required />
6    <img src="{:U('User/getVerify')}" />
7    <input type="submit" value="注 册" />
8 </form>
9 <a href="{:U('User/login')}">返回登录</a><a href="__APP__/">返回首页</a>
```

上述代码是一个用户注册表单，表单中有 username、password 和 verify 3 个字段，分别表示用户名、密码和验证码。密码两次输入的验证可以通过 JavaScript 实现。

（4）在浏览器中访问用户注册页面。

通过浏览器访问"http://www.shop.com/User/register"，其运行效果如图 9-12 所示。

图 9-12 用户注册页面

当输入合法的用户名、密码、验证码后，即可注册成功，程序会自动跳转到网站首页，并将用户的登录信息保存到 Session 中，实现了注册后自动登录。

（5）在公共控制器中判断 Session 中是否有用户信息，有则说明用户已经登录。

编辑文件 Application\Home\Controller\CommonController.class.php，具体代码如下：

```
1 <?php
2 namespace Home\Controller;
3 use Think\Controller;
4 class CommonController extends Controller{
5    protected $userinfo = false;  //用户登录信息（未登录为 false）
6    public function __construct() {
7        parent::__construct();
8        $this->checkUser(); //登录检查
9    }
10   private function checkUser(){
11       if(session('?userinfo')){
12           //将用户信息保存到成员变量
13           $this->userinfo = session('userinfo');
14           //将用户信息分配到模板
15           $this->assign('userinfo',$this->userinfo);
16       }
```

```
17      }
18 }
```

（6）修改网站顶部菜单，实现根据用户是否登录显示不同的信息。

编辑文件 Application\Home\View\layout.html，实现该功能的代码如下：

```
1 <present name="userinfo.id">
2     <li>{$userinfo.name}，欢迎来到传智商城！[<a href="{:U('User/logout')}">退出
      </a>]<li>
3 <else/>
4     <li>您好，欢迎来到传智商城！[<a href="{:U('User/login')}">登录</a>][<a
      href="{:U('User/register')}">免费注册</a>]</li>
5 </present>
```

上述代码通过判断模板中有无$userinfo['id']变量，来显示不同的内容，当判断用户已经登录后，显示用户名。

（7）继续编写用户控制器，实现用户登录功能。

编辑文件 Application\Home\Controller\UserController.class.php，具体代码如下：

```
1 //用户登录
2 public function login(){
3     if(IS_POST){
4         if(false===$this->checkVerify(I('post.verify'))){ //检查验证码
5             $this->error('验证码错误',U('User/login'));
6         }
7         $User = D('User');        //实例化模型
8         if(!$User->create()){ //创建数据对象
9             $this->error('登录失败：'.$User->getError(), U('User/login'));
10        }
11        if($userinfo = $User->checkLogin()){ //检查用户名密码
             //登录成功，将登录信息保存到 Session
12            session('userinfo',$userinfo);
13            $this->redirect('Index/index');
14        }
15        $this->error('登录失败：用户名或密码错误。',U('User/login'));
16    }
17    $this->display();
18 }
```

上述代码与后台实现用户登录时的代码类似，其区别是前台用户信息保存在 User 表中，后台用户信息保存在 Admin 表中。

（8）在用户模型中编写 checkLogin()方法，实现检查用户名和密码。

编辑文件 Application\Home\Model\UserModel.class.php，具体代码如下：

```
1 //判断前台用户的用户名和密码
2 public function checkLogin(){
3     $username = $this->data['username']; //表单提交的用户名
4     $password = $this->data['password']; //表单提交的密码
5     $data = $this->field('id,password,salt')->where(array('username' =>
            $username))->find(); //根据用户名查询密码等信息，然后判断密码
6     if($data && $data['password'] == $this->password($password,
        $data['salt'])){
7         return array('id'=>$data['id'],'name'=>$username);
8     }
```

```
9      return false;
10  }
```

上述代码首先通过用户名取出了用户的密码，然后将用户输入的密码加密后进行判断，如果相同，说明密码正确，然后返回用户的 ID 和用户名，最后由用户控制器将其保存到 Session 中。

（9）创建用户登录视图页面，展示用户登录表单。

创建文件 Application\Home\View\User\login.html，具体代码如下：

```
1  <form method="post">
2      用户名：<input type="text" name="username" required />
3      密码：<input type="password" name="password" required />
4      验证码：<input type="text" name="verify" required />
5      <img src="{:U('User/getVerify')}" />
6      <input type="submit" value="登 录" />
7  </form>
8  <a href="{:U('User/register')}">立即注册</a><a href="__APP__/">返回首页</a>
```

（10）在浏览器中访问用户登录页面。

通过浏览器访问 "http://www.shop.com/User/login"，其运行效果如图 9-13 所示。

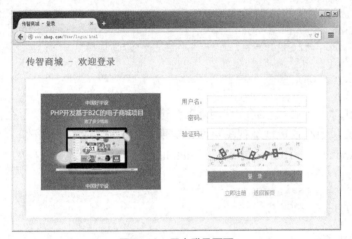

图 9-13   用户登录页面

当输入正确的用户名和密码后即可登录成功，然后就可以访问用户中心，管理收货地址。

（11）继续编写用户控制器，实现查看管理收货地址功能。

编辑文件 Application\Home\Controller\UserController.class.php，具体代码如下：

```
1  //查看收件地址
2  public function addr(){
       //根据用户 ID 查询收货地址
3      $addr = D('User')->getAddr($this->userinfo['id']);
4      $this->assign('addr',$addr);
5      $this->display();
6  }
7  //修改收件地址
8  public function addrEdit(){
9      if(IS_POST){
10         $User = D('User');  //实例化模型
11         if(!$User->create(I('post.'),2)){
12             $this->error('修改失败：'.$User->getError(), U('User/addrEdit'));
13         }
```

```
14          if(false===$User-> where(array('id'=>$this-> userinfo['id']))->save()){
15              $this->error('修改失败',U('User/addrEdit'));
16          }
17          $this->redirect('User/addr');
18      }
19      $this->addr();  //通过 addr()方法展示收件地址修改表单
20  }
```

上述代码实现了收货地址的查看与修改，其中第 3 行代码通过调用用户模型的 getAddr() 方法查询收货地址，该方法接收用户 ID，返回查询结果，用户 ID 是通过 Session 保存的。

（12）在用户模型中编写 getAddr()方法，实现查询收件地址功能。

编辑文件 Application\Home\Model\UserModel.class.php，具体代码如下：

```
1  //获取收件地址
2  public function getAddr($id){
3      //取出数据（收件人，收件地址，邮箱，手机号码）
4      $data = $this->field('consignee,address,email, phone')-> where
             ("id=$id")->find();
5      //分割"收件地址"字符串
6      $data['area'] = explode(',',$data['address'],4); //最多分割 4 次
7      if(count($data['area'])!=4){
8          $data['area'] = array('','请选择','请选择','');
9      }
10     return $data;
11 }
```

在上述代码中，第 6 行代码将收件地址数组进行了字符串分割，以便于在模板中展示数据。

（13）创建会员中心收货地址视图页面，实现收货地址的展示与修改。

编辑文件 Application\Home\View\User\addr.html，其关键位置的代码如下：

```
1  管理收货地址 <a href="{:U('User/addrEdit')}">修改地址</a>
2  收件人：{$addr.consignee}
3  详细地址：{$addr.address}
4  手机：{$addr.phone}
5  邮箱：{$addr.email}
```

编辑文件 Application\Home\View\User\addrEdit.html，其关键位置的代码如下：

```
1  <form method="post">
2      <input id="address" type="hidden" name="address" />
3      收件人: <input type="text" value="{$addr.consignee}" name= "consignee" />
4      收件地区:
5      <select id="province" onchange="toCity()"><option>
        {$addr. area. 0}</option></select>
6      <select id="city" onchange="toArea()"><option>{$addr. area. 1}</option></select>
7      <select id="area"><option>{$addr.area.2}</option></select>
8      详细地址: <input id="addr" type="text" value="{$addr.area.3}" />
9      手机: <input type="text" value="{$addr.phone}" name="phone" />
10     邮箱: <input type="text" value="{$addr.email}" name="email" />
11     <input type="submit" value="保存" /> <input type="reset" value="重置" />
12 </form>
```

上述代码实现了收货地址的编辑，其中第 2 行代码的隐藏域用于保存用户填写的收件地址，该页面将通过 JavaScript 在提交表单前对收件地区和详细地址进行拼接，形成一个用逗号分隔的字符串赋值给隐藏域。

（14）通过浏览器访问会员中心修改收货地址功能。

通过浏览器访问 "http://www.shop.com/User/addr"，单击 "修改地址"，其运行效果如图 9-14 所示。

从图 9-14 中可以看出，用户可以在此处修改收货地址，其中，收件地区是使用 JavaScript 实现的三级联动效果。当单击 "保存" 按钮后，其运行效果如图 9-15 所示。

图 9-14　修改收货地址

图 9-15　显示收货地址

9.3.3　商品列表模块

当用户在网站首页的分类列表中单击某个分类时，就可以访问指定分类下的商品列表，其实现效果如图 9-16 所示。

图 9-16　商品列表页面

从图 9-16 中可以看出，商品列表页面包括 "商品列表" 和 "相关推荐" 两部分，其中商品列表是按照顶部的筛选条件查询到的，而相关商品推荐则是显示该分类下的推荐商品。在筛选商品时，可以进行分类筛选、价格筛选，还可以按照价格高低进行排序。

（1）在 Index 控制器中新增 find()方法，用于展示商品列表。

编辑文件 Application\Home\Controller\IndexController.class.php，具体代码如下：

```
1 //查找商品
2 public function find(){
3     $p = I('get.p/d',0);          //当前页码
```

```
4     $cid = I('get.cid/d',-1);    //分类 ID
5     $Goods = D('Goods');           //实例化商品模型
6     $Category = D('Category');    //实例化分类模型
7     //如果分类 ID 大于 0，则取出所有子分类 ID
8     $cids = ($cid>0) ? $Category->getSubIds($cid) : $cid;
9     $data['goods'] = $Goods->getList($cids,$p);        //获取商品列表
10    if(empty($data['goods']['data']) && $p > 0){      //防止空页被访问
11        $this->redirect('Index/find',array('cid'=>$cid));
12    }
13    $data['category'] = $Category->getFamily($cid); //查询分类列表
14    $data['cid'] = $cid;
15    $data['p'] = $p;
16    $this->assign($data);
17    $this->display();
18 }
```

上述代码和后台商品列表的代码类似，其中第 8 行代码调用了 getSubIds()方法查询子分类 ID（代码与后台相同），第 13 行代码调用了分类模型的 getFamily()方法，用于查询作为筛选条件的商品分类。

（2）在分类模型中编写 getFamily()方法，实现根据某一个分类 ID 查找该分类的相关分类。

编辑文件 Application\Home\Model\CategoryModel.class.php，具体代码如下：

```
1 //查找分类家谱
2 public function getFamily($id){
3     $id = max($id,0);
4     return category_family($this->getData(),$id);
5 }
```

在上述代码中，第 3 行代码用于限制传入的分类 ID 最小为 0，第 4 行代码通过调用 category_family()函数查询指定分类 ID 的相关分类。

（3）编写公共函数库文件，实现 category_family()函数。

编辑文件 Application\Common\Common\function.php，具体代码如下：

```
1 //查找分类的家谱
2 function category_family($data,$id){
3     $rst = category_parent($data,$id);
4     foreach(array_reverse($rst['pids']) as $v){
5       foreach($data as $vv){
6           ($vv['pid']==$v) && $rst['parent'][$v][] = $vv;
7       }
8     }
9     return $rst;
10 }
11 //根据任意分类 ID 查找父分类（包括自己）
12 function category_parent($data,$id=0){
13     $rst = array('pcat'=>array(),'pids'=>array($id));
14     for($i=0;$id && $i<10; ++$i){  //最多 10 层，防止意外死循环
15         foreach($data as $v){
16             if($v['id']==$id){
17                 $rst['pcat'][] = $v;  //父分类信息
18                 $rst['pids'][] = $id = $v['pid']; //父分类 ID
19             }
20         }
```

```
21        }
22        return $rst;
23 }
```

在上述代码中,category_family()函数用于根据某一分类 ID 查找该分类的所有同级和父级分类,在函数中调用了 category_parent()函数,该函数用于取出所有父级分类的 ID。

(4)编写商品模型,实现 getList()方法,实现根据条件筛选商品的功能。

编辑文件 Application\Home\Model\GoodsModel.class.php,具体代码如下:

```
1  <?php
2  namespace Home\Model;
3  use Think\Model;
4  class GoodsModel extends Model {
5      //获取商品列表(实现思路和后台商品列表类似)
6      public function getList($cids=0,$p=0){
7          $field = 'category_id,id,name,price,thumb';  //准备查询条件
8          $where = array('recycle' => 'no','on_sale'=>'yes');
9          if($cids > 0){  //查找分类 ID 数组
10             $where['category_id'] = array('in',$cids);
11         }
12         $price_max = $this->where($where)->max('price');  //获取最大价格
13         $recommend = $this->getRecommend($where);         //获取推荐的商品
14         //处理排序条件
15         $order = 'id desc';
16         $allow_order = array('price-desc'=>'price desc','price-asc'=>
                            'price asc');
17         $input_order = I('get.order');
18         if(isset($allow_order[$input_order])) $order = $allow_order
               [$input_order];
19         //处理价格条件
20         $price = explode('-',I('get.price'));
21         if(count($price)==2){
22             $where['price'] = array(
23                 array('EGT',(int)$price[0]), //大于等于
24                 array('ELT',(int)$price[1]), //小于等于
25             );
26         }
27         //准备分页查询
28         $pagesize = C('USER_CONFIG.pagesize');          //每页显示商品数
29         $count = $this->where($where)->count();         //获取符合条件的商品总数
30         $Page = new \Think\Page($count,$pagesize);      //实例化分页类
31         //查询商品数据
32         $data = $this-> field($field)->where($where)-> order($order)->
           page($p,$pagesize)->select();
33         //返回结果
34         return array(
35             'data' => $data,                //商品列表数组
36             'price' => $this->getPriceDist($price_max), //计算商品价格
37             'recommend' => $recommend,      //被推荐的商品
38             'pagelist' => $Page->show(),    //分页链接 HTML
39         );
40     }
41     //取出推荐商品
```

```
42    public function getRecommend($where){
43        $where['recommend'] = 'yes'; //查询被推荐的商品
44        $field = 'id,name,price,thumb';
45        return $this->field($field)-> where($where)-> limit(6)-> select();
46    }
47    //动态计算价格（max 最大价格，sum 分配个数）
48    private function getPriceDist($max, $sum = 5) {
49        if($max<=0) return false;
50        $end = $size = ceil($max / $sum);
51        $start = 0;
52        $rst = array();
53        for ($i = 0; $i < $sum; $i++) {
54            $rst[] = "$start-$end";
55            $start = $end + 1;
56            $end += $size;
57        }
58        return $rst;
59    }
60 }
```

上述代码实现了根据筛选条件查找商品的功能，其中第 15~18 行代码通过 GET 参数实现商品的排序，第 20~26 行代码通过 GET 参数实现商品的价格区间筛选。第 42~46 行代码用于根据 where 条件查询被推荐的商品，第 48~59 行代码用于动态计算价格（从 0 到最大价格之间的 5 个区间的分配）。

（5）创建商品列表视图页面，实现输出商品列表、商品筛选和商品推荐功能。

创建文件 Application\Home\View\Index\find.html，其关键位置的代码如下：

```
1 <div>相关商品推荐</div>
2 <foreach name="goods.recommend" item="v"><ul>
3     <li><a href="{:U('Index/goods',array('id'=>$v['id']))}"
           target="_blank"><empty name="v.thumb">
           <img src="__PUBLIC__/Common/img/preview. jpg"><else/>
           <img src="__PUBLIC__/Uploads/small/{$v.thumb}"></empty></a></li>
4     <li><a href="{:U('Index/goods',array('id'=>$v['id']))}"
           target="_ blank">{$v.name}</a></li><li>￥{$v.price}</li>
5 </ul></foreach>
6 <ul><li>商品列表</li>
7     <notempty name="category.parent">
8         <volist name="category.parent" id="v">
9             <li><p>分类{$i}: </p><foreach name="v" item="vv">
               <a href="{:mkFilterURL('cid',$vv['id'])}"
                   class="cid-{$vv. id}" >{$vv.name}</a></foreach></li>
10        </volist>
11    </notempty>
12    <li><p>价格: </p><a href="{:mkFilterURL('price')}"
                   class="price-0">全部</a>
13    <foreach name="goods.price" item="v">
14        <a href="{:mkFilterURL('price',$v)}" class="price-{$v}"> {$v} </a>
15    </foreach></li>
16    <li><p>排序: </p><a href="{:mkFilterURL('order')}"
                   class="order-0">最新上架</a>
17    <a href="{:mkFilterURL('order','price-asc')}"
```

```
              class= "order- price-asc">价格升序</a>
18    <a href="{:mkFilterURL('order','price-desc')}"
              class= "order- price-desc">价格降序</a></li>
19  </ul>
20  <empty name="goods.data"><div>没有找到您需要的商品。</div><else/>
21    <foreach name="goods.data" item="v"><ul class="item left">
22    <li><a href="{:U('Index/goods',array('id'=>$v['id']))}"
              target="_ blank"> <empty name="v.thumb">
              <img src="__PUBLIC__/Common/img/preview. jpg"><else/>
              <img src="__PUBLIC__/Uploads/small/{$v.thumb}"></empty></a></li>
23    <li class="goods"><a href="{:U('Index/goods',
              array('id'=>$v ['id']))}" target="_blank">{$v.name}</a></li>
24    <li class="price">￥{$v.price}</li>
25    </ul></foreach><div>{$goods.pagelist}</div>
26  </empty>
```

上述代码实现了推荐商品的展示、商品多级分类的展示、商品价格和商品排序的展示，其中，在模板中调用的"mkFilterURL()"函数用于根据不同查询需求生成 URL。

（6）在公共函数库中编写 mkFilterURL()函数，实现特殊 URL 的自动生成。

编辑文件 Application\Common\Common\function.php，具体代码如下：

```
1  /**
2   * 商品列表过滤项的 URL 生成
3   * @param $type 生成的 URL 类型（cid, price, order）
4   * @parma $data 相应的数据当前的值（为空表示清除该参数）
5   * @return string 生成好的携带正确参数的 URL
6   */
7  function mkFilterURL($type, $data='') {
8      $params = I('get.');
9      unset($params['p']);   //先清除分页
10     if($type=='cid') unset($params['price']); //切换分类时清除价格
11     if($data){   //添加到参数
12         $params[$type] = $data;
13     }else{       //$data 为空时清除参数
14         unset($params[$type]);
15     }
16     return U('Index/find',$params);
17 }
```

上述函数通过$type 和$data 生成 URL，该函数先清除当前页码（将页面重置为1），然后判断当$type 为 cid 时清空价格参数，最后将$type 和$data 保存到 URL 参数中。当$data 为空时，表示清除该参数。

（7）在浏览器中访问商品列表页面。

通过浏览器访问"http://www.shop.com/Index/find"，其运行效果与图 9-16 相同。

9.3.4　商品展示模块

当用户在商品列表中单击某一件商品时，就可以查看该商品的详情，并且可以单击购买或将其添加到购物车。该功能的实现效果如图 9-17 所示。

从图 9-17 中可以看出，商城前台成功展示出了商品，包括商品名称、商品图片、商品详情、库存等信息，在商品图片的上方还有"当前位置"一栏，显示了该商品所属的各级分类。

图 9-17　商品展示页面

（1）在 Index 控制器中实现 goods()方法，用于展示商品详情。

编辑文件 Application\Home\Controller\IndexController.class.php，具体代码如下：

```
1  //商品详情页
2  public function goods(){
3      $id = I('get.id/d',0);          //获取展示商品 ID
4      $Goods = D('Goods');            //实例化商品模型
5      $Category = D('Category');      //实例化分类模型
6      $data['goods'] = $Goods->getGoods(array('recycle' =>
                       'no','on_sale'=>'yes','id'=>$id));    //查找当前商品
7      if(empty($data['goods'])){
8          $this->error('您访问的商品不存在，已下架或删除！');
9      }
10     //查找推荐商品
11     $cids = $Category->getSubIds($data['goods']['category_id']);
12     $where = array('recycle' => 'no','on_sale'=>'yes');
13     $where['category_id'] = array('in',$cids);
14     $data['recommend'] = $Goods->getRecommend($where);
15     //查找分类导航
16     $data['path'] = $Category->getPath($data ['goods'] ['category_id']);
17     $this->assign('title',$data['goods']['name'].' - 传智商城');
18     $this->assign($data);
19     $this->display();
20 }
```

在上述代码中，第 6 行代码通过调用商品模型的 getGoods()方法，根据 where 条件查找商品，第 11~14 行代码用于查找当前商品所属分类下的推荐商品，第 16 行代码通过调用模型的 getPath()方法查询"当前位置"导航。第 17 行代码将商品名称拼接到模板变量 title 中，用于在网页标题<title>中显示当前查看的商品名称。

（2）在商品模型中实现 getGoods()方法。

编辑文件 Application\Home\Model\GoodsModel.class.php，具体代码如下：

```
1  //根据$where条件查询商品数据
2  public function getGoods($where){
3      //定义需要的字段
4      $field = 'id,category_id,sn,name,price,thumb,stock,desc';
5      return $this->field($field)->where($where)->find();
6  }
```

上述代码通过接收 where 条件，查询指定的商品数据。

（3）在商品分类模型中实现 getPath()方法。

编辑文件 Application\Home\Model\CategoryModel.class.php，具体代码如下：

```
1  //查找分类面包屑导航
2  public function getPath($id){
3      $rst = category_parent($this->getData(),$id);
4      return array_reverse($rst['pcat']);
5  }
```

上述代码通过调用 category_parent()获取指定 ID 的所有父级分类，由于数据是向上查找取出的，因此查找完成后需要通过 array_reverse()函数将数组元素顺序反转。

（4）创建商品展示功能的视图页面，将商品信息展示到页面中。

创建文件 Application\Home\View\Index\goods.html，其关键位置的代码如下：

```
1  当前位置: <foreach name="path" item="v">
          <a href="{:U('Index/find', array('cid'=>$v['id']))}">
          {$v.name}</a> &gt;</foreach> {$goods.name}
2  <empty name="goods.thumb"><img src="__PUBLIC__/Common/img/preview2.jpg" /><else/>
3  <img src="__PUBLIC__/Uploads/big/{$goods.thumb}" /></empty>
4  <h1>{$goods.name}</h1>
5  售 价: ￥{$goods.price}        商品编号: {$goods.sn}
6  累计销量: 1000              评 价: 1000
7  配送至: 北京（免运费）
8  购买数量: <input type="button" value="-" /><input type="text" value="1" />
9      <input type="button" value="+" />（库存: {$goods.stock}）
10     <a href="#">立即购买</a><a href="#" id="addCart">加入购物车</a>
11 相关商品推荐: <foreach name="recommend" item="v">
12 <ul><li><a href="{:U('Index/goods',array('id'=>$v['id']))}" target="_blank">
13   <empty name="v.thumb"><img src="__PUBLIC__/Common/img/preview.jpg"><else/>
14   <img src="__PUBLIC__/Uploads/small/{$v.thumb}"></empty></a></li>
15   <li><a href="{:U('Index/goods',array('id'=>$v['id']))}"
          target="_blank">{$v.name}</a></li><li>￥{$v.price}</li>
16 </ul></foreach>
17 商品详情: <div>{$goods.desc}</div>
```

上述代码实现了商品信息的输出，其中商品图片展示出的是大图版的预览图。

（5）在浏览器中访问商品列表页面。

通过浏览器访问"http://www.shop.com/Index/find"，其运行效果与图 9-17 相同。

9.3.5 购物车模块

购物车模块用于管理用户加入购物车的商品，当用户选择一款商品添加到购物车时，购物车就会为用户保存这件商品。接下来对购物车模块进行开发，具体实现步骤如下。

（1）创建购物车控制器，实现添加到购物车的方法。

创建文件 Application\Home\Controller\CartController.class.php，具体代码如下：

```
1  <?php
2  namespace Home\Controller;
3  class CartController extends CommonController {
4      public function __construct() {     //构造方法用于检查用户是否登录
5          parent::__construct();
6          if($this->userinfo === false)
           $this->error('请先登录。', U('User/login'));
7      }
8      //添加到购物车
9      public function add(){
10         $id = I('get.id/d',0);      //获取商品 ID
11         $num = I('get.num/d',0);    //获取购买数量
12         $rst = D('Shopcart')->addCart($id, $this->userinfo['id'], $num);
13         if($rst===false){
14             $this->error('添加购物车失败');
15         }
16         $this->success('添加购物车成功');
17     }
```

在上述代码中，第 4~7 行代码用于检查用户是否登录，只有已登录用户可以添加购物车。第 9~17 行代码实现了添加购物车功能，其中第 12 行代码通过调用购物车模型的 **addCart()**方法实现了购物车商品的添加。

（2）创建购物车模型，实现 addCart()方法。

创建文件 Application\Home\Model\ShopcartModel.class.php，具体代码如下：

```
1  <?php
2  namespace Home\Model;
3  use Think\Model;
4  class ShopcartModel extends Model {
5      //添加到购物车
6      public function addCart($gid,$uid,$num){
7          //判断购物车中是否已经有该类商品
8          $rst = $this->where(array('goods_id'=>$gid,'user_id'=>$uid))
9          ->field('id,goods_id,num')->find();
10         if($rst){  //存在商品时，增加购买数量
11             $num += $rst['num'];
12             return $this->where (array('id'=> $rst['id']))-> save
               (array('num'=>$num));
13         }  //不存在时添加到购物车
14         return $this->add(array('user_id'=>$uid, 'goods_id'=>$gid,
               'num'=>$num));
15     }
16 }
```

在上述代码中，程序首先判断待添加的商品是否已经在该用户的购物车中，如果存在，则增加该商品的数量；如果不存在，则添加一条新的记录。

（3）继续编写购物车控制器，实现购物车商品的查看和删除功能。

编辑文件 Application\Home\Controller\CartController.class.php，具体代码如下：

```
1  //购物车列表
2  public function index(){
3      $data['cart'] = D('Shopcart')->getList($this->userinfo['id']);
4      $this->assign($data);
```

```
5      $this->display();
6  }
7  //从购物车删除
8  public function del(){
9      $id = I('get.id/d',0);   //获取待删除的商品 ID
10     $where = array('id'=>$id,'user_id'=>$this->userinfo['id']);
11     if(false === M('Shopcart')->where($where)->delete()){
12         $this->error('删除失败');
13     }
14     $this->redirect('Cart/index');
15 }
```

在上述代码中，第 3 行代码通过调用购物车模型的 getList()方法实现了购物车商品的查看，第 11~13 行代码实现了指定商品的删除。

（4）在购物车模型中实现 getList()方法，用于查找购物车中的商品。

编辑文件 Application\Home\Model\ShopcartModel.class.php，具体代码如下：

```
1  //从购物车获得商品信息
2  public function getList($uid){
3      return $this->alias('c')
4              ->join('__GOODS__ AS g ON g.id=c.goods_id','LEFT')
5              ->field('g.name,g.price,c. id,c.add_time,c. goods_id,c. num')
6              ->where(array('user_id'=>$uid))->select();
7  }
```

上述代码通过连接购物车和商品两张表，实现了购物车商品的查询。

（5）创建购物车的视图页面，将购物车中的商品和购买数量展示到页面中。

创建文件 Application\Home\View\Cart\index.html，其关键位置的代码如下：

```
1  <form method="post">
2  <table border="1">
3      <tr><th><a href="#" onclick="checkedAll()">全选</a></th>
4      <th>商品</th><th>单价</th><th>数量</th><th>操作</th></tr>
5      <foreach name="cart" item="v">
6          <tr><td><input type="checkbox"></td>
7          <td><a href="{:U('Index/goods', array('id'=>$v ['goods_ id']))} "
                    target="_blank">{$v.name}</a></td>
8          <td><span>{$v.price}</span></td>
9          <td><input type="button" value="-" /><input type="text"
           value="{$v.num}" name="num[]"/><input type="button" value="+" /></td>
10         <td><a href="{:U('Cart/del',array('id'=>$v['id']))}" />删除
             </a></td>
11     </tr></foreach>
12     <tr><th><a href="#" onclick="checkedAll()">全选</a></th>
13     <td colspan="4">共<span id="num"></span>件商品 总计：￥<span
        id="monery"></span>
14     <input type="submit" value="提交订单" />
15     </td></tr>
16 </table>
17 </form>
```

上述代码实现了用户的购物车商品展示，用户可以在购物车中进行商品删除或提交订单操作。其中，商品总价格的计算可以通过 JavaScript 实现。当提交订单时，只提交购买商品的 ID 和数量，由 PHP 程序重新获取商品价格，并检查商品是否存在、是否被删除、是否下架、

库存是否足够。

（6）在浏览器中访问购物车页面。

通过浏览器访问"http://www.shop.com/Cart"，其运行效果如图9-18所示。

图9-18　购物车页面

从图9-18中可以看出，购物车功能已经开发完成。至此，传智商城前台和后台的基本功能已经开发完成。

思考题

本章开发的传智商城还可以继续添加更多功能，如商品评价、修改密码、生成订单、在线支付等。请动手尝试开发生成订单的功能，当用户在购物车中单击提交订单后，为用户生成订单，用户可以在会员中心中查看订单。

扫描右方二维码，查看思考题答案！